Unsere 500 ältesten
Bäume

BERND ULLRICH
STEFAN KÜHN
UWE KÜHN

Unsere 500 ältesten
Bäume

Exklusiv
aus dem
Deutschen
Baumarchiv

Was Sie in diesem Buch finden

Die Bundesländer und ihre Bäume

Anhang

Was wir Ihnen sagen möchten

Ein gutes Buch ist wie ein Baum. Es braucht Zeit zum Wachsen. Es hat Wurzeln.
Der Naturführer »Unsere 500 ältesten Bäume« zeigt den Weg zu den eindrucksvollsten Bäumen in unserem Land und gibt einen kompakten Einblick in ihre Biografie. Die Auswahl der Bäume ist nach bestem Wissen und Gewissen für den aktuellen Zeitpunkt komplett und hat sich erst nach vielen Jahren der Recherche abgerundet. Für den naturinteressierten Leser bietet sich mit diesem Buch die Möglichkeit, besondere Bäume in jeder Region Deutschlands mit Hilfe der genauen Standortangaben zu besuchen. Einzelne Baumriesen im freien Feld laden zu Spaziergängen ein. Innerhalb einer Region können mehrere lohnende Baumziele zu einem Ausflug zusammengefasst werden. Sogar Baumreisen sind möglich – perlschnurartig von Baum zu Baum. Die flächendeckende Recherche, die Fülle an Material und die fast lückenlose Auswertung historischer Baumliteratur machen das Buch auch für den wissenschaftlichen Gebrauch interessant. Über 60 verschiedene Baum- und Straucharten werden hier mit ihren dicksten und ältesten Vertretern vorgestellt. So wie der Begründer des amtlichen Naturdenkmalschuztes, Hugo Conwentz (1855–1922), hoffen wir, dass die Begegnungen mit den uralten Bäumen jedem Besucher Freude und Erfrischung vermitteln.
Deutschland – das ist nicht nur das Land der alten Burgen und Schlösser. Es ist auch das Land der alten Eichen und Linden. Was für den Kulturfreund der Reichsapfel Karls des Großen, ist für uns der kürzlich entdeckte Apfelbaum bei Meierhof (Nr. 517), Oberfranken. Er ist noch stärker als der berühmte Stubbendorfer Apfel (Nr. 6) in Mecklenburg-Vorpommern. Was für den Kulturfreund das Auftauchen des lang vermissten Bernsteinzimmers wäre, ist für uns der Einblick in die ältesten Baumbiografien des Landes. Die lange Zeit in Vergessenheit geratene Kirchlinde in Zurow (Nr. 9) brachte uns an die Grenzen unserer historischen Vorstellungskraft. Ein altes Dokument verrät, dass sie schon 1760 einen Umfang von »20 und einige Ellen« besaß. Das entspricht über 13 m. Die Riesenlinde, die unsere Alterseinschätzungen in Aufruhr brachte, lebt noch immer. Dass ausgerechnet ein Schweizer sie wiederentdeckte, gehört zu den unausforschlichen Ratschlüssen Gottes. Seine Wege sind höher als unsere.
Wir wünschen dem Leser viel Freude und Gottes Segen beim Nutzen und Studieren des deutschlandweiten Natur- und Reiseführers »Unsere 500 ältesten Bäume«.

Uwe und Stefan Kühn, Deutsches Baumarchiv, im Advent 2008

Deutsches Baumarchiv

Die Geschichte dieses Buches

Der Genuss an einem Glas Wein wächst bekanntlich, wenn man auf dem Etikett nachliest, dass die Flasche lange gelagert wurde. Vielleicht wächst die Freude an diesem Buch beim Blick in seine Vergangenheit. »Unsere 500 ältesten Bäume« hat eine fast 25-jährige Entstehungsgeschichte. Im Jahr 1984 begannen wir (Uwe und Stefan Kühn), die heimische Baumwelt zu erkunden. Im Vogelsberg, Hessen, fingen wir an, dicke Bäume zu suchen, zu fotografieren und zu vermessen. Die »Dicke Buche« am Waldrand oberhalb von Bad Salzschlirf, die »Hainig-Eichen« im Wald bei Lauterbach – das waren die Bäume unserer Jugend.

Ein Bildband wurde für uns richtungsweisend: »Alte liebenswerte Bäume in Hessen«, veröffentlicht vom damaligen Hessischen Landesforstmeister Hans Joachim Fröhlich (FRÖHLICH, 1984). Auf seinen Spuren waren wir ab 1985 unterwegs und entdeckten ständig »neue« Bäume, die nicht in seinem Buch verzeichnet waren. Es gab Unbekanntes zu entdecken, der Forscherdrang war geweckt.

Schon zu Beginn fragten wir uns, was die verschiedenen Baumarten in Bezug auf Stammumfang und Alter erreichen können. Wir begannen zu unterscheiden, ob ein Baum zu den ganz Großen gehört, oder nicht. Die »Dicke Buche« mit ihrer weitverzweigten Hutebuchenkrone und dem gedrungenen Stamm von 5,80 m Umfang gehört heute leider nicht mehr zu ihnen. Der Zahn der Zeit hat zu schnell an ihr genagt, die Krone ist zerfallen, die Buche tot. Die Hammundeseiche bei Friedewald (Nr. 221) zählt dagegen bis heute zu den ganz Großen. Sie war die erste, ungemein prägende Eiche, die einen Stamm mit über 8 m Umfang hatte. Oder die Burglinde in Homberg/Ohm (Nr. 226): Ihr hohler und durch einen geheimnisvollen Spalt bis ins Innerste begehbarer Stamm hatte 1985 einen Umfang von 8,90 m. Damit setzte sie den zukünftigen Maßstab. Sie lag genau an der 9-m-Schwelle, die wir heute für bundesweit herausragende Linden ansetzen. Natürlich ist sie inzwischen längst über dieses Maß hinausgewachsen.

Auch unsere Systematik wuchs über die Anfänge hinaus. Und 1996 erhielt sie einen kräftigen Schub. Seit diesem Jahr ist Bernd Ullrich als Kollege an unserer Seite. Seine gründliche Skepsis hinsichtlich »1000-jähriger« Bäume, seine ausgeklügelte Messmethodik und seine offenkundige Begabung für telefonische Baumrecherchen haben uns wertvolle Impulse und Informationen geliefert. Für die beiden Bildbände »Deutschlands alte Bäume« (Erstauflage 2002, Neuauflage 2007) und »Bäume, die Geschichten erzählen« (2005) war er ein wichtiger Wegbereiter und Partner. Für »Unsere 500 ältesten Bäume« steht er deshalb auch als Hauptautor an erster Stelle. Wir sagen hiermit »Danke!« für eine langjährige fruchtbare Zusammenarbeit.

Dabei war das Zusammenfinden unseres Autorenteams ein reiner Zufall, wie Bernd Ullrich es ausdrückt. Oder Gottes guter Plan, wie das Deutsche Baumarchiv es sieht: Am 1. Januar 1996 fasste Bernd Ullrich den Entschluss, sich auf unbestimmte Zeit mit dem Thema alte Bäume zu beschäftigen. Das Büchlein »Wege zu alten Bäumen – Band 1 Hessen« wies ihm den Weg (Verfasser auch dieses Mal FRÖHLICH, 1990). Zunächst steuerte er probeweise einige Bäume an, um herauszufinden, ob das Thema lohnte. Ausgangsbasis war Gießen, wo er mehrere Jahre lang Geografie studiert hatte. Dort studierte ich (Stefan Kühn) zur gleichen Zeit Biologie. Im Frühjahr 1996 machte ich eine Fotoausstellung zum Thema alte Bäume in der Gießener Universitätsbibliothek. Bernd Ullrich recherchierte dort zur selben Zeit nach Baumliteratur, und so lernten wir uns kennen.

Es folgte ein reger Gedankenaustausch. Das klare geografische Konzept Bernd Ullrichs gefiel uns. Er suchte nach alten Bäumen in genau definierten Grenzen, in Oberhessen und im Wassereinzugsgebiet der Lahn. Stand ein Baum auch nur 50 m jenseits der Grenze, blieb er außen vor. Wir waren inzwischen bundesweit unterwegs und fragten uns: Ließe sich etwas Ähnliches in den Grenzen Deutschlands verwirklichen? Noch im selben Jahr trafen wir uns zu einer eingehenden Beratung. Das Ergebnis war unser Name: »Deutsches Baumarchiv – Dokumentation der schönen, alten und 1000-jährigen Bäume in Deutschland.« Die Aufgabe war damit formuliert.

Bernd Ullrich ließ sich bald für die gesamte Deutschlandkarte begeistern. Nach einer abschließenden Fotoausstellung der alten Bäume Oberhessens, 1997, recherchierte er deutschlandweit. In den Jahren 1996 bis 2002 baute er eine umfangreiche Bibliothek zum Thema alte Bäume in Deutschland auf, die alle wichtigen historischen Buchtitel, zahlreiche alte Zeitschriftenbeiträge und Sonderquellen enthält. Aus unserer aktuellen Literatur und der neu dazugekommenen historischen schöpften wir dann für die gemeinsamen Bildbandprojekte. Wir gingen dabei zunächst in die Tiefe des Stoffes, nicht so sehr in die Breite. Nur die 160 mächtigsten Bäume fanden in »Deutschlands alte Bäume« Platz. Biografie und Fotografie sollten großzügig und zugleich detailliert sein. Erst bei der erweiterten Neuauflage 2007 kamen 40 weitere Baumriesen dazu.

Im Bildband »Bäume, die Geschichten erzählen« ging es wieder um alte Bäume, allerdings unter kulturellen Aspekten. 100 grünende »Kulturdenkmale« fanden darin Platz. Aber nur rund 30 Stück davon gehören zu den wirklich großen Bäumen unseres Landes. Für einen umfassenden Naturführer reichte unser Material noch nicht aus. Doch es eröffneten sich ständig neue Wege. Im Internet stieß das Deutsche Baumarchiv regelmäßig auf neue »NBBs« – so die von uns geprägte Abkürzung für »national bedeutsame Bäume«. An der Deutschen Bibliothek wurden 2006 per Sondergenehmigung über 50 Titel zum Schlagwort »Naturdenkmal« geordert und vor Ort ausgewertet. Es gab viele neue Funde. Die Bestandsaufnahme erreichte ihren Höhepunkt, als das Deutsche Baumarchiv im Mai 2006 alle 440 Landkreise und kreisfreien Städte Deutschlands anschrieb, um gezielt nach »Starkbäumen« zu fragen. Die Konzentration auf die stärksten Bäume (»NBBs«) ergab eine großartige Ausbeute.

Über zwei Jahre dauerte es danach, die gesammelte Informationsflut zu bändigen. Dann war der Grundstock für ein umfassendes Buch gelegt. Wir danken dem BLV-Verlag, dass er mit dem Natur- und Reiseführer »Unsere 500 ältesten Bäume« die groß angelegte Bestandsaufnahme alter Bäume in Deutschland einem breiten Publikum zugänglich macht.

Alte Bäume in der Literatur

Manche Bäume sind uralt. Sie haben 20, 30 oder mehr Menschengenerationen überlebt. Um mehr über ihre Biografie zu erfahren, reicht es oft nicht aus, die heutigen Eigentümer oder die Naturschutzbehörden zu befragen. Der Blick in alte Quellen ist hier hilfreich und auch notwendig. Vor 100 Jahren sehen wir eine große Anzahl qualitativ hochwertiger Publikationen zum Thema alte Bäume. Die Literatur zeigt, was damals geschah. Um 1900 erreichte die Idee des Naturdenkmalschutzes in allen Gesellschaftsschichten bis in die politischen Kreise hinein ihren Höhepunkt.

Gehen wir zum Anfang des 19. Jahrhunderts zurück, versiegen die Quellen plötzlich. Um 1800 ist das Thema noch vollkommen dunkel. Alte Bäume wurden damals vielleicht so selbstverständlich genommen, dass kaum über sie berichtet wurde. 1850 bis 1856 erscheint eine erste Artikelserie »Merkwürdige Waldbäume« im Königreich Württemberg. Mit »Hannovers merkwürdige Bäume« (MEIER, 1861) nimmt das Thema bereits Konturen an. Es ist die erste systematische Zusammenstellung alter Bäume eines Landes. Aufgrund der Kleinstaaterei, die in Deutschland herrschte, bleibt es vorerst beim »regionalen Blick«. Jenseits der Grenzen gilt anderes Geld, wachsen andere Bäume, sind andere Zuständigkeiten. MIELCK gelingt 1863 ein großer Wurf. Mit den »Riesen der Pflanzenwelt« setzt er eine »Landmarke« der Baumliteratur. Ausgehend von seiner Heimatregion Norddeutschland weitet sich der Blick für die bedeutenden Bäume Europas.

Das öffentliche Interesse an Umweltfragen war erwacht. Im Deutschen Kaiserreich nahm die Bevölkerung stark zu, Industrie und Verkehr eroberten immer größere Teile der natürlichen Landesfläche. »Wenn früher ein Mensch und ein Sumpf zusammenkamen, verschwand der Mensch, jetzt der Sumpf«, so drückte es der

Die Priorlinde in Priorei. Aus »Gartenlaube«, 1896 (siehe auch Porträt Nr. 290).

Soziologe Otto Neurath (1882–1945) aus. Nicht nur der Mensch war durch die Naturgewalten bedroht, der Fortschritt des Menschen bedrohte jetzt auch die Natur. Die Sympathie für mehrhundertjährige Bäume, die ein Stück unverbrauchter Natur repräsentierten, wuchs beständig. In der vielgelesenen Zeitschrift »Die Gartenlaube« (Illustriertes Familienblatt) erschienen im Zeitraum 1883 bis 1905 insgesamt 48 Artikel über »Deutschlands merkwürdige Bäume«. Das Magazin war bekannt für gute Illustrationen, die nach Originalfotos angefertigt wurden. In über 20 Jahren Berichterstattung wurden viele namhafte Bäume zutage gefördert und ihre Historie ergründet.

Es war also ein Unterhaltungsmagazin, das die regionale Betrachtungsweise durchbrach, worauf wir später kurz zurückkommen werden. Die »Gartenlaube« belieferte nämlich das ganze Kaiserreich. Also mussten die Bäume auch aus allen vier Ecken des Landes zusammengestellt werden. Erste echte Druckfotos zeigt STÜTZER in seinem selbst finanzierten Werk »Die größten, ältesten oder sonst merkwürdigen Bäume Bayerns in Wort und Bild« (1900–1905). Die zum Teil herrlichen Lichtdrucktafeln, geschaffen durch großformatige Plattenfotografie, weisen STÜTZER als den besten Baumfotografen seiner Zeit aus. Er war bei der königlich bayerischen Eisenbahn beschäftigt und bereiste das ganze Königreich Bayern. Wo die Schienen endeten, ging es mit der Kutsche oder zu Fuß weiter – das Ganze mit schwerem Gepäck. Die Aufnahmen zeigen, wie sehr die Leute sich damals mit den Bäumen ihrer Gemarkung identifizierten. Die Ankunft des Fotografen war eine Sensation. Wenn der Auslöser gedrückt wurde, standen auch die Honoratioren im Bild.

Im Großherzogtum Hessen und in Westfalen erschienen nun ebenfalls Bücher, die in der Aufmachung STÜTZER kopierten. Der Naturschutzgedanke kursierte und wurde dabei zunehmend wissenschaftlich verankert. CONWENTZ (1900) hatte das erste »Forstbotanische Merkbuch«, und zwar für die Provinz Westpreußen, herausgegeben. Andere preußische Forstverwaltungen zogen nach. Merkbücher erschienen 1905 in Pommern und Hessen-Nassau, 1906 in Schleswig-Holstein und 1907 in der Provinz Hannover. Auch in Brandenburg war ein solches Werk geplant, doch der Erste Weltkrieg vereitelte die Fertigstellung. Dank CONWENTZ war Preußen in puncto Naturdenkmalpflege führend: 1906 wurde die behördenähnliche »Staatliche Stelle für Naturdenkmalpflege« geschaffen und CONWENTZ zu ihrem Direktor ernannt. Auch der Südblock des Kaiserreichs war zeitgleich aktiv. STÜTZER setzte den Standard, KLEIN folgte 1908 mit dem Titel »Bemerkenswerte Bäume im Großherzogtum Baden«. Darin enthalten: nicht nur die uralten Bäume seiner Tage, sondern auch eine Darstellung aller nur denkbaren Wuchsformen der Fichte. Besonderes Augenmerk lag auf den Wetterfichten und -tannen der Region. FEUCHT und SPEIDEL rundeten das literarische Schaffen im Süden mit dem »Schwäbischen Baumbuch« (1911) ab.

Bereits wenige Jahre später nahm die Informationsflut über alte Bäume merklich ab. Mit FÖRSTERS »Bäume in Berg und Mark« (1918) haben wir bereits einen Nachzügler vor uns. Der Erste Weltkrieg brachte eine scharfe Zäsur. Und nur wenige Jahre später war die Hohe Zeit der staatlichen Naturdenkmalpflege, die sogenannte »Ära Conwentz«, auch schon wieder vorbei. Sein früher Tod im Jahr 1922 nahm der Naturdenkmalpflege die treibende Kraft, und in der Weimarer Republik fehlte das nachhaltige Interesse. Sporadisch gab es noch Publikationen. WILDE (1936) schrieb über alte Bäume der Pfalz. ARNSWALDT (1939) berichtete über »Mecklenburg – das Land der starken Eichen und Buchen«. Doch es stand bereits ein zweiter, noch schlimmerer Krieg vor der Tür, der die Arbeit nicht nur unterbrach, sondern alles bisher Erreichte ad absurdum führte.

Danach herrschte lange Jahre tiefes Schweigen im Blätterwald – bis zum Beginn der »neueren

Fototermin an der historischen Wallensteinföhre, Kriegenbrunn. Aus STÜTZER, 1901.

Baumliteratur«. Den Anstoß gab vermutlich das Weltjahr des Naturschutzes, 1970. Es ging um die Rettung der letzten Naturwunder der Erde, um aussterbende Tiere und die immer deutlicher sichtbare Umweltzerstörung. Hierzulande forderte man die Abkehr vom vielerorts praktizierten Kahlschlag. Flurbereinigungen und gedankenloser Flächenverbrauch durch Industrie, Siedlungs- und Straßenbau sollten ein

Die Eiche in Lehsen (Porträt Nr. 10) zu ihren besten Zeiten. Aus ARNSWALDT, 1939.

Ende haben. Die literarische Lampe wurde durch den Forstmann Wolf Hockenjos wieder angezündet (HOCKENJOS, 1978). Im Auftrag der Landesforstverwaltung Baden-Württembergs sah er zwei Jahre lang nach, was von den Bäumen übriggeblieben war, die KLEIN und FEUCHT dokumentiert hatten. Fast drei Menschengenerationen lang war kaum öffentliches Interesse an alten Bäumen nachweisbar gewesen. Mit den 1980er-Jahren erwachte alles wieder zu neuem Leben. Das Erfassen, Schützen und Dokumentieren unseres grünen Naturerbes war wieder »in«. Und wieder war es ein Unterhaltungsmagazin, das den »regionalen Blick« überwand und das ganze Land überschaute.

In »GEO«, Ausgabe Mai 1980, erschien eine gut aufgemachte Reportage über »Die grünen Patriarchen« (BAUER, 1980), die genau den Ton der Zeit traf: »Alte Bäume werden rar. Oder sieht man sie nur nicht mehr vor lauter Wald? Kein Zweifel: Ihre Zahl nimmt ab«, schrieb »GEO« und erhob die subjektive Sicht zur objektiven Wahrheit. Der moderne Journalismus fand einprägsame Worte für die Bedrohung der alten Bäume: »Die bemoosten Einzelgänger, die flechtenumrankten Patriarchen, die zernarbten Märchenhelden, die von Blitzen tätowierten Recken verschwinden aus unserem Land. Sie gehen indes nicht allein an Altersschwäche zugrunde. Zahllose werden Opfer menschlicher Gewalt,« liest man im Auftakt zum Artikel. Der im Entwicklungsdienst tätige hessische Forstmann Hartwig Goerss veröffentlichte 1981 das erste Buch über bemerkenswerte Bäume in gesamt Deutschland (West). Rund 70 Bäume stellte er darin der Öffentlichkeit vor (GOERSS, 1981). Wenig später wurde ein weiterer hessischer Forstmann aktiv, der die Baumszene in den Folgejahren stark prägen sollte. Hans Joachim Fröhlich, Hessens Landesforstmeister, veröffentlichte 1984 zunächst den Bildband »Alte liebenswerte Bäume in Hessen«. Kurz vor der Wende erschien aus der gerade noch existierenden DDR ein informativer Touristikführer:

»Naturdenkmale – Bäume, Felsen, Wasserfälle« (LEMKE und MÜLLER, 1988). Im Jahr 1989 veröffentlichte FRÖHLICH dann den reich illustrierten Bildband »Alte liebenswerte Bäume in Deutschland«, in dem auch einige Bäume der ehemaligen DDR enthalten sind. In den Folgejahren investierte sich der von ihm gegründete Verein »Kuratorium alte liebenswerte Bäume in Deutschland« in eine bundesweite Bestandsaufnahme alter Bäume. In Zusammenarbeit mit der Schutzgemeinschaft Deutscher Wald (SDW) entstand die bis dahin größte Bestandsaufnahme bemerkenswerter Bäume in Deutschland, dieses Mal für Deutschland Ost und West (FRÖHLICH, 1990–1995). Erfasst wurden etwa 3600 Bäume, die nach bestimmten Kriterien ausgewählt waren. Die zehnteilige Buchreihe hieß »Wege zu alten Bäumen« und war jede Mark wert. Leider hatten die Bücher nur halbes Taschenbuchformat und waren sehr schlicht gehalten. Im Jahr 2002 erschien dann die erste Auflage unsers Bildbandes »Deutschlands alte Bäume«, der sich zu einem Überraschungserfolg entwickelte. Er hat inzwischen die erweiterte 5. Auflage erlebt und ist über 40 000 Mal verkauft worden. Er enthält rund 200 Rekordbäume und ist in der Systematik bereits ganz ähnlich wie »Unsere 500 ältesten Bäume«. 2005 veröffentlichten wir, wie schon erwähnt, den Band »Bäume, die Geschichten erzählen«, der einen Seitenblick auf die kulturellen Wurzeln unserer alten Bäume wirft. Auch dieser Bildband erlebt 2009 eine Neuauflage. Vielfalt und Spezialisierung der Publikationen haben in letzter Zeit deutlich zugenommen. Das Thema wächst und zeigt immer neue Blüten. LIEDEL und DOLLHOPF machten zwei »kultverdächtige« Bildbände über die berühmte Bavariabuche bei Pondorf (Nr. 490). Im Jahr 1988 feierten sie die Buche als »Traum vom Baum«. Wenige Jahre später war indes der Niedergang der Buche nicht mehr aufzuhalten. 2001 mussten die Autoren ihren »Abschied vom Jahrtausend-Baum« bekanntgeben. Auch besonders aufwendige

Bildbände in Retro-Optik, fotografiert in Schwarz-Weiß mit großformatigen Plattenkameras, entstanden wieder in dieser Zeit. So publizierte SÄNGER den Bildband »Bäume – Wunderbare Wesen im Kreis Unna« (2007) im brillanten NovaTone-Druckverfahren. Einen sehr speziellen Fall erlebten wir im Jahr 2007: Der Schweizer Kollege Michel BRUNNER überraschte uns darin mit einer detaillierten Publikation über Deutschlands alte Linden: »Bedeutende Linden – 400 Baumriesen Deutschlands«. Deutschland ist ein Land von großem Lindenreichtum.

Schöpft man heute aus den angeführten alten Quellen, so gilt auf den ersten Blick die altbekannte Regel: Bilder sagen mehr als tausend Worte. Historische Fotos bieten interessante Vergleiche zwischen damals und heute. Doch auch das Textstudium bietet viel. Es gibt die nötigen Details zum Baumleben. Oft sind überlebte Krisen und Katastrophen aufgezeichnet worden: Orkan, Blitzschlag oder Brand. Aber die alten Quellen haben inhaltlich auch ihre Grenzen, womit wir zu den harten Fakten über Bäume kommen.

Umfangsmessungen

Bei den Messungen an Stamm und Krone werden die Qualitätsunterschiede der verschiedenen Quellen rasch sichtbar. Merkbücher in der Art von SCHLIECKMANNS »Bemerkenswerte Bäume Westfalens« (1904) sind zwar reiche Informationssammlungen. Doch die harten Fakten fehlen oft, und die Zahlenangaben bleiben pauschal. Nicht alle Bäume können einen glatten Umfang von 6 m oder 4 Klafter oder 20 Fuß haben. Bei Quellen vom »Typ« STÜTZER ist im Kontrast dazu auch die wichtige Nachkommastelle vorhanden. Hier wird deutlich: Der Autor hat das Maßband vermutlich selbst in der Hand gehabt und gemessen. Auch eine glatte Zahl wirkt da vertrauenswürdig. Trotzdem bleiben Fragen. »Anno

dazumal« wurde an den sonderbarsten Stellen gemessen. Einmal am Boden, ein anderes Mal in 0,3 m Höhe. Einer gibt den »Stockumfang« an, der andere die übliche Messung in 1 m Höhe oder Brusthöhe (»4 Fuß«). Auch in »Manneshöhe« und 2 m Höhe wurde gerne gemessen. Fehlen die Angaben, steht man also vor einem unlösbaren Rätsel. Hinzu kommt, dass jederzeit mit einem Phänomen gerechnet werden muss, das bereits von KLEIN (1908) beklagt wurde: die »auf künftigen Zuwachs rechnende lokalpatriotische Aufrundung«! Um 1900 und eigentlich bis heute ist ein unausgesprochener Wettbewerb im Gang. Nicht nur das Dorf soll schöner werden, sondern auch der dazugehörige Baum dicker. Der Stolz treibt wilde Blüten und verwandelt manchen Zwerg in einen Riesen. Alles das hat uns dazu gebracht, unsere Umfangsmessungen nach dem stets gleichen Verfahren durchzuführen – ein typisch deutscher Charakterzug, wie uns scheint. Im Hauptteil sind alle Fremdmessungen aus Vorsicht mit einem Sternchen (*) markiert. Der Blick in die Baumliteratur unterstreicht, dass der Umfang schon immer das interessanteste Merkmal eines alten Baumes war. Auch andere Kriterien wie Höhe, Kronenumfang oder Kronendurchmesser kommen in der Literatur vor. Doch sie sind im Lauf der Baumbiografie oft großen Schwankungen ausgesetzt.

Durch Windbruch, Schneebruch, umwelt- oder altersbedingtes Rücksterben und Regeneration kann sich ein Kronenbild innerhalb kurzer Zeit ändern. Es ist der Stamm, der üblicherweise am längsten intakt bleibt und dabei eine erfreuliche Kontinuität im Dickenwachstum an den Tag legt. Bernd Ullrich hat sich bei der Vermessung des Stammes für die »Taille« entschieden. Innerhalb einer bestimmten Höhe wird nach der engsten Stelle des Stammes gesucht. Diese Höhe wiederum ist als der mittlere Durchmesser des Stammes definiert. Es handelt es sich also um ein »iteratives Verfahren«, das sich für Laien vereinfacht darstellen lässt: für 8-m-Bäume suche man die Taille zwischen 0 und 2,50 m, für 6-m-

Bäume bis in knapp 2 m Höhe, bei 4-m-Bäumen entsprechend zwischen 0 und knapp 1,3 m Höhe. Sind Starkäste oder große Astlöcher vorhanden, wird *unterhalb* dieser gemessen. Dasselbe gilt für Bäume, deren Kronenansatz niedrig liegt. Hier misst man unter dem Astkranz. Das Verfahren der Taillenmessung hat den Vorteil, dass es sich selbst nach Bodenerosion oder Erdaufschüttungen gut wiederholen lässt.

Das Deutsche Baumarchiv misst den Umfang traditionell in 1 m Höhe über dem Boden. Diese Messhöhe wird auch in weiten Teilen Deutschlands als amtliche Messhöhe verwendet. Genau gesagt, wird in 1 m Höhe über dem vermuteten Keimpunkt gemessen, am Hang deshalb auf halber Hanghöhe. Der Vorteil: Ein zu hohes (talseitiges) oder zu niedriges (bergseitiges) Messergebnis wird vermieden. Bäume am Hang und in der Ebene werden somit vergleichbar. Ein anderer Vorteil: Die unteren Stammteile eines Baumes bleiben erfahrungsgemäß am längsten erhalten. Wer oberhalb von 1 m misst, stößt öfters auf Stammlücken, die der Zahn der Zeit genagt hat.

Alle Messergebnisse werden beim Deutschen Baumarchiv mit einer wichtigen internen Zusatzinformation versehen: der Stammform. Hier werden – wie auch im Hauptteil des Buches öfters zu lesen – einstämmige, mehrkernige und mehrstämmige Bäume unterschieden.

Baumauswahl

»Unsere 500 ältesten Bäume« vereinigt die umfangstärksten Bäume der Republik. Insgesamt 520 außergewöhnliche Bäume oder Baumansammlungen sind enthalten. Beim genauen Lesen führen versteckte Hinweise aber noch zu 100 weiteren Ausnahmebäumen, die an der genauen Umfangsangabe mit zwei Nachkommastellen zu erkennen sind. Damit möchten wir Lust auf eigene Baumabenteuer wecken.

Im Buchtitel ist von den »ältesten« Bäumen die Rede, aber das ist eher poetisch als wissenschaftlich gemeint. Wer von alten Bäumen spricht, denkt in der Regel an besonders dicke Bäume. Und die goldene Regel stimmt: Ein dicker Baum ist immer auch alt. Der Umkehrschluss gilt jedoch nicht. Ein dünner Baum muss nicht zwangsläufig jung sein. Es kann sein, dass auf Dünenstandorten, auf mageren Böden oder im Fels der Gebirge uralte Bäume stehen, denen man das hohe Alter nicht ansieht. Solche Bäume aufzuspüren, war nicht Sinn und Zweck dieses Buches. Vor Kurzem hörten wir von einer Lärche, die nahe der Zugspitze in über 1400 m Höhe wächst. Sie ist angeblich über 740 Jahre alt. Ihr unspektakulärer Stammdurchmesser: 70 cm. Aber zurück zu den ausgewählten Bäumen, bei denen ein hohes Alter mit einem großen Stammumfang kombiniert ist. Für jede Baumart haben wir Mindestumfänge festgelegt, die überschritten werden müssen, um in die Auswahl zu kommen. Dabei waren die Erwartungen an Tanne, Fichte und Lärche ganz andere als die an Buche, Ulme oder Weide. Und nur von wenigen andere Baumarten haben wir Dimensionen erwartet, wie sie unsere »1000-jährigen« Linden und Eichen erreichen. Wichtig war es uns, möglichst alle Baumarten zu berücksichtigen, die im Bewusstsein der Bevölkerung verankert sind oder dies verdienen. Schönheit und Charakter eines alten Baumes, in geringerem Ausmaß auch ein besonderes Umfeld oder seine spannende Historie, ließen uns die strikten Umfangskategorien verlassen und großzügiger auswählen. Die markante Kreuzeiche bei Hürbel (Nr. 503), Bayern, zeigt, wie weit wir dabei gegangen sind.

Die Tabelle rechts gibt einen Überblick über die Umfangskategorien und die berücksichtigten Gattungen, Arten und Formen. Für einige Baumarten wird es in Zukunft noch Veränderungen geben. Uns ist zum Beispiel zu spät aufgefallen, dass die Vielfalt der literarischen Artangaben für Eiche, Linde und Ulme reine Wunschvorstel-

Umfang in 1 m Höhe	Taille	Gattung/Art/Form
9 m	8,5 m	Linde
8 m	7,5 m	Eiche, Schwarzpappel, Platane, Mammutbaum, mehrstämmige Hutebuche (»Hutebuchentypus«)
6,5 m	6 m	Buche, Ulme, Weide, Marone, Sumpfzypresse, Schwarznuss, Urwelt-mammutbaum, geleitete Linde (»Tanzlinde«)
5 m	5 m	Esche, Bergahorn, Grau-/Silberpappel, Robinie, Rosskastanie, Pyramiden-eiche, Pyramidenpappel, Fichte und Tanne, Lärche, Zeder, Douglasie, Exoten (z. B. Tulpenbaum, Schnurbaum, Kaukasische Flügelnuss usw.)
4 m oder die stärksten Vertreter ihrer Art	4 m	Hainbuche, Spitz-/Feldahorn, Erle, Birnbaum, Kirsche, Nuss, Maulbeere, Süntel-/Hängebuche, Eibe, Kiefer, Ginkgo, Blauglockenbaum, Lebens-baum, Baumhasel
	3 m	Birke, Felsenkirsche, Apfelbaum, Elsbeere, Speierling, Arve
	2 m	Kornelkirsche, Mehlbeere, Vogelbeere, Quitte, Mandel, Wacholder, Weißdorn, Ilex

Die in diesem Buch verwendeten Umfangskategorien für »national bedeutsame Bäume« (NBB).

lung sind. Im Prinzip gibt es in Deutschland – von ein oder zwei Ausnahmen abgesehen – ausschließlich mächtige Stieleichen. Traubeneichen gleichen Alters sind vermutlich dünner und seltener. Ähnliches gilt für die Gattung Linde. Hier finden sich gehäuft großblättrige Sommerlinden und nur ganz selten die eng verwandte, kleinblättrige Winterlinde. Zuletzt ist auch die Gattung *Ulmus* betroffen. Fast alle alten Ulmen sind Flatterulmen. Nur zwei mächtige Bergulmen sind uns bekannt geworden. Mächtige Feldulmen scheinen in Deutschland gänzlich ausgestorben zu sein.

Altersschätzung

»Wie alt ist dieser Baum?« Diese Frage begegnet uns oft, wenn wir einen alten Baum doku-

mentieren. Trotz lanjähriger Erfahrung bleibt die Frage schwierig zu beantworten.

Einige Beispiele sollen das zeigen. Die mächtigsten Bäume Deutschlands sind Sommerlinden *(Tilia platyphyllos)*. In Slate, Mecklenburg-Vorpommern, staunten wir über die kolossale Friedhofslinde (Nr. 17). Sie besitzt 9,60 m Umfang, soll aber erst um 1733 gepflanzt worden sein. Das ergibt ein Alter von rund 290 Jahren und einen Zuwachs im Umfang von 3,3 cm jährlich. In Lauben, Kreis Ravensburg, steigert sich das Ganze noch. Hier steht an einem artesischen Brunnen die Friedenslinde – angeblich aus dem Jahr 1871. Ihr Taillenumfang beträgt 7,70 m! Bei einem angenommenen Alter von 150 Jahren ist ihr Umfang jährlich um über 5 cm gewachsen. Andererseits: Das gegenteilige Phänomen ist ebenfalls bezeugt! Im hohen Alter können Linden mehr oder minder plötzlich im Wachstum stagnieren. Bei ARNSWALDT (1939) wird die Hoch-

Baumscheiben sind wie ein Archiv vergangener Jahrhunderte. Sie zeigen die fetten und mageren Jahre eines Baumlebens.

gerichtslinde in Schlagsdorf, Mecklenburg-Vorpommern, beschrieben. Ihr Umfang vor über 70 Jahren: 8,50 m. Wir haben den Baum aufs Neue vermessen. Ihr aktueller Umfang: unverändert 8,51 m.

Eine Sensation ist für uns die über viele Jahrhunderte hinweg dokumentierte Kirchlinde bei Zurow, Mecklenburg-Vorpommern (Nr. 9). MIELCK (1863) berichtete über sie: »Im Jahre 1760 war die Linde noch in ihrer ganzen imposanten Größe, aber ihr Stamm schon hohl, welcher damals 20 und einige Ellen [mehr als 13 m] im Umfang hatte«. Kurz nach 1800 brach die Linde bei einem Gewittersturm auseinander. Eine Hälfte starb ab, die andere überlebte. Der

Stammrest besaß 1860 bodennah 7 m Umfang und hat heute wieder 9,54 m Umfang erreicht. Wir haben eine bewiesene Lindenbiografie vor uns, die weit ins Mittelalter zurückreicht – wahrscheinlich bis zum Bau der zugehörigen Kirche im Jahr 1345. Unter diesen Umständen wird es denkbar, dass Linden in seltenen Fällen auch das märchenhafte Alter von 1000 Jahren erreicht haben könnten.

Bei der Zurower Linde ist das extrem hohe Alter eng mit den beobachteten extrem mächtigen Stammdimensionen verknüpft. Man bedenke: 13 m Umfang, und das bereits vor 250 Jahren! Eichen zeigen im Vergleich zu Linden ein ruhigeres und stetigeres Wachstum. Aber auch hier bleibt eine deutliche Differenz zwischen stürmischer Jugendphase und gemächlicher Altersphase. Der Ivenacker Tiergarten in Mecklenburg-Vorpommern besitzt eine europaweit einmalige Ansammlung »1000-jähriger« Stieleichen (Nr. 40). Die Ringeiche im Zentrum des Parks überragt alle: 12,40 m Umfang bei 35 m Höhe. Die Forstpathologin Ratburg Blank entnahm ihr 1996 in Brusthöhe drei Bohrspane. In dieser Höhe hat der Stamm einen Durchmesser von 3,32 m ohne Rinde, was einem Stammumfang von 10,43 m, ebenfalls ohne Rinde, entspricht. Sie stellte fest, dass die Ringeiche im Zeitraum 1804–1996 erstaunlich langsam gewachsen ist, im Schnitt 1,16 cm pro Jahr. Wenn die Eiche schon immer so langsam gewachsen wäre wie in den vergangen zwei Jahrhunderten, hätte sie heute ein biblisches Alter von 900 Jahren.

Um das Alter eines Baumes realistisch einschätzen zu können, muss zuerst das allgemeine Wuchsverhalten der Art bekannt sein. Danach müssen die Standortbedingungen, Klima, Wuchsform, Stammform und biografische Fakten mit in die Schätzung einfließen. Schnelles Jugendwachstum und Alterstrend müssen gegeneinander abgewogen werden. Für die meisten bekannten Arten haben wir inzwischen einfache Algorithmen entwickelt, mit denen wir uns dem mutmaßlichen Alter nähern. Dazu kann das Deutsche Baumarchiv auf eigene Messungen im Zeitraum 1984 bis heute zurückgreifen. Aber es gilt auch, die Rahmenbedingungen zu beachten. Unsere heutige Atmosphäre ist schließlich »nicht mehr das, was sie einmal war«. Steigende Gehalte an Kohlendioxid und Stickoxiden haben in Mitteleuropa einen »Düngeeffekt« bewirkt. Wahrscheinlich wachsen alte Bäume heute schneller als zu Opas Zeiten. Durch Bodenversauerung und Umweltgifte sind sie andererseits aber auch stärker gefährdet. In diesem Buch haben wir das geschätzte Alter der Bäume als Spanne angegeben. Die untere, vorsichtigere Zahl stammt von Bernd Ullrich. Die obere, optimistischere Zahl vom Deutschen Baumarchiv. Inzwischen tendieren wir in vielen Fällen in eine ganz ähnliche Richtung. Das verleiht den Alterseinschätzungen dieses Buches mehr Nachdruck.

Alte Bäume schützen und pflegen

Wie können alte Bäume optimal geschützt und gepflegt werden? Diese Frage beschäftigte schon die Pioniere der Naturdenkmalpflege vor über 100 Jahren.

Die natürliche Vegetation im Kaiserreich schrumpfte damals aufgrund von Bevölkerungswachstum, Industrialisierung und Flurbereinigung rapide. Die Sorge um die letzten Reste unberührter Pflanzenwelt wuchs und rief die ersten deutschen Naturschützer auf den Plan. Im Großherzogtum Hessen wurde seinerzeit das erste echte Naturschutzgesetz erlassen. Die Legislative war aus ihrem Dornröschenschlaf erwacht. Das Gesetz mit einem eigenen Paragraphen für »Naturdenkmäler« wurde am 16. Juli 1902 erlassen und ermöglichte es, Bäume von besonderer kultur- und naturgeschichtlicher Bedeutung sowie Bäume besonderer Schönheit und Eigenart unter Schutz zu stellen: Fällung

und Beschädigung verboten! Die drei allgemeinen Aufgaben des Naturdenkmalschutzes erklärte der Gründer der amtlichen Naturdenkmalpflege, Hugo Conwentz, in seiner Denkschrift. *Als Erstes* galt es seiner Meinung nach, die Bäume überhaupt einmal zu inventarisieren. Wie mühsam und vielschichtig dieser Prozess in der Praxis aussieht, haben wir im Kapitel »Die Geschichte dieses Buches« beleuchtet. Die Bestandsaufnahme ist immer der grundlegende Schritt, auf dem alles Weitere aufbaut. Lückenhafte Inventarisierung zieht lückenhaften Naturdenkmalschutz nach sich. Was man nicht kennt, das kann man auch nicht schützen, und umgekehrt.

Als Zweites sah Conventz für die gefundenen Bäume die »Sicherung im Gelände« vor. Dazu waren die Besitzverhältnisse zu klären und die Eigentümer der Naturdenkmäler möglichst für ihren Schutz zu gewinnen. Schon damals regte er an, namenlose Bäume mit einem passenden Namen zu versehen. Dazu erklärte er: »Erfahrungsgemäß wird ein getaufter Baum vom Holzschläger und vom Volk ganz anders respektiert.« Das gilt bis heute, nur die Worte klingen altmodisch. Unser Autorenteam ist unabhängig von Conwentz auf dieselbe Idee gekommen. In unserem Bildband »Deutschlands alte Bäume« haben wir begonnen, unbekannten Bäumen einen Namen zu geben. Und mit diesem Buch setzen wir diese, wie wir einsehen, gute Tradition an einigen Stellen fort.

Als Drittes sah Conventz die »Bekanntmachung« der gefundenen und geschützten Bäume vor. Dabei kennt er freilich auch die Ausnahme: »Es gibt Fälle, in denen eine Denkwürdigkeit der Natur am besten dadurch geschützt wird, dass eine Bekanntmachung hierüber *nicht* erfolgt«, räumt er ein. Im Allgemeinen sah er aber die Herausforderung darin, in Schulen und Vereinen, durch Veröffentlichungen in Presse und Fachzeitschriften sowie mit zahlreichen anderen Maßnahmen Interesse und Verständnis für die Naturschutzarbeit zu wecken. Es ging ihm darum, die

Naturdenkmalpflege heißt auch, alten Bäumen in Krisenzeiten beizustehen. Die Süntelbuche bei Gremsheim (Porträt Nr. 96) gibt dafür ein Beispiel. Sie verlor 2006 den Großteil ihrer hier noch sichtbaren Krone.

Menschen an Baum, Fels und Wasserfall heranzuführen und ihnen Freude und Erfrischung aus der Natur zu vermitteln. Ein tragendes Instrument der Bekanntmachung war für ihn das Verfassen von »Merkbüchern«, in denen bedeutende Naturdenkmäler mit Fotografie dargestellt werden sollten. Er selbst hatte 1900 das erste solche Merkbuch herausgegeben – beschränkt auf den forstbotanischen Bereich. Die Erweiterung auf den gesamten Bereich der Botanik wurde von ihm wärmstens empfohlen, und so geschah es auch später in vielen nachfolgenden Publikationen. Merkbücher sollten den Verantwortlichen vor Ort – Grundbesitzern, Verwaltungsbeamten, Forstleuten, Lehrern usw. – an die Hand gegeben werden und einen Überblick geben, was in ihrem Bezirk an Schützenswertem existiert. Auch »Unsere 500 ältesten Bäume« ist im Conwentzschen Sinne ein solches »Botanisches Merkbuch« – nach über 100 Jahren nun sogar in Farbe.

Die Gefährdung von Naturdenkmälern durch den Menschen ist bis heute nicht vollständig getilgt worden. Conwentz spricht von »Mängeln der Erziehung«, von »unvollständiger Bildung« und von »unvollständiger Fachkenntnis«. Es gibt Unbelehrbare, die den Wert eines alten Baumes bis heute nicht einsehen wollen und die Ausweisung als Naturdenkmal als einen störenden Eingriff empfinden. Dahinter steckt meist die Furcht, es könnten Kosten bei der Pflege des Naturdenkmals entstehen. Die Rechtsprechung hat inzwischen jedoch gezeigt, dass die finanzielle Verantwortung für ausgewiesene Naturdenkmale im Wesentlichen beim Staat liegt. Bedauerlicherweise ist dies aber keine Garantie für Schutz und Pflege eines Naturdenkmals. Manchmal entsteht der Eindruck, dass heute nur noch das »geschützt« wird, was auch ohne Schutz gut über die Runden käme. Das Thema Verkehrssicherheit und Verkehrssicherungspflicht ist so bestimmend geworden, dass alte

Bäume leicht als Stör- und Kostenfaktoren betrachtet werden. Wenn ein Baum ernsthaft beschädigt wird, und der Staat zieht sich zurück, anstatt aktiv zu werden, wird staatliche Naturdenkmalpflege aber zur Farce. Sobald ein bedeutender alter Baum in eine Krise gerät, sollte ihm nach allen Regeln der Kunst geholfen werden. Es ist natürlich richtig, dass bestimmte Baumarten wenig Hoffnung auf Regeneration haben. Für die Waldbuche (Fagus sylvatica) sieht es schlecht aus, wenn der Pilz erst im Holz sitzt. Für die Bavariabuche bei Pondorf (Nr. 490), Bayern, kann der Mensch nichts mehr tun. Sie zerfällt. Aber jeder Fall verdient eine separate, sorgfältige und nüchterne Prüfung. Leicht geraten die Verantwortlichen in eine Art Schockzustand, wenn ein herrliches Naturdenkmal plötzlich verwüstet ist. Im Fall der berühmten Süntelbuche bei Gremsheim (Nr. 96), Niedersachsen, brach 2006 die Hauptkrone in 8 m Höhe ab. Nach anfänglichem Zögern wurde der Rat des Deutschen Baumarchivs angenommen, die feine Rinde an Stamm und Ästen mit Schilfmatten und Jutebandagen zu umwickelt, um sie so vor Sonnenbrand zu schützen. Sollte es der Süntelbuche gelingen, sich wieder mit dem eigenen Laub zu beschatten, ist sie wahrscheinlich gerettet. Allgemein wird zu schnell aufgegeben. Die Regenerationskräfte und Altersmaxima von Eiche, Linde und anderen Baumarten werden unterschätzt. Kürzlich hieß es von offizieller Seite über die Kalte Eiche bei Ernsee (Nr. 194), sie sei in eine »Resignationsphase« eingetreten. Unter der Voraussetzung nicht zu häufiger Wetterextreme habe sie eine restliche Lebenserwartung von 60 Jahren. Wir glauben nicht daran und fragen uns im Gegenteil, wie die Eiche aus ihrer Krise in eine »Regenerationsphase« gebracht werden kann. Die Krise dürfte andere Ursachen haben als nur das Alter. Wer die Femeiche in Erle (Nr. 272) kennt, wird bei der Angabe von Lebenserwartungen bei der Stieleiche (Quercus robur) ohnehin vorsichtig werden. Positiv ist, dass die praktische Naturdenkmal-

pflege inzwischen große Fortschritte gemacht hat. Ausmauerungen, wie sie zu Kaisers Zeiten überall für hohle Bäume empfohlen wurden, sind als schädlich erkannt und gebannt worden. Die Stämme vermorschten dadurch nur noch schneller. Auch die Zeit der »Baumchirurgie« ist Gott sei Dank vorbei. Um 1960 hatte man eine vermenschlichte Sicht auf alte Bäume und war der irrigen Annahme, man müsse Faulstellen und Wucherungen chirurgisch entfernen. Heute weiß man besser, welche Eingriffe nützlich und welche schädlich sind. Vor allem hat man eines gelernt: Bäume »wissen« meist selbst am besten, wie sie mit Pilzbefall, Viren und mechanischen Störungen umzugehen haben. Wenn der Mensch sich heute als kluger Helfer versteht, kann das Lebenspotenzial unserer alten Bäume voll ausgeschöpft werden. Dann können wir an vielen Uraltbäumen noch lange unsere Freude haben. Dann lohnt es sich auch wieder gründlich, einen Baum offiziell als Naturdenkmal auszuweisen und mit einer Schutzplakette zu versehen. Übrigens: Jeder Bundesbürger hat das Recht, bei der zuständigen unteren Naturschutzbehörde die Ausweisung eines alten Baumes als Naturdenkmal (ND) zu beantragen.

Baumfotografie

Die Fotos für dieses Buch sind zu Beginn des »Digitalen Zeitalters« entstanden.
Aus guten Gründen arbeiten wir aber (noch) mit analoger Fototechnik.
Bernd Ullrich setzt auf die mechanische Kamera Nikon FM3 mit Nikkor-Objektiven. Im Deutschen Baumarchiv sind verschiedene Kleinbildkameras der Marken Canon und Nikon in Gebrauch, seltener auch Mamiya-Mittelformatkameras. Als preiswerter und farbechter Diafilm hat sich für alle Beteiligten Kodak EBX 100 »Extra Colour« herausgestellt.

Mecklenburg-Vorpommern

1 Kirchlinde Kritzkow	17 Friedhofslinde Slate	33 Schöne Eiche Pinnow
2 Kirchhofslinde Alt Polchow	18 Vogelbeere Wendisch Waren	34 Huteeichen Rattey
3 Ulme Glave	19 Ulme Redefin	35 Robinie Dersekow
4 Tümpeleiche Burg Schlitz	20 Dorflinde Speck	36 Dicke Linde Reinberg
5 Glockenlinde Walkendorf	21 Pyramideneiche Ludwigslust	37 Kulthügelbuche
6 Apfel Stubbendorf	22 Fuchseiche Groß Gievitz	Hohenbüssow
7 Kirchlinde Zurow	23 Erle Dobbertin	38 Schwarzpappel Greifswald
8 Eiche Feldhusen	24 Eibe Jabel	39 Höhlenulme Klocksin
9 Spitzahorn Schloss Bothmer	25 Kastanie Klein Nemerow	40 Ivenacker Eichen
10 Eiche Lehsen	26 Eiche Lüttenhagen	41 Mehlbeere Kloster Hiddensee
11 Hängebuche Schloss	27 Kroneneiche Minzow	42 Schwarzpappel Sagard
Schwerin	28 Graupappel Groß Gievitz	43 Ulme Klotzow
12 Eiche Schwerin	29 Eichen Raben Steinfeld	44 Erle Hintersee
13 Birne Grambow	30 Hexeneiche Schloss	45 Birne Boek
14 Dicke Erle Karow	Ulrichshusen	46 Douglasie Schloss Kaarz
15 Eiche Müsselmow	31 Weißdorn Hiddensee	
16 Kiefer Kleesten	32 Esche Crivitz	

1

Kirchlinde in Kritzkow   1

Kreis Güstrow
Alter: 350–450 Jahre
Taille: 8,60 m (2007)
Umfang: noch 8,98 m (2008)

An der alten Dorpstraat (Dorfstraße) steht die Sommerlinde idyllisch nahe der Backsteinkirche. Früher war sie einige Dezimeter dicker. Der angehöhlte Stamm und seine stärksten Äste neigen sich gen Dorfstraße. An der Stammrückseite befindet sich ein Auswuchs, der wie eine Nase aussieht. Vor 1960 war die Linde Naturdenkmal, doch wegen »Krankheit« wurde der Schutz aufgehoben – Symbol für die Schwächen amtlichen Naturschutzes. Sie wurde, ebenso wie die berühmte Zurower Linde, von BRUNNER (2007) wiederentdeckt.

Standort: An der Kirche.

Kirchhofslinde in Alt Polchow   2

Kreis Güstrow
Alter: 600–800 Jahre
Taille: 13,76 m (2000)
Umfang: 13,95 m (1990)

ARNSWALDT berichtet 1939 über »hervorragende, seltsam geformte und seltene Bäume in Mecklenburg«. Darin heißt es kurz und auch heute noch zutreffend: »Der stärkste Baum Mecklenburgs ist die Kirchhofslinde in Polchow bei Laage mit einem Stammumfang von 13 m, einem Durchmesser von etwa 4 m.« Bei MIELCK (1857) sind 12 m Umfang notiert. Inzwischen sind es 13,95 m, mit Neigungsänderungen der 3 Stammteile. Wurde sie beim ersten Kirchenbau im 13. Jahrhundert gepflanzt?

Standort: An der Kirche.

Tümpeleiche bei Burg Schlitz   4

Kreis Güstrow
Alter: 350–390 Jahre
Taille: nicht bekannt
Umfang: 8,83 m (2003)

Aus einem kleinen Landgut entstand 1812–1823 unter Hans Graf von Schlitz, Adoptivsohn des hessischen Grafen, Burg Schlitz, wo ARNSWALDT (1939) einst 11 alte Eichen verortete. An einem Tümpel nördlich der Burganlage mit Park wächst heute die stärkste Huteeiche. Im Talgrund zur Straße hin stand 1990 noch eine Eiche mit über 8 m Umfang, die später brach und abstarb. Auf dem Weg zur Siedlung Görzhausen fällt die »Strateneik« auf. Am Wegrand befindet sich weiter oben nahe dem Röthelberg ein Bergahorn mit 5,06 m Umfang. Eine herrliche Solitäreiche krönt den Röthelberg selbst.

Standort: Frei 400 m nördlich Burg Schlitz.

Ulme in Glave   3

Kreis Güstrow
Alter: 250–350 Jahre
Taille: 6,50 m (1999)
Umfang: 6,88 m (2003)

Die attraktive, hochgeschossene Flatterulme *(Ulmus laevis)* steht am Eingang der Siedlung Glave. Stamm und Krone sind völlig intakt, ein schöner und seltener Anblick. Wurzelbürtig, also unmittelbar aus dem Erdboden, sind 2 Jungbäume entstanden, die mit der Mutterpflanze genetisch identisch sind. Typisch ist die längsgefurchte, faserige Borke, die sich bei Ulmen im Alter ausbildet.

Standort: An der Ortsdurchfahrt in Glave, Südostufer Krakower See.

5

Glockenlinde in Walkendorf   5

Kreis Güstrow
Alter: 350–500 Jahre
Taille: 9,36 m (2000)
Umfang: 9,49 m (2001)

Bis auf einen dicken Aststumpf ist die Krone der
Linde in einem guten Zustand. Efeu bedeckt den
Boden hinter dem Stamm und hangelt sich an
der Borke langsam stammaufwärts. Als Boden-
bedeckung ist das günstig. Regenwürmer werden angelockt und die Bodenqualität verbes-
sert. 2 große Glocken, eine neu gegossene und
eine mit Jahrezahl 1860, sind im überdachten
Glockenstuhl direkt neben der Linde zu sehen.
Die Kirche, ein frühgotischer Backsteinbau,
stammt aus dem 13. Jahrhundert. Die Linde
dürfte jünger sein.

Standort: Am Friedhof vor der Kirche.

Apfel bei Stubbendorf   6

Kreis Demmin
Alter: 190–320 Jahre
Taille: 3,78 m (2007)
Umfang: 4,52 m (2006)

Er gilt als ältester Wildapfel *(Malus sylvestris)*
Deutschlands, vielleicht sogar Europas. Nun
nähert er sich dem Zerfall. 2007 wurde der
Baum Opfer des Wintersturms Kyrill, der mehr
als die halbe Krone zerstörte und den Stamm
anbrach. Einst lockten seine weißrosa Blüten
Schwärme von Bienen an, und in den verworre-
nen Zweigen fanden Vögel ihre verborgene Brut-
stätte. In Deutschland gibt es nur noch wenige
wilde Apfelbäume, sie gelten als eine vom Aus-
sterben bedrohte Baumart.

Standort: 1 km außerhalb Darbein, westlich der
Landstraße Darbein-Stubbendorf.

Kirchlinde in Zurow   7

Kreis Nordwestmecklenburg
Alter: 650–900 Jahre
Taille: noch 9,03 m (2007)
Umfang: noch 9,54 m (2008)

MIELCK (1863) berichtet über die Sommerlinde:
»Im Jahre 1760 war die Linde noch in ihrer ganzen imposanten Größe, aber ihr Stamm schon
hohl, welcher damals 20 und einige Ellen [mehr
als 13 m] im Umfang hatte«. Kurz nach 1800
brach die Linde bei einem Gewittersturm in zwei
Hälften. Eine Hälfte überlebte. Sie besaß 1860
bodennah noch 7 m Umfang. Aus dem Stammrest entstand die heutige Linde, deren Lebens-
spanne bis ins Mittelalter reicht, wahrscheinlich
bis zum Bau der Kirche im Jahr 1345, vielleicht
sogar noch weiter zurück.

Standort: Am Friedhof an der Kirche.

Eiche bei Feldhusen   8

Kreis Nordwestmecklenburg
Alter: 400–525 Jahre
Taille: 7,40 m (1998)
Umfang: 8,10 m (2003)

Sie steht gut bewässert, vielleicht jedoch stau-
nass, im Einzugsgebiet des Baches Harkenbäk.
Ihr Stamm ist tonnenförmig, die Kronenform
durch waagerecht orientierte Äste sehr interessant. Vermutlich ist sie ein ehemaliger Hutebaum. Bei ARNSWALDT (1939), der Daten aus dem
Zeitraum 1935–39 publiziert, wird sie mit
7,20 m Brusthöhenumfang vermerkt. Sie ist
also binnen minimal 64 Jahren um maximal
90 cm gewachsen. Sie wächst langsam.

Standort: Am südlichen Ortsausgang in Richtung Wieschendorf, 50 m linkerhand (östlich)
am Rand eines Feldgehölzes.

Spitzahorn am Schloss Bothmer 9

Kreis Nordwestmecklenburg
Alter: 210–290 Jahre
Taille: 4,80 m (2008)
Umfang: 5,08 m (2008)

Schloss Bothmer wurde 1726–1732 im Stil des Barock im reizvollen Klützer Winkel erbaut. Es ist von geometrischen Alleen und einem englischen Landschaftspark umgeben. Einen Höhepunkt für jeden Baumfreund bildet der solitäre Spitzahorn *(Acer platanoides)* im östlichen Winkel des Schlossbaus, dem Ehrenhof. Im westlichen Winkel gab es früher aufgrund der Symmetrie sicherlich ein Gegenüber. Die Baumkrone, mit einer Aststütze versehen, entfaltet sich prachtvoll. Einige lichte Stellen sind zu bemerken.

Standort: Im östlichen Winkel des Schlosses.

Eiche in Lehsen 10

Kreis Ludwigslust
Alter: 350–550 Jahre
Taille: 7,60 m (1999)
Umfang: 9,20 m (2001)

Sie ist eine ausgemauerte, vom Blitz zernarbte Stieleiche *(Quercus robur)*, neuerdings auch durch Feuer gezeichnet. Am 1. Juli 2003 ging gegen 5.00 Uhr ein Anruf bei der zuständigen Feuerwehr ein: Die alte Eiche stand in Flammen. Die Löschaktion erfolgte gerade noch rechtzeitig, doch große Teile der oberen Krone gingen verloren. Nun wird es vielleicht Jahrzehnte dauern, bis der Baum eine passable Ersatzkrone aufgebaut hat. Bei ARNSWALDT ist ein historischer Stammumfang um 1939 vermerkt: 8,35 m in Brusthöhe.

Standort: An der Straße »Zur Eiche«.

9

Hängebuche am Schloss Schwerin   11

Stadt Schwerin
Alter: 160–200 Jahre
Taille: 4,60 m (2006)
Umfang: 4,84 m (2006)

Vor der Nordseite des Schweriner Schlosses, in dem der Landtag Mecklenburg-Vorpommerns zusammentritt, steht eine attraktive Hängebuche mit bauschiger Krone. Wie der Saum eines Gewands reichen die Zweige bis zum Boden. Vom jenseitigen Ufer aus betrachtet, bildet der Baum ein gelungenes Ensemble mit dem Inselschloss dahinter. Der Burggarten entstand um 1830 im Stil eines englischen Landschaftsgartens mit seltenen Gehölzen, Terrassen, Orangerie und Grotte. Der Blick geht vom Park aus über den größten See Mecklenburgs, den Schweriner See.

Standort: Im nördlichen Burggarten.

Eiche bei Schwerin   12

Stadt Schwerin
Alter: 300–400 Jahre
Taille: 8,05 m (1999)
Umfang: 8,18 m (2001)

Der walzenförmige Stamm der Eiche auf dem Schelfwerder teilt sich in bogenförmige, geschwungene Äste, die einen harmonischen Baldachin aus Blättern bilden. Ihr Habitus erinnert stark an die Schöne Eiche von Endlichhofen in Rheinland-Pfalz. Einige wenige untere Äste sind abgeschnitten, die verbliebenen setzen weit oben an. Bei ARNSWALDT (1939) wird der damalige Umfang mit 7 m angegeben. Ihr Wachstum ist eichentypisch.

Standort: Im Eichenweg. Auf Privatgrund.

13

Birne bei Grambow   13

Kreis Parchim
Alter: 240–350 Jahre
Taille: 6,20 m (2006)
Umfang: 6,90 m (2006)

Das Birnenrelikt behauptet sich mit geduckter
Krone auf einem Gerstenfeld bei Grambow.
Eine kleine nutzungsfreie Landinsel wurde ihr
belassen. Einst war sie 2-stämmig, mit V-förmig
aufstrebenden Achsen. Eine Achse blieb ansatz-
weise erkennbar, die andere ist von Wind und
Wetter zernagt. Bei Letzterer blickt man durch
große Löcher wie durch Schiffsluken hindurch.
Früher war sie eine Berühmtheit. Auf einem
alten Foto sieht man Kinder oben im Birnen-
baum hocken.

Standort: 150 m südlich Grambow.

Dicke Erle bei Karow   14

Kreis Parchim
Alter: 160–240 Jahre
Taille: 5,07 m (2008)
Umfang: 5,07 m (2008)

Die Mildenitz speist eine Reihe von Seen: Penz-
liner, Damerower, Goldberger und Dobbertiner
See (hier steht am Flusslauf die mächtige Dobbertiner Erle), danach Schwarzer, Rothener und
Großer Sternberger See, wonach sie in die War-
now mündet. In einer Feuchtwiese am Damerower See wurde jetzt die dickste bisher bekannte
Erle *(Alnus glutinosa)* entdeckt. Sie hat einen
markanten Seitenast und ist schütter belaubt.
Über alte Erlen ist wenig bekannt, das Alter
spekulativ.

Standort: 150 m nördlich Haus Hahnenhorst,
25 m rechts der Kastanienallee.

Eiche bei Müsselmow   15

Kreis Parchim
Alter: 250–350 Jahre
Taille: 7,50 m (1999)
Umfang: 8,07 m (2003)

Die Solitäreiche hat sich im freien Feld herrlich und ungestört entwickelt. Als Lichtbaumart profitiert die Eiche von der ungehinderten Sonneneinstrahlung. Der freie Stand hat aber auch seine »Schattenseiten« gehabt: Eine 12 m lange Blitzrinne zieht sich den tonnenförmigen Stamm hinab. Unten ist der Stamm verkohlt. Die frei stehende Eiche hat den Blitz auf sich gezogen und muss mit der entstandenen Verletzung weiterleben. Es ist eine Stieleiche *(Quercus robur)*.

Standort: Am Wanderweg nach Weberin und Wendorf, 700 m südlich des Ortes.

15

14

Kiefer bei Kleesten   16

Kreis Parchim
Alter: 220–300 Jahre
Taille: 4,35 m (2006)
Umfang: 4,50 m (2006)

Am ruhigen Kleestensee im Naturpark Nossentiner-Schwinzer Heide steht versteckt eine sehr schön gewachsene Waldkiefer *(Pinus sylvestris)*. Ihr Stamm besteht aus 3 verschmolzenen Kernen. Imposant entfaltet sie eine hochovale Krone inmitten des Mischwalds der Uferzone. Im Kleestener Mischwald findet man noch andere recht alte Kiefern, in deren hohlem Stamm der seltene Schwarzspecht brütet. Viele Mischwälder der Region wurden im 18. Jahrhundert in Monokulturen umgewandelt.

Standort: An der Südspitze des Kleestensees.

Friedhofslinde in Slate   17

Kreis Parchim
Alter: 280–290 Jahre
Taille: 9,00 m (1999)
Umfang: 9,60 m (2003)

Eine Tafel informiert: »Diese Linde ist im Jahre 1733 von dem damals 7-jährigen David Heinrich Weber, dem späteren Pastor in Slate (1747–1810), gemeinsam mit seinen 6 Brüdern und ihrem Onkel cand. J. Weber am damaligen Rande des Kirchhofes zu ihrem Andenken gepflanzt worden. (...) 1980 brach ein gewaltiger Sturm fast die Hälfte der Krone ab.« Sie hatte eine Vorgängerin, die vor dem Chor der Kirche stand. Diese verlor 1683 einen »Telg« (Zweig), wurde morsch und 1762 wegen der Nähe zum Schulhaus gefällt.

Standort: Auf dem Friedhof vor der Kirche.

18

Vogelbeere bei Wendisch Waren   18

Kreis Parchim
Alter: 100 Jahre
Taille: 2,18 m (2008)
Umfang: 2,22 m (2008)

Die Vogelbeere *(Sorbus aucuparia)* ist ein Pio-
niergehölz, das fast überall gedeihen kann.
Aufgrund ihrer eschenähnlichen Blätter wird sie
auch Eberesche genannt. Ihre rot-orangen
Früchte sind für Menschen ungenießbar, für
Vögel jedoch eine wichtige Nahrungsquelle in
Herbst und Winter. Meist wächst sie als viel-
stämmiger, kleiner Busch. Das Exemplar bei
Wendisch Waren sprengt diesen Rahmen. Sie ist
über 15 m hoch und hat einen dicken Stamm.

Standort: Im freien Feld 500 m südöstlich vom
Thomas-Hof, Ziegeleiweg 40.

Ulme in Redefin   19

Kreis Ludwigslust
Alter: 270–330 Jahre
Taille: nicht bekannt
Umfang: 6,61 m (2004)

Bei den Recherchen zu unserem Bildband
»Deutschlands alte Bäume« bahnte sich eine
Sensation an: Im Internet hatten wir die wohl
mächtigste Hainbuche bei Redefin ausfindig
gemacht. Die Fotos, die den ominösen Baum im
winterlichen Kahlaspekt zeigen, waren vielver-
sprechend. Als wir im Sommer des Jahres 2004
in Redefin ankamen, war die Überraschung
groß: Wie der jetzt belaubte Baum verriet, stand
vor uns eine stattliche Ulme, genauer gesagt
eine Flatterulme.

Standort: An einem Resthof 300 m westlich
Redefin, 50 m südlich der B 5.

Dorflinde in Speck   20

Kreis Müritz
Alter: 400–550 Jahre
Taille: 8,82 m (2000)
Umfang: 9,50 m (2001)

Im kleinen Dorf Speck, wohlbehütet inmitten des Müritz-Nationalparks und nur wenige Kilometer vom Ostufer der Müritz entfernt, gedeiht seit vielen Generationen eine alte Linde, wie es heißt eine Winterlinde *(Tilia cordata)*. Ihr Stamm ist weit geöffnet, wirkt aber dennoch gedrungen und stabil. Vor den Aushöhlungen sind noch säulenförmige Stammpartien erhalten geblieben, die wichtige statische Funktionen erfüllen. Im Winter dient die 17 m hohe Lindenkrone den Saatkrähen als Übernachtungsplatz.

Standort: Am Ortsrand von Speck, Müritz-Nationalpark.

Pyramideneiche in Ludwigslust   21

Kreis Ludwigslust
Alter: 230–260 Jahre
Taille: 5,00 m (2006)
Umfang: 5,00 m (2006)

2 Pyramideneichen bilden den Auftakt einer Allee. Die linke ist die Schmälere, die rechte erreicht bereits 5,00 m Stammumfang. Das Pflanzdatum ist vielleicht eingrenzbar: Unter Herzog Friedrich von Mecklenburg-Schwerin wurde 1772–1776 das heutige Schloss Ludwigslust erbaut. Im Jahr 1785 könnten die Bäume im Zug der Parkerweiterungen als Barock-Ensemble eingefügt worden sein.

Standort: 150 m nördlich Schloss Ludwigslust am Parkeingang bei den großen Steinpokalen.

20

22

Fuchseiche bei Groß Gievitz   22

Kreis Müritz
Alter: 350–430 Jahre
Taille: 7,70 m (2000)
Umfang: 8,33 m (2003)

LEMKE und MÜLLER gaben 1988 den DDR-Touristikführer »Naturdenkmale – Bäume, Felsen, Wasserfälle« heraus. Darin wird vom Eichenreichtum der Gemarkung Groß Gievitz am Torgelower See berichtet. Nach ARNSWALDT (1939) stand hier einmal die stärkste Buche Mecklenburgs mit 9,60 m Umfang. Die Fuchseiche hatte seinerzeit einen Umfang von 7,20 m. Wir trafen sie im milden Morgenlicht an, eine Verkörperung von Stärke und Eleganz zu gleichen Teilen.

Standort: Auf einer Lichtung im kleinen Bruchwäldchen östlich der alten Ziegelei.

Erle bei Dobbertin   23

Kreis Parchim
Alter: 150–230 Jahre
Taille: 4,15 m (2007)
Umfang: 4,55 m (2006)

In der Neuauflage unseres Bildbands »Deutschlands alte Bäume« (BLV, 2007) war sie der große Fund: die alte Erle *(Alnus glutinosa)* an der Mildenitz. Ralf Koch, Leiter des Naturparks Nossentiner-Schwinzer-Heide, führte uns im Mai 2006 auf geheimen Pfaden durch die Uferzone der Mildenitz zum besten Standpunkt für ein Foto. Ihr gedrungener und stark geformter Stamm ist ein Erlebnis. Erlen kennt man eigentlich als dünnes Stangenholz entlang von Fließgewässern.

Standort: 150 m westlich der letzten Häuser von Dobbertin, am Nordufer der Mildenitz.

23

Eibe in Jabel   24

Kreis Müritz
Alter: 280–300 Jahre
Taille: 4,40 m (1996)
Umfang: 4,67 m (2001)

Nach 1930 wurde um das Alter der Eibe im Jabeler Pfarrgarten kräftig gefeilscht. 900 Jahre waren das tradierte Alter, ein Professor Eddelbüttel war jedoch anderer Meinung und wollte auf 200 Jahre umtaxieren. Das missfiel dem hiesigen Pastor. Ein Gegengutachten drohte. Zuletzt einigte man sich gütlich auf 500 Jahre. 1967 folgten dann erste Fakten. Die Universität Greifswald nahm Bohrspane von Ästen und Stamm. Die Auszählung ergab 230 Jahre beim ältesten Ast. Der Stamm ist im Innern 3-kernig und daher ganz ähnlich alt.

Standort: Im Pfarrgarten.

Kastanie in Klein Nemerow   25

Kreis Mecklenburg-Strelitz
Alter: 160–200 Jahre
Taille: nicht bekannt
Umfang: 5,03 m (2003)

Nahe dem Badestrand am Tollensesee wölbt sich die 20 m hohe und mindestens ebenso breite Krone der Rosskastanie. 5 starke Äste entspringen dem Stamm in 3 m Höhe und neigen sich weiter außen bis in Bodennähe. Sie ist ein Baum besonderer Schönheit. Unterhalb liegt die Ruine der Komturei Nemerow, eine einstige Niederlassung der Johanniter. Eine zum Denkmal aufgestellte Grabplatte des Komturs Ludwig von Groeten (gestorben 1621) verleiht dem Ort einen Hauch von Geschichtsträchtigkeit.

Standort: Vor der Gaststätte Heidehof.

Eiche in Lüttenhagen   26

Kreis Mecklenburg-Strelitz
Alter: 330–450 Jahre
Taille: 7,37 m (2003)
Umfang: 8,11 m (2003)

Es überrascht, anstelle der üblichen Linde eine
Kirch- und Friedhofseiche anzutreffen. Der ge-
drungene Stamm hält einige Meter seine Mäch-
tigkeit, um dann mit den abgehenden, recht
schlanken Kronenästen stückweise dünner zu
werden und sich in der Krone zu verlieren. Die
Stieleiche steht in Nachbarschaft zur unschein-
baren Fachwerkkirche aus dem Jahr 1683.
Ob die Eiche einmal bewusst gepflanzt wurde?
Nahe dem Ort sind die berühmten »Heiligen
Hallen«, ein hoher und dicht schließender
Buchenurwald.

Standort: Auf dem Friedhof.

Kroneneiche bei Minzow   27

Kreis Müritz
Alter: 400–600 Jahre
Taille: 8,80 m (1999)
Umfang: 9,98 m (2001)

Es heißt, dass sich hinter dem Namen Kronen-
eiche das Wort »Kranich« verbirgt. Vielleicht
brüteten hier früher einmal die Kraniche. Bei
ARNSWALDT (1939) wird der bekannte Eichen-
koloss mit 8,80 m Umfang angegeben. Massig
und moosbedeckt wächst er aus der Erde empor und entsendet knorrige Astarme zum Licht.
Einige untere Äste sind abgebrochen oder abgestorben. Im Nachbarort Groß Kelle steht eine
weitere ansehnliche Alteiche. Sie besitzt 7,68 m
Umfang.

Standort: Am Forsthaus, an der Straße Minzow-
Röbel.

Graupappel in Groß Gievitz   28

Kreis Müritz
Alter: 120–170 Jahre
Taille: nicht bekannt
Umfang: 5,22 m (2003)

Die Graupappel entsteht als eine interessante
Kreuzung aus Silberpappel *(Populus alba)* und
Zitterpappel *(Populus tremula)* mit Merkmalen
beider Arten. Der Name deutet auf die grauweiß
behaarten Unterseiten der Blätter und die Farbe
der Borke hin. Es heißt, dass Graupappeln besonders windfest sind. Das Exemplar im Groß
Gievitzer Schlosspark ist das stärkste bisher
vermessene. In dem renaturierten Park stehen
weitere alte und seltene Gehölze. Außerhalb
des Ortes, nahe der Alten Ziegelei, wartet die
Fuchseiche.

Standort: Im Schlosspark neben der Brücke.

Eichen in Raben Steinfeld   29

Kreis Parchim
Alter: 300–380 Jahre
Taille: 7,50 und 7,60 m (1999)
Umfang: 7,74 und 7,66 m (2003)

Der Obotritenfürst Pribislaw wurde Christ und 1167 Vasall des Sachsenherzogs Heinrichs des Löwen. Auf seinen Stammsitz Mikilinborg (Große Burg) geht der Name Mecklenburg zurück – heute das Bundesland mit der geringsten Bevölkerungsdichte: 80 Einwohner/km². »Mecklenburg, das Land der starken Eichen und Buchen« titelte ARNSWALDT 1939. Die beiden Eichen gehörten damals bereits in diese Kategorie. Er führt sie mit 6,60 bzw. 6,25 m Umfang auf. Die starken Buchen sind heute allerdings selten geworden.

Standort: An der Ortsdurchfahrt.

Hexeneiche am Schloss Ulrichshusen   30

Kreis Müritz
Alter: 370–450 Jahre
Taille: 7,34 m (2000)
Umfang: 7,67 m (2003)

1562 errichtete Ulrich von Maltzahn eine Wasserburg am Ulrichshuser See. 1993 wurde diese Burg aus den Ruinen neu erbaut und das »aufgeschmückte Landgut« wiederhergestellt. Am alten Pferdestall steht die knorrige Hexeneiche. Der Sage nach wurde ein Schäfer hier verbrannt, aus dessen Asche die Eiche emporwuchs. 4 km nördlich, in der Allee südlich der alten Schmiede bei Rothenmoor, steht eine andere attraktive Eiche: die Knorreiche (Umfang 7,60 m, Taille 6,79 m).

Standort: Am alten Pferdestall.

Weißdorn auf Hiddensee   31

Kreis Rügen
Alter: 180–260 Jahre
Taille: 2,12 m (2008)
Umfang: 2,12 m unter Ästen (2008)

Auf dem unwirtlichen Dornbusch auf Hiddensee
wachsen Weißdorne, Sanddorne und Holunder.
Der Boden ist karg und wird als Schafweide genutzt. In dem Bildband »Bäume, Wälder und Alleen in Mecklenburg-Vorpommern« (KNAPP und
GRUNDNER, 2004) wird der formenreiche Weißdorn in Teleaufnahme vorgestellt. Die Ostsee im
Hintergrund scheint zum Greifen nahe. Der Baum
steht auf einem Vorhügel des 65 m hohen Swan-
tibergs. Der Stamm hat 3 gewundene Triebe, die
sich zur herrlich breiten Krone entfalten.

Standort: In Grieben der Plattenstraße 1 km
nach Nordosten folgen, dann 400 m westlich.

Esche in Crivitz   32

Kreis Parchim
Alter: 160–220 Jahre
Taille: 6,46 m (2006)
Umfang: 6,46 m (2006)

Der Stamm der Esche ist 3-kernig ausgebildet.
Die Krone setzt niedrig an und wird von insgesamt 5 kräftigen Ästen gebildet. Sie ist eine der
wenigen bedeutenden Eschen in Deutschlands
Norden. Sie profitiert bereits vom Wasserreich-
tum der Mecklenburgischen Seenplatte, die
rund um Schwerin beginnt. Auch Crivitz selbst
hat am westlichen Ortsrand einen See von rund
800 m Durchmesser. Eschen gehören zur Familie der Ölbaumgewächse und sind deren einzige
Art nördlich der Alpen.

Standort: Im Ort, auf der Wiese vor dem Netto-
Markt.

31

Schöne Eiche bei Pinnow   33

Kreis Demmin
Alter: 320–430 Jahre
Taille: 7,95 m (2000)
Umfang: 8,63 m (2001)

Im Gegensatz zu den altehrwürdigen, vom Leben gezeichneten Eichen im Ivenacker Tiergarten ist die Schöne Eiche bei Pinnow fast unversehrt. Stamm und Astwerk ziehen schwungvolle Linien, die Krone entfaltet sich frei und geräumig. Ein sonderbarer Seitenast, der in 4 m Entfernung vom Stamm abgebrochen ist, gibt der Eiche ihren Wiedererkennungswert. In Pinnow schwärmt man von dieser Stieleiche *(Quercus robur)*, sie sei die schönste im ganzen Land.

Standort: In Pinnow nordwestl. Neubrandenburg, am See im Park des alten Gutshauses.

Huteeichen bei Rattey   34

Kreis Mecklenburg-Strelitz
Alter: 360–500 Jahre
Taille: nicht bekannt
Umfang: 7,93 m (2003)

11 urige Eichen stehen verteilt auf einer erhöhten Pferdekoppel und im Park nahe Schloss Rattey. Zum Schutz sind sie eingegattert. Die »Haupteiche« – vom Standort her zentral – hatte 2003 bereits 7,93 m Stammumfang und wird inzwischen die 8-m-Marke überschritten haben. Eine weitere Eiche erreicht aufgrund einer großen Knolle 7,97 m. Es ist die zweitgrößte Gruppe von Huteeichen im Osten Deutschlands. Der Boden ist staubig und sandig. Am Schlosshang gegenüber befinden sich die nördlichsten Weinberge Deutschlands.

Standort: Südlich der Teiche bei Schloss Rattey.

35

Robinie in Dersekow   35

Kreis Ostvorpommern
Alter: 180–280 Jahre
Taille: 4,65 m (2007)
Umfang: 5,05 m (2005)

Wieder steht eine alte Robinie auf einem Friedhof. Dieses Exemplar ist ähnlich stark wie das in
Mutzschen, Sachsen. Auch hier ist der Stamm
für die Baumart recht geschlossen. Typisch für
die Baumart ist das duftende, weiße Blüten-
meer im Juni. Robinienholz ist stabil und wetter-
beständig. Man kann es gut für Spielplatzkon-
struktionen verwenden. Ein Baumhotelier in
Sachsen fertigt Baumhäuser aus Robinien- und
Eichenholz an. Gleich neben der Dersekower
Robinie steht die alte Friedhofslinde. Sie erreicht über 8 m Umfang.

Standort: Auf dem Friedhof.

Dicke Linde in Reinberg   36

Kreis Nordvorpommern
Alter: 600–800 Jahre
Taille: noch 10,26 (2007)
Umfang: noch 10,50 m (2001)

In einem Geografiebuch werden Anfang des
19. Jahrhunderts »die dicke Linde und der dicke
Pastor« von Reinberg erwähnt. Eine Bank auf
der Kanzel stützte den Pastor bei der Predigt.
Unter der Linde befanden sich die Grabstätten
der Pastoren. WINKELMANN (1905) reicht 1908 die
Daten für die zuvor unbekannt gebliebene Linde
nach. Er vermerkt, dass die Reinberger Linde
mit 12,25 m Umfang vielleicht der stärkste
Baum Deutschlands sein könne. Ihre Pflanzung
könnte gedanklich mit dem Kirchenbau um 1220
verknüpft werden.

Standort: Vor dem Kirchportal.

36

37

Kulthügelbuche bei Hohenbüssow   37

Kreis Demmin
Alter: 170–230 Jahre
Taille: 6,57 m (2008)
Umfang: 6,58 m (2008)

Auf halber Höhe eines abgerundeten Hügels erhebt sich weit sichtbar der große Blätterdom der Kulthügelbuche (FRÖHLICH, 1994). Ihr Standort soll früher eine slawische Kultstätte gewesen sein. Von unten wirkt ihr Stamm geschlossen und dick. Wurzeln streichen den Hang hinab und verankern die Kronenlast im Boden. Von oben sieht man die typische Mehrkernigkeit. Man kann in den Baum hineinsteigen und steht zwischen 5 Ästen.

Standort: Asphaltweg Hohenbüssow-Golchen, am Waldrand 400 m östlich orientieren.

Schwarzpappel in Greifswald   38

Hansestadt Greifswald
Alter: 130–170 Jahre
Taille: 8,47 m (2006)
Umfang: 8,64 m (2006)

Nur die Spätpappel bei Büderich am Rhein und die Schwarzpappel bei Börnicke in Brandenburg sind dicker als das Exemplar in Greifswald. Ihr Alter ist dennoch nicht sehr hoch einzustufen. Ein Beispiel aus Hessen zeigt, dass die Art jährlich 6,5 cm Umfangszuwachs erzielen kann. Schwarzpappeln sind nicht so selten, wie in den Medien berichtet. Auf idealen Standorten wie den Schotterbänken des Rheins wachsen nahezu reine Schwarzpappelbestände nach. Die Hybridisierung ist schwächer als befürchtet.

Standort: An der Hans-Fallada-Straße.

Höhlenulme bei Klocksin   39

Kreis Müritz
Alter: 300–400 Jahre
Taille: 8,63 m (2000)
Umfang: 9,15 m (1990)

Am Ufer des Flachen Sees bei Klocksin, direkt
neben einer kleinen, leise sprudelnden Süßwas-
serquelle, steht die alte Höhlenulme. Ihr Stamm
ist seit Jahren völlig hohl und ausgebrannt. Dennoch ist die Krone noch sehr mächtig und für
das geübte Auge schon von Weitem zu erkennen. Es ist eine Flatterulme *(Ulmus laevis)*, die
noch kräftig wächst.
Heute hat sie einen Umfang von etwa 9,60 m.
Das entspricht 45 cm mehr Umfang binnen
18 Jahren, im Schnitt 2,5 cm Wachstum pro Jahr.

Standort: Am Ufer des Flachen Sees bei Klocksin, nahe der Straße nach Blücherhof.

Ivenacker Eichen   40

Kreis Demmin
Alter: 600–800 Jahre
Taille: bis 10,07 m (2000)
Umfang: bis 12,40 m (1990)

Der Ivenacker Tiergarten von 1788 besitzt eine
europaweit einmalige Ansammlung »1000-jähri-
ger« Stieleichen. Am Parkeingang steht ein
Exemplar mit 8,85 m Umfang. Am Pavillon folgt
die kranke Pferdekopfeiche (9,45 m), weiter hinten die Knusteiche (9,35 m). Die Ringeiche im
Zentrum überragt alle: 12,40 m Umfang bei
35 m Höhe. 1996 entnahm die Forstpathologin
Ratburg Blank 3 Bohrspane. Die Ringeiche
wuchs im Zeitraum 1804–1996 erstaunlich langsam, im Schnitt 1,16 cm/a. Im Foto Ilse Ullrich,
Mutter von Bernd Ullrich.

Standort: Im Ivenacker Tiergarten.

Mehlbeere in Kloster   41

Kreis Rügen
Alter: 110 Jahre
Taille: 2,95 m in 0,9 m Höhe (2008)
Umfang: 2,89 m (2008)

Emil Hirsekorn, Vater der heutigen Inhaberin von Haus Wieseneck, pflanzte die Mehlbeere im Jahr 1913. Bundesweit ist keine dickere Mehlbeere bekannt. Es ist der Art nach aber nicht die in ganz Deutschland heimische Mehlbeere *(Sorbus aria)*, sondern eine Schwedische Mehlbeere *(Sorbus intermedia)*, die in Skandinavien, dem Baltikum und Nordostdeutschland vorkommt. Sie ist eine »erbfest« gewordene Kreuzung aus Vogelbeere und gewöhnlicher Mehlbeere. Mehlbeeren haben puderig weiße Blattunterseiten.

Standort: Auf der Insel Hiddensee, im Kloster vor Haus Wieseneck, Kirchweg 18.

Schwarzpappel bei Sagard   42

Kreis Rügen
Alter: 130–170 Jahre
Taille: 7,80 m* (2008)
Umfang : 8,20 m* (2008)

Eine Schwarzpappel *(Populus nigra)* steht nahe dem Jasmunder Bodden auf der Insel Rügen. Der Standort liegt 6 m über dem Meer. Ihr Stamm ist intakt und teilt sich in 4 m Höhe in 3 Achsen. Aufgrund der an Rheinstandorten nachgewiesenen Wuchsgeschwindigkeit von Schwarzpappeln muss bei der Alterseinschätzung Vorsicht walten, auch wenn weder Bach noch Graben in der Nähe sind.

Standort: In Bergen die B 96 bis 1 km vor Sagard nehmen, dort dem Hinweisschild folgen und links hinter den Gebäuden den Weg 900 m nordwestlich fahren.

41

Ulme in Klotzow   43

Kreis Ostvorpommern
Alter: 350–500 Jahre
Taille: 7,65 m (2007)
Umfang: 8,45 m (2005)

Die Insel Usedom ist bekannt für ihre weißen
Strände. Doch auch im »Hinterland«, nahe dem
Peenestrom und dem Achterwasser, sind Perlen
der Natur verborgen. Zum Beispiel die greisen-
hafte Ulme in Klotzow, einem kleinen Dörfchen,
das sich unverbaut in die natürliche Landschaft
am Peenestrom einbettet. Ihr Stamm ist reich an
Klüften und – wie wir es an alten Ulmen öfter
beobachten – bedrohlich geneigt. Ein Eisenband
hält den Stamm zusammen. Im Foto ist Aaron,
Sohn von Stefan Kühn, im Alter von 1 Jahr zu
sehen – ein schöner Kontrast von Alt und Jung.

Standort: In Klotzow am Peenestrom.

Erle bei Hintersee   44

Kreis Uecker-Randow
Alter: 120–180 Jahre
Taille: 5,43 m in 0,75 m Höhe (2008)
Umfang: 5,43 m unter Ästen (2008)

Auf den Fahrten des Deutschen Baumarchivs
geschieht es immer wieder, dass ein »Überra-
schungsbaum« gesichtet wird. So war es auch
bei dieser Schwarzerle *(Alnus glutinosa)*. Der
Standort ist eine sandige Niederung, auf der
Pferde grasen, und ein Großteil ihrer Rinde ist
angeknabbert oder abgescheuert. Die Stammform ist merkwürdig: Aus einem dicken Holz-
sockel entspringen mehrere dünne Äste. Es
sieht dabei nicht so aus, als seien hier mehrere
Bäume verschmolzen.

Standort: Östlich Hintersee, 250 m südlich
der L 28.

45

Birne bei Boek   45

Kreis Müritz
Alter: 150–230 Jahre
Taille: nicht bekannt
Umfang: 5,17 m unter Ästen (2003)

Wildbirnen *(Pyrus pyraster)* gelten als eine
Stammform der vielen Birnensorten, die heute
im Obstbau kultiviert werden. Ihre Früchte sind
klein, holzig und sauer. Wie viele Tonnen Obst
mag die betagte Wildbirne bei Boek in ihrem
langen Leben getragen haben? Noch immer
zeigt sie eine spärlich werdende Blüte. Ihr
Stamm wurde einmal in etwa 60–80 cm Höhe
gekappt. Auf dieser Höhe entspringen die knorrigen Äste. 200 m westlich ist das Ufer der
Müritz. 200 m östlich wächst eine beachtliche
Flatterulme, Umfang 6,55 m.

Standort: Frei 500 m südwestlich Boek.

Douglasie bei Schloss Kaarz   46

Kreis Parchim
Alter: 140–150 Jahre
Taille: 5,15 m (2006)
Umfang: 5,33 m (2006)

Das im 17. Jahrhundert begründete Gut Kaarz
wechselte 1869 den Besitzer. Eine Hamburger
Reederfamilie erwarb es und ließ das Herrenhaus auf dem Hügel und ab 1873 den englischen
Park anlegen. Ein starker Mammutbaum an der
Ostecke des Gebäudes erreicht heute bereits
über 7 m Umfang. Besonders eindrucksvoll ist
eine Douglasie *(Pseudotsuga menziesii)* mit hoher, lockerer Krone und 5,33 m Umfang. Schade,
dass unten viele Äste abgeschnitten wurden.

Standort: Im Park von Schloss Kaarz, westlich
Sternberg.

Schleswig-Holstein mit Hamburg

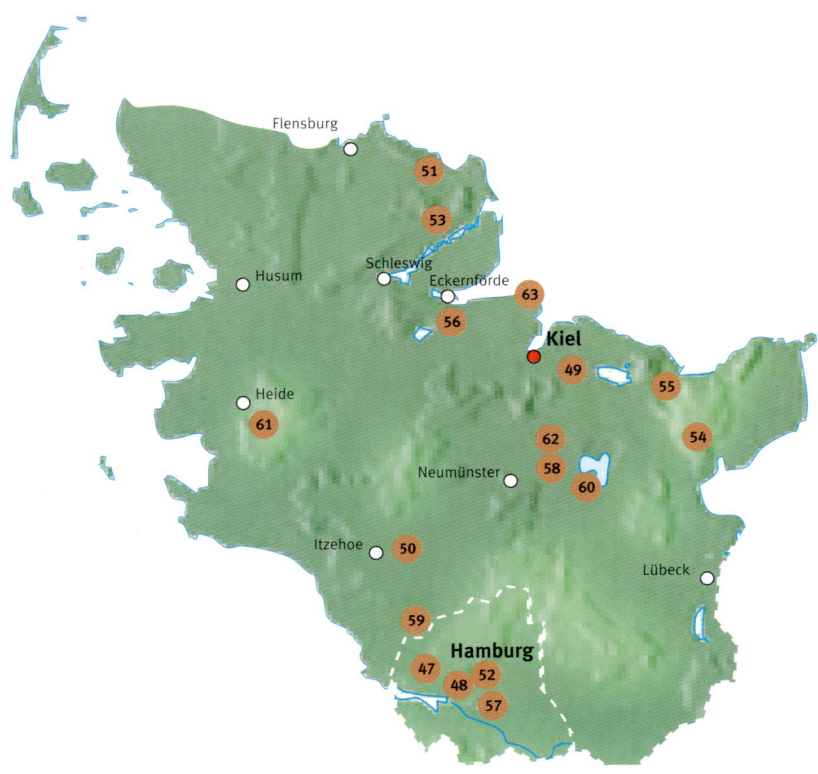

47 Ahorn Hirschpark
48 Eiche Flottbek
49 Eiche Jasdorf
50 Buche Lutzhorn
51 Linde Steinbergkirche
52 Schnurbaum Hamburg
53 Eiche Güderott
54 Eiche Gut Sierhagen
55 Eiche Flehm
56 Graupappel Altenhof
57 Zeder Flottbek
58 Kattholzeiche Perdöl
59 Hohle Eiche Egenbüttel
60 Eiche »Im Sande«
61 Teichkastanie Röst
62 Kastanie auf Gut Horst
63 Stiftseiche Dänisch Nienhof

Ahorn im Hirschpark   47

Hansestadt Hamburg
Alter: 180–230 Jahre
Taille: 5,15 m (2002)
Umfang: 5,36 m (2000)

Dieser großartige Bergahorn steht weit im Norden, fern von allen Gebirgen. Seine Proportionen sind außergewöhnlich. Der Stammfuß ist breit. Die Krone entfaltet sich straußförmig und überspannt dabei 36 m. Er gehört zum Baumbestand des Hirschparks, der gegen Ende des 18. Jahrhunderts gepflanzt wurde. Das Hamburger Handels- und Schifffahrtshaus Godeffroy hatte dort 1786 ein altes Landgut erworben und schuf den Park im Englischen Stil. In Weingarten-Kalendern taucht der Ahorn häufig als Motiv auf.

Standort: Im Hirschpark in Nienstedten.

Eiche in Flottbek   48

Hansestadt Hamburg
Alter: 300–450 Jahre
Taille: nicht bekannt
Umfang: 8,13 m (2000)

1785 erwarb der spätere Freiherr Caspar von Voght 4 Bauernhöfe in Flottbek und gestaltete sie im Stil einer »ornamented farm« – einer Musterlandwirtschaft mit Englischem Park. Der spätere Senator Martin Johann von Jenisch ließ 1828 einiges verändern und pflanzte Exoten an. Der Blick auf den alten, ausgehöhlten Stieleichensolitär geht zeitlich über beide hinaus. Die Eiche stammt noch aus der Zeit der einfachen Bauernhöfe. Vielleicht war sie ein Hutebaum oder ein Hofbaum, der Wind und Blitz von den Häusern abhalten sollte.

Standort: Im Jenischpark, Baron-Voght-Straße.

49

Eiche bei Jasdorf   49

Kreis Plön
Alter: 270–360 Jahre
Taille: 6,84 m (2002)
Umfang: 8,11 m (2001)

Die Stieleiche mit dem gewaltigen Stammsockel
wurde bei der Kartierung der ältesten Bäume im
Landkreis Plön durch den NABU (HEYDEMANN,
1999) als stattlichste Eiche bezeichnet: Höhe
etwa 30 m, Kronendurchmesser über 20 m. Sie
könnte damit die massereichste Eiche Schleswig-Holsteins sein. Bereits HEERING (1906) erwähnt sie mit 5 m Brusthöhenumfang. Ein Vergleich zu heute ist wegen der Abholzigkeit des
Stammes schwierig. Im Foto: Petra Kühn, Frau
von Stefan Kühn, im Größenvergleich zur riesigen Eiche.

Standort: Gut 300 m westlich des Ortes, 100 m
rechts (nördlich) der Straße Jasdorf-Dobersdorf
auf einer Kuhweide.

Buche in Lutzhorn   50

Kreis Pinneberg
Alter: 180–220 Jahre
Taille: nicht bekannt
Umfang: 7,22 m (2004)

Die Buche in Lutzhorn verkörpert das, was wir
den »Hutebuchentypus« nennen: Ihre Achsen
beziehungsweise Kerne sind mehr oder minder
harmonisch zu einem großen Stammgebilde
verschmolzen. Buchen gedeihen gut im ozea-
nisch geprägten Klima Schleswig-Holsteins.
Dass es nicht mehr Buchen ihrer Güte gibt, liegt
vermutlich an der jahrhundertelangen Rodungs-
tätigkeit der Küstenbewohner. Wald ist in
Deutschlands Norden rar.

Standort: In der Höll 7.

50

51

Linde in Steinbergkirche   51

Kreis Schleswig-Flensburg
Alter: 350–500 Jahre
Taille: 9,04 m (2002)
Umfang: 9,04 m (2000)

Im 19. Jahrhundert kam das Reisen mit der
Eisenbahn in Mode. Im »Führer durch die Umgebung der ostholsteinischen Eisenbahnen«
(1874) werden Reisen zu Baumsehenswürdig-
keiten empfohlen, darunter auch zu einer uralten Sommerlinde *(Tilia platyphyllos),* die viel
weiter im Norden steht: der Linde in Steinbergkirche im Landstrich Angeln. Damals hatte sie
8,50 m Umfang, und ihre Krone bildete »ein
dichtes von zwei starken Ästen getragenes
Laubdach«, das 15 m hoch und 17 m breit war.
Heute ist die Krone stark gestutzt.

Standort: Vor der Kirche.

Schnurbaum in Hamburg   52

Hansestadt Hamburg
Alter: 130–180 Jahre
Taille: 5,55 m (2008)
Umfang: 5,80 m (2008)

Bei FRÖHLICH (1994) ist dieser Schnurbaum
(Sophora japonica) noch frei auf einer Wiese vor
dem amerikanischen Generalkonsulat abgebildet. Im Jahr 2008 stand er abgeschirmt hinter
einem Metallzaun. Deutsche Polizisten, die den
Gürtel rund um das Konsulat überwachen, über-
nahmen die Vermessung. Es ist der größte Vertreter seiner Art in Deutschland. Schnurbäume
kommen aus Südchina und Korea. Am Alsterufer gegenüber steht noch eine dicke Pyramidenpappel mit 5,23 m Umfang. Auch sie ist für
ihre Art bedeutsam.

Standort: In der Straße »Alsterufer«.

Eiche bei Güderott   53

Kreis Schleswig-Flensburg
Alter: 300–400 Jahre
Taille: nicht bekannt
Umfang : 7,42 m (2008)

In Schleswig-Holstein sehen die Stieleichen
(Quercus robur) noch uriger aus als anderswo.
Oben in der Krone sind die Äste und Zweige
meist fein verästelt und extrem knorrig. Ob die
Bäume so die Stürme besänftigen, die im Nor-
den übers Land gehen? Traubeneichen gedei-
hen hier gar nicht. HEERING (1906) vermaß die
Eiche bei Güderott noch mit 5,65 m Umfang.
Ihrem besonderen Charakter verdankt sie die
Aufnahme ins Buch.

Standort: Im Norden von Güderott.

Eiche am Gut Sierhagen   54

Kreis Ostholstein
Alter: 300–400 Jahre
Taille: 7,20 m (2008)
Umfang: 8,06 m (2008)

Die Eiche gegenüber der Gutsgärtnerei wird bei
HEERING (1906) vermutlich als stärkste Eiche oder
auch »Große Eiche« am Teich beschrieben. Ihr
Umfang damals: 6 m. Früher gab es bei der Försterei ein Exemplar mit 7 m Umfang, das heute
nicht mehr steht. Der Stamm der Eiche ist hohl
und durch einen Spalt begehbar. Im Zentrum
muss der Baum einmal gekeimt sein. Bei der
Messung in 1 m Höhe werden deshalb die starken Wurzelanläufe miteinbezogen. Auch ein markanter Baum am Ort: die Torhausesche mit
5,17 m Stammumfang.

Standort: An der alten Gärtnerei.

55

Eiche in Flehm   55

Kreis Plön
Alter: 400–550 Jahre
Taille: 7,72 m (2002)
Umfang: 7,77 m (2001)

Wie sehen die Altersmerkmale einer Stieleiche
aus? Wie bei der Hohlen Eiche in Egenbüttel,
Kreis Pinneberg, ist die erste Krone der Flehmer
Eiche lange vergangen. Der Stamm wirkt wie ein
schräg aufgestellter Hinkelstein, aus dem junge
Äste hervorgehen. Die Statur ist gedrungen, die
jetzige Höhe 11 m. Am Stamm sind Wülste, Knollen, alte Ausbruchstellen und eine Blitznarbe
erkennbar. Jugendphase, Reife und Niedergang
hat die Eiche erlebt und überlebt. HEYDEMANN
(1999) hält sie für die älteste Eiche im Landkreis
Plön.

Standort: Im Ort auf einer Wiese.

Graupappel in Altenhof   56

Kreis Rendsburg-Eckernförde
Alter: 110–130 Jahre
Taille: 4,65 m (2008)
Umfang: 4,98 m (2008)

Viele alte Bauerngehöfte im Norden sind von
Eichen umrahmt. Sie vermitteln ein Gefühl der
Geborgenheit. FRÖHLICH (1994) stieß auf eine
Ausnahme: »Im sturmgepeitschten Küstenraum
leiden die Eichen oft unter dem Salz, das der
Wind mit sich trägt, ihre Kronen werden flach,
ihre Blätter klein und sind von gelben Flecken
übersät. Hier übernimmt die Graupappel die
Schutz- und Gestaltungsfunktion«. Im Park
Altenhof wächst ein markantes Exemplar. Ihr
schnurgerader Stamm bildet weit oben eine
flache Krone mit einigen Astausbrüchen.

Standort: 150 m links des Hofportals.

Zeder in Flottbek   57

Hansestadt Hamburg
Alter: 180–200 Jahre
Taille: nicht bekannt
Umfang : 5,53 m (2008)

Eine Knolle befindet sich am Stammfuß der
Zeder. Gut 30 m zieht sich der tonnenförmige
Schaft hinauf und verjüngt sich langsam. Die
kleine Schirmkrone mag 35 m hoch sein. Seit
der Antike gilt die Zeder als königlicher Baum.
König Salomo erbaute während seiner Regie-
rungszeit in Israel (965–926 v. Chr.) das Liba-
nonwaldhaus. Im Innern des Palasts standen
45 mächtige Säulen aus Zedernholz als tragende Elemente. Alle Geräte im Innern des Palastes
waren aus Gold oder vergoldet.

Standort: In Klein Flottbek, im Garten der Villa
Lünkenberg 23a. Auf Privatgrund.

Kattholzeiche bei Perdöl   58

Kreis Plön
Alter: 320–450 Jahre
Taille: 7,40 m (1998)
Umfang: 12,84 m (2000)

HEERING beschreibt die Stieleiche 1906 mit
8,70 m Umfang in 1 m Höhe. Aufgrund einer
Stammwucherung, die möglicherweise durch
Viehverbiss ausgelöst wurde, hält sie heute den
Dickerekord aller vermessenen deutschen Eichen. Ihre Krone ist wildromantisch mit reichlich
Totholz. In 8 m Höhe befindet sich eine rußge-
schwärzte Brandhöhle. Ein bizarrer Ast reckt sich
horizontal über den Weg zur Perdöler Mühle.

Standort: Am Weg von Gut Perdöl zur Perdöler
Mühle.

Hohle Eiche in Egenbüttel   59

Kreis Pinneberg
Alter: 450–600 Jahre
Taille: 8,43 m (2002)
Umfang: 8,50 m (2000)

In Egenbüttel heißt eine Straße schlicht »Hohle
Eiche«. Sie ist dem ältesten »Bürger« des Ortes,
vielleicht Schleswig-Holsteins, gewidmet. Die
geneigte Stieleiche stand vor 100 Jahren auf einer Koppel und besaß 7,50 m Umfang (HEERING,
1906). Zwischenzeitlich schlug der Blitz in die
Eiche ein. Bei einem Feuereinsatz gegen Hornissen verbrannte vor 60 Jahren das Trockenholz im
hohlen Stamm. Nebenan befand sich der in den
1950er-Jahren aufgegebene »Gasthof zur Hohlen
Eiche«.
Die regenerierte, lichte Kugelkrone des Eichen-
recken steht im krassen Gegensatz zum wuchtigen, hinkelsteinförmigen Stamm.

Standort: In der Straße »Hohle Eiche«.

Eiche »Im Sande«   60

Kreis Plön
Alter: 280–420 Jahre
Taille: 8,06 m (2008)
Umfang: 8,31 m (2008)

»Mit seinem untersetzten Stamm, der außergewöhnlich tief ansetzenden Krone und seinem
Standort – ein verwüstetes steinzeitliches Lang-
bett – hebt sich dieser gewaltige Baum von den
anderen kartierten Eichen ab«, so HEYDEMANN
(1999). Rund um die Eiche liegen als Überreste
des mehrkammerigen Hünengrabs etliche große
und kleine Findlinge. Einer von 4 starken Ästen
der Eiche brach zwischen 1999 und 2008 ab und
hinterließ eine Lücke im Kronenbild.

Standort: 400 m nördlich der Fischteiche zwischen Bredenbek und Im Sande, 25 m rechts
(östlich) der Straße.

Teichkastanie bei Röst   61

Kreis Dithmarschen
Alter: 160–220 Jahre
Taille: nicht bekannt
Umfang: 5,30 m* (2000)

Die Westküste Schleswig-Holsteins ist arm an
Bäumen. Alte Exemplare sind eine Rarität. Um
so mehr fällt die stattliche Kastanie *(Aesculus
hippocastanum)* ins Auge, die sich bei dem
kleinen Dorf Röst in der Nähe der Teichanlagen
befindet. Der 1-stämmige Baum gilt als dickstes
Naturdenkmal im Landkreis Dithmarschen
(DENKER und STECHER, 1997).

Standort: 300 m östlich der Hauptstraße, die
von Tensbüttel-Röst nach Schafstedt führt. Bei
den Teichen von Gut Hollenborn.

60

Kastanie auf Gut Horst 62

Kreis Plön
Alter: 170–200 Jahre
Taille: 7,26 m (2008)
Umfang: 7,34 m (2008)

Das Herrenhaus stammt aus dem Jahr 1860, der alte Park von 1820. Hier wächst der Fünf-Brüder-Baum, eine riesige 5-strahlige Rosskastanie *(Aesculus hippocastanum)*. Ein nach außen geneigter Ast wird mit einem Drahtseil gesichert. Wenige Hundert Meter vor dem Gut steht auf einem erhöhten Flurstück inmitten des Ackers eine weitere wunderschöne Solitärkastanie – der Kugelbaum. Ihre Äste reichen so weit hangabwärts, dass sie tiefer hängen als der Wurzelsockel selbst. Ihr Umfang beträgt erst rund 4 m.

Standort: Am Grundstücksrand von Gut Horst, 5 km westlich Ascheberg.

Stiftseiche in Dänisch Nienhof 63

Kreis Rendsburg-Eckernförde
Alter: 350–500 Jahre
Taille: 6,81 m (1998)
Umfang: 8,14 m (2000)

Die Stieleiche fußt oberhalb der Eckernförder Bucht auf einer kleinen Erhebung am ehemaligen Armenstift. HEERING (1906) dokumentiert sie mit einem Umfang von früher 6,80 m, 1 m über den starken Wurzelanläufen mit 6 m. Der Blitz hat die Eiche gezeichnet. Sie soll letzter Zeuge des »Isarnho« (Eisenwald) sein, der als Urwald früher die Halbinsel überzog. In den Schwedenkriegen im 17. und 18. Jahrhundert mag der Eichbaum als Ausguck gedient haben. So jedenfalls ist es überliefert.

Standort: Vor dem ehemaligen Armenstift.

Niedersachsen mit Bremen

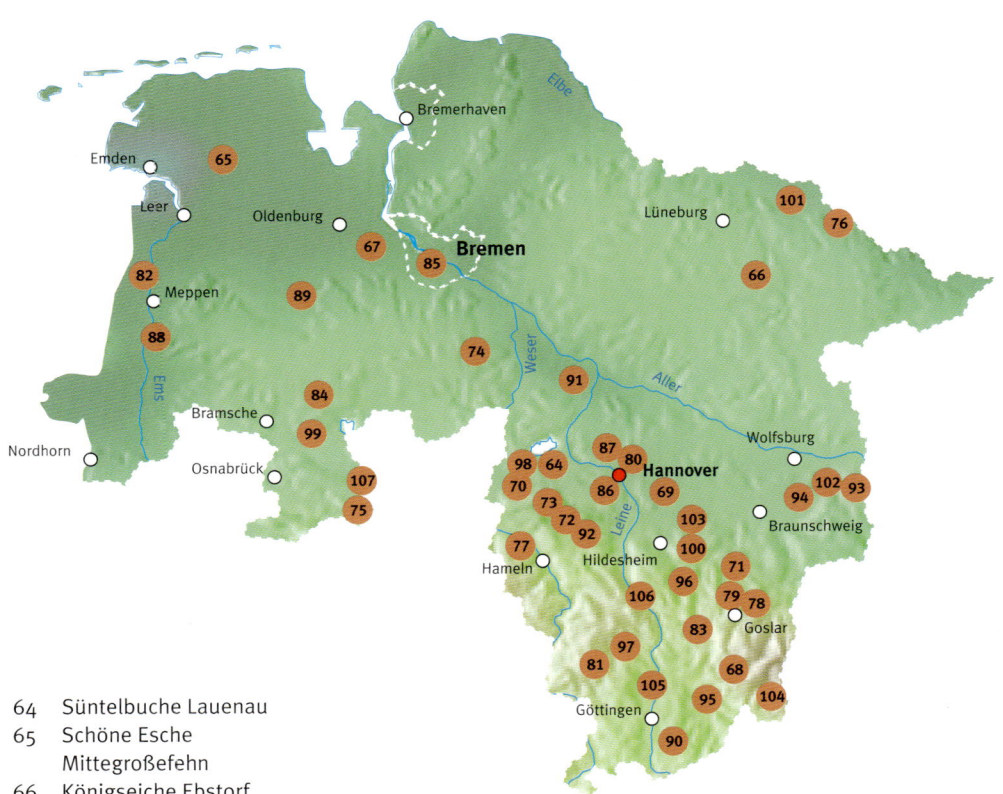

Süntelbuche in Lauenau   64

Kreis Schaumburg
Alter: 180–200 Jahre
Taille: 4,27 m (2001)
Umfang: 5,77 m (2007)

Nach der Beschädigung der Gremsheimer
»Kopfbuche« ist sie die letzte große, gut erhal-
tene Süntelbuche des Landes. Ihr Wuchs ist
bizarr, krumm und gewunden, wie man es von
dieser Form der Rotbuche kennt. Totholz und
zahllose Wasserreiser an den Ästen wirken un-
heimlich. Am Wasserschloss steht ein weiteres
Exemplar mit 3,96 m Umfang. Im Jahr 1843 wurden die letzten natürlichen Vorkommen im Süntel, einem Höhenrücken im Wesergebirgsland,
abgeholzt, um das Land effektiver nutzen zu
können.

Standort: Am Rand des Volksparks.

Schöne Esche in Mittegroßefehn   65

Kreis Aurich
Alter: 180–350 Jahre
Taille: 5,48 m (2000)
Umfang: 7,30 m (2006)

Im Fehngebiet Ostfrieslands steht eine Esche,
die wir mit dem Adjektiv »schön« geschmückt
haben. Ihr starker, ebenmäßiger Stamm läuft
zum Boden hin in einen harmonischen Sockel
aus, die Krone ist weit gefächert und frei von
Schäden durch Bruch oder Blitzschlag. Nur
3 Äste, die sich zur Kanalstraße hin streckten,
wurden vor längerer Zeit eingekürzt. Die Fuhr-
werke wollten freie Durchfahrt. Hoffentlich
bleibt dieser schöne und kraftstrotzende Baum
noch lange in dieser Form erhalten.

Standort: In der Straße Hauptkanal Nord.

65

66

Königseiche bei Ebstorf   66

Kreis Uelzen
Alter: 360–450 Jahre
Taille: 7,70 m (2002)
Umfang: 8,61 m (2001)

Schon BRANDES (1907) führt die 32 m hohe
Königseiche am Westerholz auf. Ihr Wuchs ver-
rät, dass sie als vorherrschender Baum im
lockeren Waldbestand aufgewachsen sein
muss. »Der sonst noch gesunde Baum hat im
Jahre 1902 einen Ast verloren und fängt nun an,
von der Bruchfläche aus faul zu werden. Der
Stammumfang beträgt in 1,30 m Höhe 6,92 m«.
Am ausgebrochenen Ast zählte das Forstamt
Ebstorf angeblich 400 Jahre. Wie lange wird die
Stieleiche benötigt haben, um den 8 m hohen
Ansatzpunkt des Astes zu erreichen?

Standort: An der Straße Am Westerholz.

Hainbuchen im Hasbruch   67

Kreis Oldenburg
Alter: 250–300 Jahre
Taille: bis 4,65 m (2000)
Umfang: bis 5,46 m (2006)

Im Hasbruch wächst die stärkste Hainbuche des
Bundesgebiets. Sie erreicht 5,46 m Umfang, eine Nachbarin respektable 4,01 m. Der Hasbruch
ist ein alter Hutewald, der bis ins Jahr 1882 zum
Vieheintrieb genutzt wurde. Früher standen hier
berühmte Stieleichen, etwa die »Dicke Eiche«,
die 1923 abbrannte, oder die Amalieneiche, die
von MIELCK (1863) mit 9,09 m Umfang beschrieben wird. Sie brach 1982 zusammen, Reste sind
noch zu sehen. Übrig blieb die Friederikeneiche
mit 7,65 m Taillenumfang.

Standort: Naturschutzgebiet Hasbruch bei
Hude.

67

68

Conradslinde am Schloss Herzberg   68

Kreis Osterode am Harz
Alter: 400–500 Jahre
Taille: noch 8,65 m (2008)
Umfang: noch 8,70 m (2008)

Früher war der Stamm der 2-teiligen Linde noch mächtiger. FRÖHLICH gibt im Führer »Wege zu alten Bäumen – Niedersachsen« 9,00 m Umfang an. Ein Stämmling ist ausgehöhlt wie eine hölzerne Kammer. Der andere ist hohl und wie ein Torbogen zu durchschreiten. Der Name soll auf Erzbischof Conrad von Mainz zurückgehen. Oben an der Auffahrt zum Welfenschloss steht noch eine bemerkenswerte Linde, die mit einem Schild als Conradslinde ausgewiesen ist. Im Foto die beiden Autoren, Stefan und Uwe Kühn.

Standort: 30 m südlich des Schlosses.

Grafeneiche in Asel   69

Kreis Hildesheim
Alter: 250–350 Jahre
Taille: 7,45 m (2002)
Umfang: 7,50 m (1989)

Unübersehbar steht die Grafeneiche auf dem »Springberg«. Aus seinen 7 Quellen bezog die Eiche stets ihr Wasser. 1911, als die Region eine schlimme Dürre erlebte, versiegten alle Quellen bis auf diese. Mit Fuhrwerken und Fässern kam man aus den umliegenden Orten, um für Mensch und Tier Wasser zu schöpfen. Beim Bau der B 494 wurden die Quellen zerstört, die Eiche drohte zu vertrocknen. In den 1980er-Jahren waren ihre Astspitzen dürr. Heute wird sie durch einen künstlichen Zulauf bewässert und hat sich wieder erholt.

Standort: In der Ortsmitte.

Blutlinde vor Burg Schaumburg 70

Kreis Schaumburg
Alter: 500–620 Jahre
Taille: noch 10,30 m (2001)
Umfang: noch 9,80 m (2007)

Ein Mädchen, so die Überlieferung, wurde unter Graf Otto (1374–1404) der Hexerei angeklagt und unschuldig verurteilt. Vor seinem Tod steckte es einen trockenen Lindenzweig in den Boden vor der Schaumburg. »So wahr dies Lindenreis grünen und blühen wird, bin ich unschuldig«, sollen seine letzten Worte auf dem Thingplatz gewesen sein. Laut »Gartenlaube« hatten die 2 Teile der Linde 1901 noch einen Umfang von 8 m und 5 m. Heute sind es 5,66 m und 4,64 m. Das Holz morscht.

Standort: Auf dem Parkplatz vor dem Torhaus.

Ulme am Jerstedter Bach 71

Kreis Goslar
Alter: 200–300 Jahre
Taille: 6,08 m (2007)
Umfang: 6,54 m (2007)

Diese Flatterulme wächst an einem idealen Auenstandort, direkt oberhalb des Baches. Sie ist die stattlichste Ulme Niedersachsens: 30 m hoch und gut 20 m breit. Der Stammansatz verankert sich eindrucksvoll am Hang. Der Stamm ist unten hohl, ab 5 m Höhe entfaltet sich die vielarmige Krone. Benachbart stehen noch 3 weitere auffallende Ulmen am Hang und auf der Wiese. Eine Ulme vergleichbaren Formats steht in Ehra, Kreis Gifhorn (6,70 m Umfang).

Standort: Nordwestlich von Jerstedt, am Steilhang, wo der Jerstedter Bach in die Innerste mündet.

Platane in Ohr 72

Kreis Hameln-Pyrmont
Alter: 200–300 Jahre
Taille: 7,78 m (2001)
Umfang: 8,28 m (2007)

Platanen werden bei uns häufig als Park-, Allee-
und Straßenbaum gepflanzt. Meist sind es Gewöhnliche Platanen, die bei Botanikern als Hy-
bride (Mischform) aus Morgenländischer und
Westlicher Platane gelten. Das zweitgrößte bekannte Exemplar unseres Landes wächst auf einem Feld bei Ohr und könnte früher zum 300 m
entfernten Rittergut gehört haben. Vielleicht
war sie Teil einer Allee oder stand in einem
Gutspark entlang der Weser. Im tiefgründigen
Boden hat der Baum sich prächtig entwickelt,
sein Alter darf nicht überschätzt werden.

Standort: In der Weser-Aue, östlich der B 83.

Eibe im Kloster Fischbeck 73

Kreis Hameln-Pyrmont
Alter: 350–500 Jahre
Taille: nicht bekannt
Umfang: 4,30 m* (2007)

Das Damenstift Fischbeck, 955 als Kanonissen-
stift gegründet, feierte 1955 nach wechsel-
voller Geschichte ein großes Jubiläum. Verborgen im Klosterpark steht die alte Eibe, die ein
gutes Stück der Klostergeschichte miterlebt
hat. Sie wird von anderen charaktervollen Bäumen umrahmt. Um die angeschlagene Eibe zu
sanieren, wurde sie kürzlich stark beschnitten
und treibt nun wie eine Eibenhecke neu aus.
In Klein Süntel gibt es eine weitere alte Eibe.
Sie ist 2-kernig und erreicht ebenfalls über 4 m
Umfang.

Standort: Im Stift Fischbeck, Zutritt auf Anfrage.

72

74

Hofulme in Holte   74

Kreis Nienburg (Weser)
Alter: 300–400 Jahre
Taille: 7,37 m (2000)
Umfang: 7,39 m (1999)

Das Markenzeichen der alten Hofulme ist ein bo-
genförmiger Seitenast, der wie der bizepsstarke
Arm eines Mannes aussieht. Ihr Stamm ist ange-
höhlt, die Krone gut erhalten. Botanisch ist es laut
Behörde eine Flatterulme *(Ulmus laevis)*. Mächtige Feld- oder Bergulmen scheint es in Deutschland kaum mehr zu geben. Bei Frankenfeld steht
in der Aller-Aue, 300 m westlich des Orts, eine
weitere Flatterulme (8,20 m Umfang, Taille
6,45 m). Ihr Stamm ist hohl und ausgebrannt.

Standort: 150 m nördlich der Kreuzung Grüne
Straße/Holter Weg beim Bauernhof am
Speckenbach.

Hainbuche in Döhren   75

Kreis Osnabrück
Alter: 150–225 Jahre
Taille: 4,16 m (2006)
Umfang: 4,25 m (2006)

Diese ländliche Hainbuche ist eine der schönsten im Land. Ihre Besonderheit liegt in der Aus-
formung der Borke: Stamm und Äste sind bis in
die Krone hinauf wulstig und beulig. Die Krone
wirkt sehr vital, die Belaubung ist dicht. Der
Solitär beschattet eine Pferdekoppel nahe dem
Bauernhaus.
Von der Hainbuche leitet sich das Wort »hane-
büchen« für »derb« oder »grob« ab. Hainbuchenholz ist extrem hart und zäh.

Standort: Am südöstlichen Ende der Sankt-
Annener-Straße in Döhren auf einem Bauernhof.
Auf Privatgrund, 1,5 km südlich Riemsloh.

75

Eiche am Forsthaus Grünenjäger   76

Kreis Lüneburg
Alter: 380–600 Jahre
Taille: 7,62 m (2007)
Umfang: 9,95 m (2006)

Von der Ortschaft Stapel führt ein schmaler Weg in den Wald der Carrenziener Heide. Rechts und links davon liegen ausgedehnte Heidelbeerflächen. Im Waldesinnern ist auf einer Lichtung die Försterei mit Haupthaus und Nebengebäuden errichtet. Daneben steht ihr denkwürdiges Wahrzeichen: die uralte Stieleiche *(Quercus robur)*, deren Stamm von einer breiten Blitznarbe gezeichnet ist. Aufgrund des sandigen Bodens ist das Alter dieser Eiche höher einzuschätzen als üblich.

Standort: 2 km nordöstlich von Stapel.

Pyramideneiche in Aerzen   77

Kreis Hameln-Pyrmont
Alter: 200–275 Jahre
Taille: 5,29 m (2007)
Umfang: 5,34 m (2007)

Immer wieder sind im Umfeld alter Forsthäuser seltene und alte Bäume anzutreffen, so auch hier. 1744 wurde das Forsthaus erbaut und vielleicht auch der edle Baum gepflanzt. Die Pyramideneiche *(Quercus robur* f. *fastigiata)* hat eine ungewöhnlich breite, nach oben hin spitz auslaufende Krone. Vermutlich ist es sogar die größte Pyramideneiche überhaupt. Besucher der seit 1968 bestehenden Gaststätte können sich im Biergarten unter ihrer Krone gemütlich niederlassen.

Standort: Im Tannenweg im Biergarten der Gaststätte »Zum alten Forsthaus«.

76

Grenzahorn im Düsteren Tal   78

Kreis Goslar
Alter: 240–350 Jahre
Taille: 4,85 m (1999)
Umfang: 5,60 m (2001)

Der Bergahorn im Düsteren Tal im Nordharz trägt seinen Artnamen zu Recht: Knorrig und gebogen wächst der ehemalige Grenzbaum oberhalb des Okertals in über 500 m Höhe. Sonnenschein gelangt kaum zu ihm. Das Tal ist tief eingeschnitten und weist nach Nordosten. Sonnenstrahlen verirren sich nur in die oberen Kronenbereiche des Ahorns, sein Stammfuß bleibt im Schatten. Wasser gibt es vom Bergbach nebenan.

Standort: 4 km südlich von Oker, am »Waldhaus« 2 km südwestlich wandern, am Ende des Düsteren Tals.

Stollenlinde in Goslar   79

Kreis Goslar
Alter: 300–440 Jahre
Taille: 8,56 m (2001)
Umfang: 9,61 m (2001)

Die Stollenlinde in Goslar markiert vermutlich den Durchbruch des »Tiefen Fortunatus-Stollens« am Erzbergwerk Rammelsberg. Vom Bergwerk und vom »Breiten Tor« aus war ein neuer Wasserlosungsstollen begonnen worden. Im September 1585 erfolgte der Durchbruch. Die Eröffnung des 2,6 km langen Stollens, der bis zu 75 m unter der Talsohle verläuft, wurde mit der Pflanzung einer Sommerlinde am Ort des Zusammentreffens gefeiert. BRANDES notierte die Linde vor gut 100 Jahren mit 8 m Umfang, gemessen in 2 m Höhe.

Standort: Am Stollen, auf Privatgrund.

Hainbuche in Kirchrode   80

Stadt Hannover
Alter: 240–350 Jahre
Taille: 4,78 m (2000)
Umfang: 5,22 m (2001)

Die alte Hainbuche sucht landesweit ihresgleichen. Sie demonstriert, welche architektoni-
schen Leistungen mit »hanebüchenem« Hainbuchenholz zu verwirklichen sind. Das Holz der
Hainbuche ist am stoßfestesten von allen heimi-
schen Hölzern und wiegt mit etwa. 0,85 g/cm³
meist mehr als Eichenholz. Der Stamm der Hainbuche im Tierpark von 1679 ist »spannrückig«,
wulstig und wellig. In 4 m Höhe spannen sich
12 Äste zur Krone aus: 20 m hoch und beachtliche 31 m breit. Ein dicker Ast legt sogar etwa
17 m zur Seite aus.

Standort: Im Tierpark Kirchrode, siehe Tafeln.

80

81

Dunieeiche bei Uslar   81

Kreis Northeim
Alter: 400–550 Jahre
Taille: 7,70 m (1999)
Umfang: 8,20 m (1999)

Bei Meier (1861) lesen wir: »Im Eichholze bei
Uslar ... finden wir eine der schönsten Eichen,
die es vielleicht gibt, ... 21 Fuß im Umfange
(etwa 5,90 m) und 85 Fuß hoch, mit prachtvol-
ler, völlig gesunder Krone.« Sie ist die einzige
starke Traubeneiche *(Quercus petraea)* unseres
Landes. Auch im Wald rundum wachsen
Traubeneichen. Ihr Stamm ist ausgemauert und
trägt Brandspuren. Im 8. Jahrhundert befand
sich hier die Dunieburg.

Standort: An der Straße nach Schoningen, nach
1,3 km etwa 100 m links (östlich) in einem Wäldchen oberhalb der Straße.

Riesenlinde zu Heede   82

Kreis Emsland
Alter: 550–700 Jahre
Taille: 14,84 m (2000)
Umfang: 16,15 m (1992)

In Heede an der Ems steht der dickste Baum
Deutschlands: die Riesenlinde. Sie ist ein
gigantisches Bollwerk der Natur, das man in
einem Anflug von Ehrfurcht umrundet. Ihre Krone überspannte den Hof der 1467 errichteten
Schärpenburg. Im Zweiten Holländischen Krieg
wurde die Burg 1673 geschleift, die große Linde
auf Befehl des holländischen Generals verschont. MIELCK gibt für 1860 einen Taillenumfang
von 11,68 m an, BRANDES 1907 bereits 13,28 m in
1 m Höhe. Heute sind es rund 15 m in der Taille.
Dieser Baum ist ebenso dick wie alt.

Standort: Im Ort, der Weg ist beschildert.

Feldahorn bei Westerhof   83

Kreis Northeim
Alter: 140–200 Jahre
Taille: 4,04 m (2002)
Umfang: 4,12 m (2003)

In der Feldmark der Domäne Westerhof stand
früher als weithin sichtbarer Riese ein Feldahorn mit 5 m Stammumfang in 2 m Höhe, so
die »Mitteilungen der Deutschen Dendrologischen Gesellschaft« (1928). Dieser Riese ist
heute nicht mehr auffindbar. Jedoch gibt es
noch immer einen stattlichen Vertreter der
Baumart. Er ist sehr hoch gewachsen, sein
Stammaufbau ist 2-kernig. Ein Bachlauf quillt
wenige Meter vor dem Standort über den Weg.

Standort: Dem Luhneweg 100 m folgen, dann
geradeaus einem Feldweg 1200 m weit. Am
Waldrand noch 200 m südlich, linker Hand.

82

Alte Kirsche bei Damme   84

Kreis Vechta
Alter: 120–150 Jahre
Taille: 4,47 m (2007)
Umfang: 4,52 m (2006)

Der Landkreis Vechta ist flach und stark land-
wirtschaftlich genutzt. Die untere Naturschutzbehörde teilte überraschend diese alte Kirsche
(Prunus avium) mit. Der bis vor kurzem 3-stäm-
mige Baum verlor 2005 einen Seitentrieb. Er
wird von 3 rostigen, unter der Last gebogenen
T-Trägern gestützt. Eine neue Abstützung ist
nötig. Der verbliebene Seitenast reckt sich 10 m
weit fast horizontal nach Südwesten. Nebenan
steht die denkmalgeschützte Ziegelei aus dem
Jahr 1864 – dem wahrscheinlichen Pflanzjahr.

Standort: An der alten Ziegelei nördlich von
Damme.

Baumhasel in Bremen   85

Hansestadt Bremen
Alter: 120–160 Jahre
Taille: 3,66 m* (2008)
Umfang: 3,66 m* (2008)

Die Baumhasel (Corylus colurna) stammt aus
den Bergwäldern Südosteuropas und Klein-
asiens. Sie ist der »große Bruder« unserer hei-
mischen, strauchförmigen Haselnuss. Ihre
Früchte ähneln der gewöhnlichen Haselnuss,
sind jedoch größer und dickschaliger. Haseln
sind Birkengewächse. Das Bremer Exemplar
steht eindrucksvoll im Schrägstand auf den
alten Wallanlagen. Nur eine Baumhasel im
baden-württembergischen Nufringen, Kreis
Böblingen, erreicht mit 4,01 m ein noch größe-
res Stammformat.

Standort: Ecke Am Wall/Herdentor.

84

Linde in Großgoltern 86

Kreis Hannover
Alter: 450–600 Jahre
Taille: 8,29 m (2001)
Umfang: 9,14 m (1999)

Die alte Linde an der Kirche in Großgoltern ist einseitig weit geöffnet, Metallstreben stabilisieren ihren Stamm. Die Sommerlinde wird auch Tillylinde genannt. Tilly war General der katholischen Liga im Dreißigjährigen Krieg und verwüstete Goltern im Oktober 1625. Es ist überliefert, dass 33 Einwohner in den Kirchturm flüchteten und umkamen, weil die Truppen das Gotteshaus in Brand steckten. Die Linde soll dabei unversehrt geblieben sein. MIELCK verzeichnet 1860 einen Stammumfang der Linde von 7,88 m in 1,75 m Höhe.

Standort: An der Kirche in Großgoltern.

Silberahorne in Hannover 87

Stadt Hannover
Alter: 100–120 Jahre
Taille: 4,90 und 6,00 m (2008)
Umfang: 5,10 und 6,05 m (2008)

Silberahorne stammen aus Nordostamerika und erreichen dort Wuchshöhen bis 40 m. Die raschwüchsigen Bäume mit den silbrigen Blattunterseiten werden bei uns gerne in Schwimmbädern angepflanzt. 2 Exemplare haben im 1914 angelegten Stadtpark von Hannover beachtliche Ausmaße erreicht. Im berühmten Bergpark gibt es weitere starke Exoten zu bewundern: nahe dem Eingang einen solitären Ginkgo mit 4,57 m Umfang und weiter im Parkinnern eine breit auslegende 1-stämmige Kaukasische Flügelnuss mit 4,54 m.

Standort: Im Stadtpark, Theodor-Heuss-Platz.

88

Hutebuche bei Tinnen   88

Kreis Emsland
Alter: 200–240 Jahre
Taille: 6,22 m (20c0)
Umfang: 6,90 m (2000)

Im Naturschutzgebiet Tinner Loh im Emsland
stößt man auf merkwürdige Buchengestalten.
Es sind alte Mast- oder Hutebuchen. Jahrhun-
dertelang wurde das Weidevieh unter die Kronen der aufgelockert stehenden Bäume getrieben. Das Dorf Tinnen liegt 500 m weit entfernt.
Durch Viehverbiss entstanden skulpturartige,
knollige Stammformen mit starken Rindenwu-
cherungen. Jahrringbohrungen ergaben für die
meisten Exemplare ein Alter um 200 Jahre. Den
Höhepunkt bildet die vorgestellte Starkbuche.
Ob sie wohl noch älter ist?

Standort: Im Naturschutzgebiet Tinner Loh.

Buche bei Sage   89

Kreis Oldenburg
Alter: 200–210 Jahre
Taille: 6,59 m (2008)
Umfang: 6,76 m (2008)

Die Buche am Schüttekofen ist noch immer Ei-
gentum der Familie Schütte, die den Baum auf
der als Viehweide genutzten Heidefläche im Jahr
1810 anpflanzte. Heute ist sie ein herrlicher Solitär mit kompaktem Stamm, dem der jüngere
heranwachsende Wald langsam zu Leibe rückt.
Die eindrucksvolle Krone hat einen Durchmesser von 28 m.

Standort: Dem Blanken Schlatt 1,5 km südlich
folgen, hinter der Waldkreuzung und der skurri-
len Eiche am linken Wegrand links einbiegen.
Nach 300 m an der Kreuzung mit alter Huteeiche rechts und gleich wieder links.

Eiche in Groß Schneen   90

Kreis Göttingen
Alter: 280–350 Jahre
Taille: 7,50 m (2001)
Umfang: 7,85 m (1994)

Die Stieleiche in Groß Schneen hat einen kraft-
vollen Stamm mit starken Wurzelanläufen. Sie
soll eine 600-jährige Gerichtseiche sein. Im Jahr
2004 wurde sie mit einem Spezialbohrer unter-
sucht. Der Stamm erwies sich als stark ausgehöhlt, aber standsicher. Der unterste Starkast
war bis in den Kern vollholzig. Anhand des ste-
ten Wechsels von weichem großporigem Früh-
jahrsholz und hartem engporigem Sommerholz
ließ sich im Bohrprofil ein Alter von 250 Jahren
abschätzen. Ihr Gesamtalter hängt davon ab,
wann der Ast gebildet wurde.

Standort: Neben dem Sportplatz.

90

91

Hainbuche bei Eilvese   91

Kreis Hannover
Alter: 175–225 Jahre
Taille: 3,90 m (2008)
Umfang: 4,12 m (2008)

Eigentlich sind es 2 Hainbuchen, die im freien
Feld nördlich der kleinen Ortschaft Eilvese etwa
10 m voneinander entfernt stehen. Wie sie dort-
hin kommen, können selbst die ältesten Einwohner nicht mehr sagen. Vielleicht flankierte
das Paar früher einmal die Zufahrt eines Garten-
grundstücks. Der Gestalt nach wurden die Bäume früher gestutzt. Die östliche erreicht bereits
Sondermaße, die westliche weniger. Ein interessantes Hainbuchenpaar.

Standort: 1 km nördlich von Eilvese, in Verlängerung der Straße Zum Eisenberg.

Schneitelbuche bei Lauenstein   92

Kreis Hameln-Pyrmont
Alter: 250–300 Jahre
Taille: 6,20 m (2006)
Umfang: 7,58 m (2006)

Die monströse Schneitelbuche *(Fagus sylvatica)* im Stieghagen steht auf der Gemarkung einer Siedlung des 14. Jahrhunderts. Einige »Wölbäcker« aus dem Mittelalter sind bis heute erkennbar. Der Baum wurde früher regelmäßig »geschneitelt«. Laub und Zweige wurden geschnitten und dienten als Viehfutter. So entstand ein keulenförmiger Stamm: Am Boden hat er 6,20 m Umfang, oberhalb Kopfhöhe über 9 m.

Standort: Dem Rundspadenweg 600 m folgen. Im Wald einem Abzweig 600 m nach Norden folgen, solitär rechts des Weges.

92

93

Eva-Hainbuche bei Bad Helmstedt   93

Kreis Helmstedt
Alter: 160–290 Jahre
Taille: nicht bekannt
Umfang: 4,40 m (2006)

2 alte Hainbuchen wuchsen früher in 17 m Entfernung nebeneinander. Das Baumpaar war als »Adam und Eva« bekannt. Eva lebt heute noch mit großer Betonplombe. Adam starb vor etwa 10 Jahren ab. Beide Bäume markierten den alten illegalen Duellplatz der Helmstedter Studenten. Die Universität war 1576 gegründet worden. Eine Postkarte aus dem Jahr 1903 zeigt beide Hainbuchen mit leicht gestutzten Ästen. Die Stämme wirkten schon vor 100 Jahren stark.

Standort: 50 m westlich Ortsschild Bad Helmstedt dem Waldweg 500 m südlich folgen.

Tumuluslinde in Evessen   94

Kreis Wolfenbüttel
Alter: 300–500 Jahre
Taille: 6,00 m (1997)
Umfang: 7,05 m (1999)

Die Tumuluslinde thront auf einem 34 m breiten
und 6 m hohen Grabhügel, der um 1800 v. Chr.
angelegt worden sein dürfte. »Hochs« nennt
man diese Grabhügel im Braunschweiger Land,
die meist mit Linden bepflanzt wurden. Die
Legende berichtet: Einst kam ein Riese vom Elm
daher mit dicken Kluten an den Sohlen. Er riss
einen Lindenbaum aus, säuberte sich damit die
Stiefel und setzte ihn zuletzt oben auf den Erd-
klumpen.

Standort: An der Ortsdurchfahrt in Evessen.

Dorflinde in Pöhlde   95

Kreis Osterode am Harz
Alter: 500–700 Jahre
Taille: 8,30 m (1999)
Umfang: 9,00 m (2004)

Die Sommerlinde ist nur noch ein hohler 4 m
hoher Stumpf mit frischem Grün. MEIER (1861)
weiß noch aus alter Zeit, dass die Linde einmal
ein Tanzpodium enthielt und 6 tragende Äste
besaß. Die hohlen Äste brachen mit der Zeit alle
ab. Im Jahr 1860 betrug der Stammumfang
7,89 m in 1,46 m Höhe. In den Jahren 1905, 1989
und wieder in den 1990er-Jahren wurde die Linde durch Stürme stark beschädigt, zuletzt 2 Mal
regelrecht »geköpft«.

Standort: Auf dem Anger an der Lindenstraße.

94

Weide in Espol   97

Kreis Northeim
Alter: 130–160 Jahre
Taille: 8,09 m (2008)
Umfang: 8,23 m (2008)

In Espol wurzelt eine der voluminösesten Silberweiden *(Salix alba)* unseres Landes. Weiden sind die typischen Gehölze der Weichholzaue und zeigen an günstigen Standorten genau wie die Schwarzpappel Umfangszuwächse von 5–7 cm pro Jahr. Den Kindern, die mit einigen Brettern ein Baumhaus in die Weide gebaut haben, dürften solche Aspekte egal sein. Für sie ist der Baum ein schöner Spielplatz.

Standort: Am südöstlichen Ortseingang.

Kopfbuche bei Gremsheim   96

Kreis Northeim
Alter: 210–220 Jahre
Taille: 5,92 m (2001)
Umfang: 6,00 m (2001)

Die Kopfbuche war einmal Deutschlands schönste Süntelbuche *(Fagus sylvatica* f. *suentelensis)*, vielleicht sogar weltweit. Nur in Europa, und hier vor allem in Deutschland, ist diese Spielart der Buche bekannt. Trotz Korkenzieherwuchs formte die vor Jahren auf »ziemlich genau 205 Jahre« bestimmte Süntelbuche eine harmonische Laubkuppel. Die Hauptkrone brach am 29. Juni 2006 bei völliger Windstille oberhalb eines Astlochs ab. Auf Anraten des Deutschen Baumarchivs wurden Schilfmatten und Jutebandagen angebracht, um die empfindliche Rinde vor direkter Sonne zu schützen. Es gibt noch Hoffnung für die Buche.

Standort: 2 km östlich des Dorfs, beschildert.

Friedhofslinde in Kathrinhagen 98

Kreis Schaumburg
Alter: 350–450 Jahre
Taille: 9,62 m (2001)
Umfang: 10,15 m (1999)

Während sich andere Linden ihres Formats bereits im Zerfallsstadium befinden, überrascht diese majestätische Friedhofslinde in Kathrinhagen am Südfuß der Bückeberge mit einem lebensfrohen Erscheinungsbild. Die Krone ist hochovaler Form und gut belaubt. Der Stamm hat eine offene Seite, sodass man wie in eine kleine Laube hineingehen kann. Aus Sicherheitsgründen wurden im Jahr 2006 einige Wipfeläste eingekürzt.

Standort: Auf dem Friedhof.

Ulme in Alt Barenaue 99

Kreis Osnabrück
Alter: 180–280 Jahre
Taille: 6,20 m (2007)
Umfang: 7,08 m (2008)

Folgt man in Alt Barenaue dem Campemoorweg nach Norden, fällt rechts eine geleitete Linde bei der alten Wasserburg auf. Sie hat etwa 6 m Umfang. Zu den Zeiten von BRANDES (1907) besaß sie 5,30 m Umfang in 0,5 m Höhe und hatte 8 waagerechte Äste. Die gewaltige Ulme weiter hinten ist BRANDES offenbar entgangen. Sie steht in der Beuge der »Schiefen Lindenallee«. Den Blättern nach handelt es sich um eine Flatterulme *(Ulmus laevis)*.
Sie hat einen günstigen Standort, denn direkt unterhalb befindet sich der meist wassergefüllte Straßengraben. Dieser ersetzt den natürlichen Auenstandort.

Standort: Am Campemoorweg.

1000-jährige Linde zu Upstedt   100

Kreis Hildesheim
Alter: 600–800 Jahre
Taille: 10,27 m (2002)
Umfang: 13,55 m (1989)

Der uralte Stumpf der Linde ist hohl und reich an Schlupflöchern. Bis 1866 war bei ihr der »Tieplatz« (Versammlungsplatz). MEIER (1861) berichtet: »Auf der Tiete zu Upstedt bei Bockenem steht eine seit Menschengedenken schon hohle Linde ... von 31 Fuß [8,70 m] Umfang in Brusthöhe«. Heute sind es 11,80 m. Nach 1890 schlug ein Blitz den stärksten Ast ab. 1908 und 1932 wurden von Kindern Brände entfacht und nur mit Mühe gelöscht. Bei einem Sturm 1973 verlor die Linde die letzten dicken Äste.

Standort: Auf der Tie, in der Ortsmitte.

Ulme in Nindorf   101

Kreis Lüneburg
Alter: 350–450 Jahre
Taille: 6,72 m (2007)
Umfang: 7,17 m (2007)

Nach BRANDES hatte die alte Hofulme um 1900 einen Stammumfang von 6,25 m. Sie war schon damals hohl, besaß aber noch eine volle Krone, die sich in 3 Hauptäste gabelte. BRANDES vermutete seinerzeit, dass die Ulme einmal geköpft worden war. Um 1850, so ist überliefert, spielten die Kinder immer »Burgkapern« im Baum. Wer oben war, musste die hölzerne Festung halten. Die unten mussten mit List hinaufkommen. Anstelle der 3 Hauptäste gibt es heute mehrere kleine Äste, die wieder eine hübsche Zweitkrone bilden.

Standort: Am Eingang zum »Ulmenhof«.

102

Kaiser-Lothar-Linde in Königslutter   102

Kreis Helmstedt
Alter: 500–900 Jahre
Taille: 11,75 m (2001)
Umfang: 12,00 m (1989)

Der Sage nach pflanzte Kaiser Lothar die Linde.
Der Kaiserdom nebenan wurde 1135 erbaut.
Nach 1750 entstand anstelle des Benediktiner-
stifts eine Kaltwasserheilanstalt: »Unter der
großen, jahrhundertealten Linde, … in deren
weit ausgestreckten Zweigen eine Galerie gebaut ist, in welcher man kühle Nachmittagsruhe
findet und im Dufte der Lindenblüten schlummern kann, sammeln sich die Gäste um einen
altersgrauen Steintisch«, schrieb man 1847.
War sie früher eine Tanzlinde?

Standort: Nahe dem Kaiserdom im Klosterhof.

Hainbuche bei Schloss Söder   103

Kreis Hildesheim
Alter: 150–270 Jahre
Taille: 4,82 m (2001)
Umfang: 5,09 m (2001)

Von Schloss Söder führt eine alte
Lindenallee hinauf zum Wald. Hier befinden sich
die Überreste einer alten Hutefläche – einige
starke Eichen und die alte Hainbuche (Carpinus
betulus). Ihr Stamm ist für die Baumart typisch,
beulig und uneben, in der Sprache des Forstman-
nes »spannrückig«. Der Stamm wirkt optisch
geschlossen, ist aber im Innern 2-kernig. Eine
Ameisenkolonie hatte sich im Sommer 2001
darin niedergelassen.

Standort: Der Lindenallee bei Schloss Söder
1 km nördlich folgen, am östlichen Waldrand.

Spitzahorn in Wiedigshof   104

Kreis Osterode am Harz
Alter: 150–200 Jahre
Taille: 4,11 m (2001)
Umfang: 4,79 m (2000)

Dieser prächtige Spitzahorn *(Acer platanoides)* fächert seine ausladende Krone breiter als hoch: etwa 20 m hinauf und 25 m breit. Der Stamm trägt 3 kräftige Kronäste. Nördlich des Baumes erhebt sich der Harz. Wenige Hundert Meter weiter südlich beginnt das Bundesland Thüringen – ein abgelegener Ort, der dennoch einen Abstecher lohnt. Alte Spitzahorne sind eine Rarität in Deutschland, nur eine Handvoll erreicht die Größe des Spitzahorns vom Wiedigshof. Der stärkste steht in Peckelsheim, Nordrhein-Westfalen.

Standort: Am Nordrand von Wiedigshof.

Linde in Harste   105

Kreis Göttingen
Alter: 300–500 Jahre
Taille: noch 8,80 m (2003)
Umfang: noch 9,55 m (2003)

Bei MEIER (1861) heißt es: »Unter der ... 26 Fuß [7,30 m] Umfang haltenden so genannten Großen Linde zu Harste bei Göttingen wurde schon 1435 eine Tagleistung [Gerichtstag] gehalten.« BRANDES gab den Umfang 1907 mit 8,70 m an. Das rasche Wachstum deutet an, dass die Große Linde inzwischen eine Nachfolgerin bekommen hat. In RENGER-PATZSCH (1962) ist die Linde noch als intakte 2-stämmige Linde abgebildet. Heute ist nur noch ein 2-teiliges Lindengerippe übrig.

Standort: Im Park der ehemaligen Staatsdomäne, auf Privatgrund.

104

Eiche am Klapperturm   106

Kreis Northeim
Alter: 450–550 Jahre
Taille: 7,87 m (2007)
Umfang: 8,90 m (2005)

»Der Stamm hat einen Umfang von 7,90 m«, schreibt BRANDES über die Eiche im Jahr 1907. Sie »stirbt jetzt jedoch von oben nach unten allmählich ab«. 1899 war die Gaststätte nebenan abgebrannt. Eine Zeichnung zeigt die Eiche nachher mit bizarrer halbseitig kahler Krone. 1951 wurde der hohle, weit geöffnete Stamm in 4 m Höhe gekappt. Seitdem verharrt die Stieleiche im jetzigen Zustand. Der Klapperturm bei Einbeck wurde 1446 erbaut. Nahten Feinde von den Burgen Grubenhagen, Henstedt oder Hoppensen, so wurde durch lautes Klappern Alarm geschlagen.

Standort: 2 km westlich von Einbeck an der Bundesstraße nach Dassel.

Upmeyers Eiche bei Wehringdorf   107

Kreis Osnabrück
Alter: 240–360 Jahre
Taille: 7,00 m (2000)
Umfang: 7,44 m (2003)

Die Eiche steht auf einer kleinen Wiese umgeben von Kornfeldern. Ihr Stamm ist wie mit dem Lineal gezogen. 1989 hatte sie laut FRÖHLICH 27 m Höhe und etwa dieselbe Breite. Die Stieleiche zählt zu den schönsten in Deutschland. Vor 140 Jahren gehörte sie zu einem Feldgehölz, wurde aber bei dessen Rodung als vorherrschender Baum stehen gelassen.

Standort: 200 m nördlich von Upmeyers Weg, 150 m nordöstlich des Gutshofs Upmeyer.

Sachsen-Anhalt

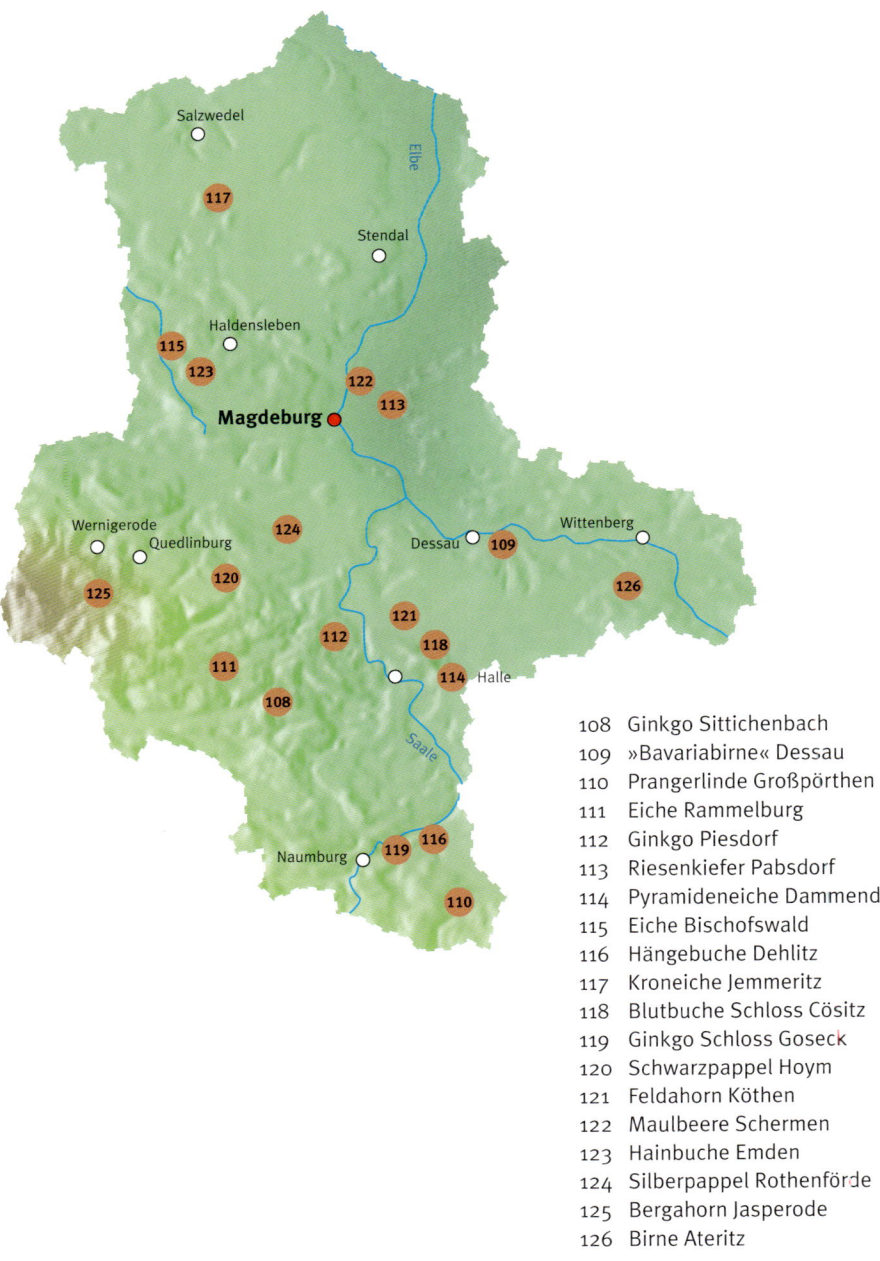

108   Ginkgo Sittichenbach
109   »Bavariabirne« Dessau
110   Prangerlinde Großpörthen
111   Eiche Rammelburg
112   Ginkgo Piesdorf
113   Riesenkiefer Pabsdorf
114   Pyramideneiche Dammendorf
115   Eiche Bischofswald
116   Hängebuche Dehlitz
117   Kroneiche Jemmeritz
118   Blutbuche Schloss Cösitz
119   Ginkgo Schloss Goseck
120   Schwarzpappel Hoym
121   Feldahorn Köthen
122   Maulbeere Schermen
123   Hainbuche Emden
124   Silberpappel Rothenförde
125   Bergahorn Jasperode
126   Birne Ateritz

Ginkgo in Sittichenbach   108

Kreis Mansfeld-Südharz
Alter: 160–230 Jahre
Taille: 4,45 m (2006)
Umfang: 4,65 m (2006)

Der Ginkgo steht in einem hübschen, dörflichen Umfeld. Er ist harmonisch gewachsen. Der Stamm wirkt sehr geschlossen und entpuppt sich nur bei ganz genauem Hinsehen als 3-kernig, was für die Baumart nicht untypisch ist. 4 starke Achsen tragen die Krone. Gemeinsam mit dem Ginkgo in Piesdorf und dem Ginkgo auf Schloss Goseck, beide Sachsen-Anhalt, zählt er zu den schönsten alten Ginkgos in Deutschland. Sachsen-Anhalt besitzt also gleich 3 herausragende Ginkgobäume.

Standort: In der Ringstraße 8 in der Ortsmitte von Sittichenbach.

»Bavariabirne« bei Dessau   109

Stadt Dessau-Roßlau
Alter: 120–150 Jahre
Taille: 4,50 m (2008)
Umfang: 4,50 m unter Ästen (2008)

Die Birne stand in herrlicher Blüte, als wir sie im Spätapril 2008 besuchten. Die ungewöhnliche Form der Krone – breiter als hoch, buschig, in Form eines Steinpilzes – erinnerte uns sofort an die Bavariabuche bei Pondorf zu ihren besten Zeiten. 3 Stämme entspringen dem Boden und streben scheinbar im Wettlauf um Licht nach allen Seiten. Das Gesamtbild ist jedoch so harmonisch, dass man nicht sicher sein kann: Es könnte 1 Baum sein, es könnten 3 Bäume sein. Die Optik spricht für einen.

Standort: Im Naturschutzgebiet Untere Mulde, 300 m südlich der Pelzemündung.

109

Prangerlinde in Großpörthen   110

Burgenlandkreis
Alter: 450–550 Jahre
Taille: noch 7,60 m (2008)
Umfang: noch 9,55 m (2008)

In seinem Buch »Die ältesten Bäume des Saale-Holzland-Kreises und Jenas« stellt Voigt (2007) sie als die letzte »1000-jährige« Linde der Region vor. An der uralten Prangerlinde hängen heute noch 3 Halseisen, die an die Funktion als Gerichtslinde erinnern. Ein Nachbar zeigte uns ein historisches Foto von 1928. Damals war der Stamm beinahe geschlossen. Heute ist er oben offen und wirkt 2-kernig. Der Stamm ist mit Knollen und Wülsten übersät, morsche Holzteile liegen auf seiner Rückseite – ein wirklich alter Baum.

Standort: 20 m unterhalb der Kirche.

Eiche bei Rammelburg   111

Kreis Mansfeld-Südharz
Alter: 330–450 Jahre
Taille: 7,72 m (2001)
Umfang: 8,08 m (2003)

Rammelburg befindet sich im Unterharz, gut 280 m hoch gelegen. Man muss am Steilhang unterhalb der Eiche stehen, um die Wucht ihres Stammes richtig wahrzunehmen. Wie ein Turm strebt der geschlossene Stamm himmelwärts, um sich nach ca. 7 m in 2 mächtige Achsen zu teilen. Die Eiche ist über 30 m hoch. Auch wenn es das Gerücht gibt, es sei eine Traubeneiche – Borke und Habitus sprechen wie fast stets für die Stieleiche.

Standort: Am nördlichen Ortsausgang von Rammelburg in Richtung B 242 rechts (östlich) an der Straßenböschung.

112

Ginkgo in Piesdorf 112

Salzlandkreis
Alter: 160–220 Jahre
Taille: nicht bekannt
Umfang: 4,80 m (2004)

Im Schlossgarten zu Piesdorf bei Alsleben an
der Saale, im geschützten Winkel zwischen
Schloss und Kapellenflügel, leuchtet im Herbst
das goldgelbe Laub eines stattlichen Ginkgos
(Ginkgo biloba). Er ist einer der schönsten des
Landes: Der Stamm wirkt geschlossen, ist bei
genauem Hinsehen aber 2-kernig. Eigentlich
verbirgt sich hinter dem schwer zu schreiben-
den »Ginkgo« das Wort »Ginkyo«, das heißt
Silberaprikose. Durch einen Übertragungsfehler
bei der Nomenklatur entstand die ungelenke
Schreibweise.

Standort: Im Schlossgarten.

Riesenkiefer bei Pabsdorf 113

Kreis Jerichower Land
Alter: 240–400 Jahre
Taille: nicht bekannt
Umfang: 6,00 m (2005)

Diese Kiefer *(Pinus sylvestris)* wird zu Recht als
Riesenkiefer bezeichnet. Sie wirkt wuchtig, ist
aber nicht besonders schön. Vom Grunde auf
gibt es 2 Hauptachsen. Eine ist sehr stark und
erreicht bereits für sich genommen einen Umfang von 4,72 m. Sie beginnt, mit der schmaleren Achse zu verschmelzen. Nach einer frühen
Auffächerung streben 5 Äste steil aufwärts. Die
Kiefer scheint im lockeren Waldesbestand aufgewachsen zu sein.

Standort: In Pabsdorf einem Feldweg nördlich
entlang einer Mastenreihe folgen. Im Wald an
der Gabelung links halten, nach 250 m.

114

Pyramideneiche in Dammendorf 114

Saalekreis
Alter: 160–240 Jahre
Taille: 5,66 m (2006)
Umfang: 5,73 m (2006)

Die Pyramideneichen Mitteleuropas stammen von der »Schönen Eiche« bei Harreshausen, Hessen, ab – so die Annahme des Botanikers Robert Caspary (1818–1887). Vermutlich auch das Exemplar in Dammendorf. Generell ist zu beobachten, dass ihre Nachkommen schneller wachsen. Und sie zeigen eine veränderte Wuchsform. Während das Original einen langen und geraden Schaft hat und sich erst oberhalb 11 m verzweigt, wirken die Nachkommen wie gestaucht. Ihnen fehlt der Stamm, die Krone beginnt bodennah.

Standort: Im unter Schutz stehenden Park.

Eiche in Bischofswald 115

Kreis Börde
Alter: 400–600 Jahre
Taille: 7,56 m (2002)
Umfang: 9,23 m (2001)

1883 bereiste MERTENS den »Holzkreis« im Herzogtum Magdeburg und berichtet über Ivenrode und seine Oberförsterei: »Hier treffen wir im Garten und in den Jagen 36 und 41 die größten und auch die größte Zahl gewaltiger Eichen.« Insgesamt 40 Eichen mit über 4 m Umfang, 2 davon mit über 8 m Umfang, vermaß er. Die damals drittstärkste Stieleiche »rechts der Chaussee« besaß zu seiner Zeit 7,25 m Umfang und hat bis in unsere Tage überlebt. Mit abgebildet ist der Autor Uwe Kühn.

Standort: Auf der Wiese gegenüber Försterei Bischofswald, 2 km westlich von Ivenrode.

115

116

Kroneiche bei Jemmeritz   117

Altmarkkreis Salzwedel
Alter: 300–420 Jahre
Taille: nicht bekannt
Umfang : 7,68 m (2007)

FRÖHLICH gibt die Kroneiche mit 34 m Höhe und
28 m Durchmesser an. Vom untersten Starkast
ist nur noch eine große vollholzige Schnittfläche
zu sehen. Sein Verlust hat bis heute eine Lücke
im Kronenprofil hinterlassen. Vermutlich hat der
Baum die für Bernd Ullrich maßgebliche Grenze
von 7,50 m Taillenumfang bereits erreicht. Für
das Deutsche Baumarchiv fällt vor allem die
Schönheit des Standortes und die vielastige
Krone ins Gewicht. Sie gab der Eiche vermutlich
auch den Namen.

Standort: An der Kreuzung zwischen Jemmeritz
und Altjemmeritz.

117

Hängebuche im Park Dehlitz   116

Burgenlandkreis
Alter: 130–150 Jahre
Taille: nicht bekannt
Umfang: 4,35 m (2001)

Im Park des alten Ritterguts von Dehlitz an der Saale finden wir die wohl kurioseste Hänge-buche *(Fagus sylvatica* f. *pendula)* unseres Landes. Typisch sind ihre am höchsten Punkt ab-knickenden Äste, die bis zum Boden herabhän-gen. Vom Hauptstamm aus haben sich einige – inzwischen teils abgestorbene – Äste zu Boden gesenkt und neu bewurzelt. 9 Baumindividuen haben sich so ringsum gebildet. Sie werden landläufig auch als »Schlangenbäume« bezeich-net. Hier passt die Bezeichnung gut.

Standort: Im unteren Teil des Rittergutparks.

Blutbuche am Schloss Cösitz   118

Kreis Anhalt-Bitterfeld
Alter: 140–160 Jahre
Taille: 6,02 m (2001)
Umfang: 6,55 m (2008)

1891 errichteten Freiherr von Bussche-Lohe und Janette von Wuthenau das neue Schloss am Gutshof in Cösitz. Ein Park war damals im Um-feld der alten sorbischen Wallanlage im Entste-hen begriffen. Das Schloss steht heute leer, doch der Park hat seinen Glanzpunkt: eine mächtige Blutbuche *(Fagus sylvatica purpurea)*, deren Laub einen graublauen Schatten wirft. In Deutschland ist uns kein anderer alter Baum bekannt, der eine solche Kronenauslage er-reicht: an der breitesten Stelle 39 m.

Standort: Am neuen Schloss.

118

Ginkgo auf Schloss Goseck   119

Burgenlandkreis
Alter: 190–210 Jahre
Taille: 3,94 m (2006)
Umfang: 3,94 m (2006)

Im Jahr 1690 entdeckte der deutsche Botaniker Kaempfer in Japan eine Baumart, die als ausgestorben galt: den Ginkgo oder Fächerblattbaum *(Ginkgo biloba)*. 1761 kamen Abkömmlinge des »lebenden Fossils« nach Saarbrücken. 40 Jahre später begann die Blütezeit der Ginkgos in Deutschland. Dank Goethe waren sie die Modebäume des beginnenden 19. Jahrhunderts. Auch der Ginkgo auf Schloss Goseck gehört in diese Zeit. Graf Zech soll den Baum etwa um 1800 ins Herz der Schlossanlage gesetzt haben.

Standort: In der Mitte des Schlosshofes.

Schwarzpappel bei Hoym   120

Salzlandkreis
Alter: 120–160 Jahre
Taille: nicht bekannt
Umfang: 7,92 m (2003)

FRÖHLICH beschreibt die Schwarzpappel 1994 als »vollbekronten Solitär« mit 32 m Höhe. Schon damals war der untere Stamm hohl und zum Teil ausgebrannt. Ein weiteres Feuer, vermutlich 2002, hat die Krone zum Einsturz gebracht. Übrig blieb ein im Innern völlig verkohlter Stamm mit einigen verbliebenen Ästen. Der Austrieb im Jahr 2003 war aber gut. Vielleicht erweist sich der Brand noch als Glück im Unglück, denn die Verkohlung könnte als Schutz vor Pilzbefall wirken.

Standort: 1,6 km südlich von Hoym, westlich der Straße nach Reinstedt.

119

Maulbeere in Schermen   122

Kreis Jerichower Land
Alter: 250–300 Jahre
Taille: nicht bekannt
Umfang: 4,90 m (2004)

Die Seidenstraße, auf der vor allem Seide nach Europa transportiert wurde, ist legendär. Im 16. Jahrhundert begann Kursachsen unter Friedrich III. mit den ersten Versuchen der Seidenraupenzucht. Mit der »preußischen Seidenbaubewegung« starteten Friedrich Wilhelm I. und sein Sohn Friedrich der Große (1712–1786) einen weiteren systematischen Versuch. Gut 1 Million Weiße Maulbeeren *(Morus alba)* wurden damals angepflanzt. Aus dieser Zeit dürfte die schöne frei gewachsene Weiße Maulbeere in Schermen stammen. Sie steht schräg und etwas eigenwillig auf einem kleinen »Feldherrenhügel«.

Standort: Vor der Kirche in Schermen.

Feldahorn in Köthen   121

Kreis Anhalt-Bitterfeld
Alter: 160–220 Jahre
Taille: nicht bekannt
Umfang: 4,00 m (2004)

Am Schlossgraben wächst dieser schöne Feldahorn mit guter Wasserversorgung. Seine hohe, 1-stämmige Wuchsform ist untypisch. Normalerweise neigen Feldahorne *(Acer campestre)* zur Mehrstämmigkeit und Verbuschung. Im offenen Gelände 1 km nordöstlich des Herrenkrugparks, Magdeburg, steht ein 10-stämmiger Feldahorn. Alle seine knorrigen Triebe kommen scheinbar aus 1 Wurzel. Sein Umfang beträgt 6,37 m, die Taille 5,33 m.

Standort: Am Schlossgraben.

Hainbuchen bei Emden 123

Kreis Börde
Alter: 220–300 Jahre
Taille: nicht bekannt
Umfang: bis 5,88 m (2004)

Die Hainbuchen bei Emden wurden regelmäßig zurückgeschnitten, um Viehfutter zu gewinnen. 4 markante Exemplare gibt es noch: eine hochgewachsene im Bestand (4,65 m), die im Bild vorgestellte Kopfhainbuche mit Vogelhäuschen (4,75 m) sowie am Waldweg eine Kopfhainbuche mit zahllosen Neuaustrieben (4,55 m) und eine 2-teilige Baumruine (5,88 m). Bei FRÖHLICH (1994) sind nur 13 alte Huteeichen verzeichnet. Der Baumfreund Andreas Gomolka aus Berlin entdeckte die Hainbuchen. Wie im Hasbruch, Niedersachsen, stehen sie mit alten Eichen zusammen.

Standort: 1 km nördlich von Emden zweigt von der Landstraße ein Kiesweg scharf rechts (östlich) in den Wald zum »Missionsplatz« ab.

124

123

Silberpappeln bei Rothenförde 124

Salzlandkreis
Alter: 130–180 Jahre
Taille: bis 5,15 m (2008)
Umfang: bis 5,48 m (2008)

Am Ufer der Bode bei Rothenförde stehen 3 starke Silberpappeln (Populus alba) mit eindrucksvollen silbergrauen Kronen und tief gefurchten Stämmen. Die auffälligste erreicht 5,48 m Umfang, eine etwas schwächere auf der anderen Seite des Wehrweges 5,35 m Umfang. Die dritte bleibt noch unterhalb von 5 m. Eine schöne Baumgruppe, umgeben vom eigenen Nachwuchs.

Standort: Am Wehr der Bode.

Bergahorn bei Jasperode   125

Kreis Harz
Alter: 280–400 Jahre
Taille: nicht bekannt
Umfang: 7,16 m (2005)

Bergahorne halten ihrem Namen die Treue. Der Harz als weit nach Norden ragendes Mittelgebirge kennt einige markante Exemplare. Im Mai 2005 erlebten wir am gut 450 m hoch gelegenen Eggeröder Brunnen an der Nordflanke des Harzes ein ungewöhnlich mildes Klima. Nahe dem Quellteich fanden wir den starken, tief gespaltenen Bergahorn.
Ein Erwachsener verschwindet spielend darin. Gleich nebenan im Bereich der Ferienhäuser steht noch ein alter Ahorntorso – nurmehr ein grünender Baumstumpf (Umfang 5,45 m).

Standort: Am Eggeröder Brunnen.

Birne in Ateritz   126

Kreis Wittenberg
Alter: 180–280 Jahre
Taille: nicht bekannt
Umfang: 4,30 m (2001)

Das bedeutendste Naturdenkmal im Landkreis Wittenberg ist die Wildbirne *(Pyrus pyraster)*. von Ateriz. Ihr Stamm weist einen tiefen Riss auf, der durch Blitzschlag verursacht wurde. Der Stamm hat bereits die nur selten erreichte 4-m-Marke überschritten. Etwas »steif« in ihrer Statur, steht die Birne am Dorfeingang. Als wir sie im Jahr 2001 besuchten, war ein Teil der kleinen Krone noch kräftig am Blühen. Naturräumlich befindet sich das Naturdenkmal im Elbe-Mulde-Tiefland. Stammbohrungen deuten auf ein Alter von etwa 280 Jahren hin.

Standort: Am Ortseingang.

125

Brandenburg mit Berlin

Silkebuche bei Groß Schönebeck   127

Kreis Barnim
Alter: 180–280 Jahre
Taille: 6,30 m (2008)
Umfang: 6,78 m (2008)

Diese Rotbuche *(Fagus sylvatica)* ist eine Perle der Natur. Stamm und Krone bilden die Form einer Flamme. Immer neue silberne Äste entspringen dicht an dicht dem Hauptstamm und gehen bogenförmig nach oben. Die Gesamtkrone stellt alles in den Schatten, was sonst für Buchen üblich und bekannt ist. Im Waldesbestand, am Rand einer Lichtung, hat sie sich als vorherrschender Baum etabliert.

Standort: Naturwacht Joachimsthaler Straße, östlich zwischen den Pinnowseen hindurchgehen, danach noch 700 m, 40 m rechter Hand.

Eiche in Haselberg   128

Kreis Märkisch-Oderland
Alter: 350–500 Jahre
Taille: nicht bekannt
Umfang: 8,10 m (2005)

Der pilzförmig gewachsene Eichensolitär steht am Rand des Parks. Er ist das Wahrzeichen des Ortes – früher 32 m breit und 22 m hoch. Die Stieleiche galt als schönstes Naturdenkmal im Umkreis und wurde auf über 600 Jahre geschätzt. KRETSCHMANN (1971) sagte über die »Trutz- und Wettereiche«: »Der Baum ist ein Sinnbild urwüchsiger Kraft. Alles an ihm ist vollendete Schönheit. Mögen seine mächtigen Zweige weitere Jahrhunderte hindurch rauschen und allen Stürmen trotzen.«

Standort: Im Ort, auf Privatgrund. Kontakt: Ortsverein Haselberg e.V.

128

Alte Ulme in Ladeburg   129

Kreis Barnim
Alter: 300–400 Jahre
Taille: 8,10 m (1997)
Umfang: 8,19 m (2001)

Die alte Ladeburger Ulme beschattet einen
Hühnerpferch. Ihre unregelmäßige Krone ist viel
breiter als hoch. Der Stamm ist mit »Wasser-
reisern« – zahlreichen dünnen Neuaustrieben –
übersät. Im Vorbeifahren übersieht man sie
leicht.
Wie das Hamburger Ulmen Büro mitteilte, sind
die berühmtesten Ulmen Deutschlands Flatterulmen. Neben den Ulmen von Gülitz und Klocksin hat sich auch die Ladeburger Ulme als
Flatterulme *(Ulmus laevis)* herausgestellt.

Standort: In der Rüdnitzer Straße auf Privatgrund.

Ulme in Kienbaum   130

Kreis Oder-Spree
Alter: 250–400 Jahre
Taille: 6,03 m (2008)
Umfang: 6,32 m (2008)

Der moosbewachsene, kraftstrotzende Ulmen-
stamm hat eine gigantische Wirkung. Klopft man
dagegen, ist man überrascht: Der Holzmantel ist
dünn, der Hohlraum groß. Gut, dass die Krone
sich in Grenzen hält. Sie wurde im 19. Jahrhundert
vermutlich mehrfach beschädigt. In den 1890er-
Jahren überlebte die alte Flatterulme *(Ulmus laevis)* gleich 3 Dorfbrände. Die Ursprungskrone ist
vergangen, über den Bruchstellen hat sich eine
bescheidene Zweitkrone gebildet. Erstmals wurde
die Ulme von Andreas Gomolka aus Berlin unter
www.bemerkenswerte-baeume.de veröffentlicht.

Standort: Nahe der Kirche.

Eiche in Schönfließ   131

Kreis Oberhavel
Alter: 350–400 Jahre
Taille: 7,36 m (2008)
Umfang: 8,00 m (2008)

Die markante Statur der solitären Stieleiche
(Quercus robur) fällt schon von Weitem ins
Auge. Unbedrängt entfaltet die Feldeiche ihre
hochovale Krone mit tief herabreichenden
Ästen. Im Windschatten des auf der Wetterseite
gelegenen Waldes konnte sie heftigen Stürmen
– wie zuletzt dem Orkan Kyrill, der im Januar
2007 über Deutschland hinwegfegte – unbeschadet standhalten. Es zeigt sich, wie lebens-
wichtig ein geschützter Standort ist.

Standort: An der B 96a Richtung Bergfelde,
50 m nördlich der Bundesstraße.

Parkkastanie in Hohenfinow   132

Kreis Barnim
Alter: 170–200 Jahre
Taille: 5,86 m (2007)
Umfang: 5,86 m unter Ästen (2005)

Im verwilderten Hohenfinower Park steht die Kastanie etwas versteckt. Der Stamm wirkt geschlossen, ist aber sichtbar aus vielen Kernen verschmolzen. 6 starke Äste gehen nahe der Basis
ab. Der Januarsturm Kyrill warf 2007 eine benachbarte Pappel in ihre Krone. Eine Hälfte wurde stark beschädigt. Es ist zu hoffen, dass die
einst imposante Kastanie sich regenerieren kann.
Erschwert wird das durch die sogenannte Kasta-
nien-Minierraupe, die bei der Rosskastanie zu
vertrockneten Blättern und frühem Laubfall führt.

Standort: Im Schlosspark, östlicher Ortsrand.

Drillingseiche in Markendorf   133

Stadt Frankfurt (Oder)
Alter: 260–400 Jahre
Taille: 8,59 m (2001)
Umfang: 8,70 m (1997)

3 Bäume oder einer? Das ist die Frage. Die Drillingseiche am ehemaligen Friedhof von Markendorf besitzt 3 Stammkerne. Doch die tiefrissige Borke und die geschlossene Optik sprechen deutlich für einen einzigen Baum. Im alten Friedhofswäldchen stehen noch 3 weitere Eichen. Sie erreichen Umfänge zwischen 5 und 6 m – insgesamt eine schöne Ansammlung alter Stieleichen *(Quercus robur)*.

Standort: Am ehemaligen Friedhof, am Rand des Friedhofswäldchens.

Dicke Eiche bei Bohnenland   134

Stadt Brandenburg
Alter: 320–450 Jahre
Taille: 8,12 m (2001)
Umfang: 8,42 m (2001)

Die Dicke Eiche ist Teil eines Landschaftsschutzgebiets, soll künftig aber im Rahmen eines Naturschutzgebiets noch besser geschützt sein. Ungewöhnlich ist eine alte Ausmauerung. 1956 wurde eine Stammhöhlung bis in 4 m Höhe mit Lehm und Ziegelsteinen verfüllt. Der Stamm der Eiche trägt eine 25 m hohe, kugelförmige Krone.

Standort: In Butterlake der Straße »Bohnenland« 4 km bis zum Forsthaus Bohnenland folgen. Dort links (westlich) am Forsthaus vorbei über die Wiese gehen. Am Zaun des militärischen Sicherheitsbereiches 200 m nördlich.

Lärche bei Rosenow   135

Kreis Uckermark
Alter: 240–260 Jahre
Taille: 4,48 m (2006)
Umfang: 5,09 m (2006)

Die dicksten Lärchen unseres Landes wachsen
nicht in den Alpen, sondern als Anpflanzungen
im Forst. Dieses alte Exemplar soll um 1770
gesetzt worden sein. Die rötliche Borke bildet
eigentümliche Muster, ähnlich wie bei Mammutbaum oder Douglasie. Eine 2 km lange Lärchen-
allee aus dem Jahr 1798, Herkunft Sudeten,
befindet sich 1 km nördlich.

Standort: An der L15 westlich des Haussees der
alten Bahnlinie 1 km südlich in Richtung Warthe
folgen. An der Unterführung dem Wanderweg
Gelbes Quadrat 400 m grob westlich folgen,
100 m rechter Hand.

Erle in Blumberg   136

Kreis Havelland
Alter: 140–180 Jahre
Taille: nicht bekannt
Umfang: 5,74 m (2008)

Schwarzerlen (A*lnus glutinosa*) stocken auf
feuchten, morastigen Böden am Ufer von Flüs-
sen oder Seen. Sie sind so gut an den Standort
am Wasser angepasst, dass selbst eine längere
Überflutung den Baum nicht schädigt. Meist
werden Erlen nicht sehr dick. Bei der Erle im
Blumberger Park handelt es sich wohl um den
Rest eines größeren Bruchwaldes. Der Baum
thront auf einer kleinen Erhöhung. Aus einem
kegelförmigen Sockel wächst eine reduzierte
Krone ohne auffällige Starkäste. Rings um den
Baum ist es sumpfig.

Standort: Im nördlichen Teil des Parks.

Kirchlinde in Rönnebeck   137

Kreis Oberhavel
Alter: 400–500 Jahre
Taille: nicht bekannt
Umfang: 9,30 m (1997)

Bereits in den Ruppiner Heimatheften aus dem
Jahr 1937 wird die Kirchlinde als bedeutender
Baum erwähnt, leider ohne Umfangsangabe.
Sie ist die größte von 3 Linden. Die anderen am
Tor und an der rückseitigen Friedhofsmauer er-
reichen etwa 7 und 8 m Stammumfang. Der
halbseitig offene Stamm der großen Linde wird
gerne als Abstellkammer für Gießkannen und
Rechen verwendet. Das Gesamtbild ist vertraut:
Viele alte Linden, vor allem Sommerlinden,
wurden historisch in der Nähe von Kirchen und
auf Friedhöfen angepflanzt.

Standort: Auf dem Friedhof vor der Kirche.

Eiche bei Groß Beuchow   138

Kreis Oberspreewald-Lausitz
Alter: 280–350 Jahre
Taille: nicht bekannt
Umfang: 8,29 m (2001)

Die Stammformen der Bäume sind vielgestaltig,
ihre Entstehung rätselhaft. Die mächtige Stieleiche bei Groß Beuchow liegt an der Grenzlinie
zwischen 2-Kernigkeit und 2-Stämmigkeit. Die
Basis der beiden starken Stammachsen ist verschmolzen, doch kann man die frühere Trennli-
nie noch erahnen. Forstleute sprechen allgemein
von einem »Tiefzwiesel«. Beide Achsen gleichen
sich in Aufbau und Borkenstruktur derart, dass
es sich um einen einzigen Baum handeln muss,
keine Verwachsung von »Brüderbäumen«.

Standort: An der Autobahnauffahrt nahe der
LPG-Straße.

139

Kiefer bei Schloss Hubertusstock   139

Kreis Barnim
Alter: 250–350 Jahre
Taille: nicht bekannt
Umfang: 5,21 m (2005)

Gut 3000 Huteeichen, teils über 250-jährig, prägen das Bild der Schorfheide. Daneben gibt es Moore und stille Gewässer. Vorherrschend sind Kiefernwälder auf sandigem Boden – die »Kienheide«. Nahe des Jagdschlosses steht die meistfotografierte Kiefer, ein Baum »voller Schönheit und Größe« (FRÖHLICH, 1994). Nur mit Hilfe guter Karten ist er zu finden. Ein Seitenast ist vor Kurzem auf halber Länge abgeknickt. In der Nähe wächst noch eine 1-stämmige Kiefer, Umfang 4,68 m.

Standort: Westlich vom Schloss, Abteilung 22.

Elsbeere auf dem Pehlitzer Werder   140

Kreis Barnim
Alter: 130–150 Jahre
Taille: 3,23 m (2007)
Umfang: 3,23 m (2007)

Das Holz der Elsbeere *(Sorbus torminalis)* gilt als teuerstes heimisches Holz. Das alte, 1-stämmige Exemplar auf dem Pehlitzer Werder verlor durch »Kyrill« einen von 2 Ästen. Bernd Ullrich konnte eine Astscheibe sichern und nach Politur und Ölen mit der Lupe 115 Jahrringe zählen. Östlich vom Parkplatz wächst ein mehrtriebiger Weißdorn mit 2,98 m Umfang. 400 m nördlich fällt ein herrlicher Eichensolitär mit 7,74 m Umfang ins Auge.

Standort: 500 m nordöstl. Pehlitz, ab Parkplatz der Zufahrt 200 m nordwestlich folgen.

1000-jährige Eiche in Bärenklau   141

Kreis Spree-Neiße
Alter: 350–500 Jahre
Taille: 8,03 m (2000)
Umfang: 8,52 m (2004)

Die alte Stieleiche ist ausgebrannt und von Blitzschlägen gezeichnet. Eine Tafel am Stamm trägt ihr Gedicht: »Ich steh nun über tausend Jahr, sah manch' Geschlecht erstehen, sah manchen Greis im Silberhaar, den ich als Kind gesehen. Den Rittersmann im Eisenkleid mein Schatten schon erquickte, sah Kriegesleid, sah Siegesfreud und was der Herr sonst schickte. ... Bald ist's nun auch um mich geschehen, gewährt drum, was ich flehe: Laßt eins von meinen Kindern stehn, wo ich Jahrtausend stehe!«

Standort: In der Heimstraße 6.

141

142

Krügersdorfer Eichen   142

Kreis Oder-Spree
Alter: 350–600 Jahre
Taille: bis 9,73 m (2001)
Umfang: bis 10,15 m (1991)

Die Krügersdorfer Alteichen bilden den bedeutendsten Bestand alter Huteeichen in Brandenburg. Zwei der Stieleichen überschreiten die 8-m-Umfangsmarke. Die Dicke Eiche gehört zu einer Kastanienallee, die von der B 246 abzweigt. Sie besitzt mit 10,15 m den größten Umfang. Die Bouquet-Eiche, die hier im Bild vorgestellt wird, steht direkt an der Straße. Sie besaß 2001 einen Taillenumfang von 8,42 m. In der Eichenallee gibt es weitere dicke Eichen, ebenso im Ort.

Standort: Westlich Krügersdorf an der B 246 im Bereich einer Kastanienallee.

Eiche bei Gratze   143

Kreis Märkisch-Oderland
Alter: 260–400 Jahre
Taille: 7,20 m (2005)
Umfang: 8,50 m (2005)

Die Wurzeln des Eichenriesen reichen weit über die Böschung hangabwärts zu einem kleinen Teich. Die Krone wurde vor Jahren mit 30 m Durchmesser und 27 m Höhe vermessen, der Stamm mit 6,85 m. KRETSCHMANN – Erfinder der heute gültigen ND-Plakette »Waldohreule« – schrieb: »Die alte markante Eiche gabelt sich in 3 m Höhe. In die östliche Stammseite ist vor Jahren der Blitz hineingefahren. … Sie hat einen lockeren und doch wuchtigen Kronenaufbau. Eine wetterharte Eiche.«

Standort: Außerhalb am nördlichen Ortsausgang.

Eiche in Tegel   144

Bundeshauptstadt Berlin
Alter: 240–360 Jahre
Taille: nicht bekannt
Umfang: 8,30 m (2004)

Die Humboldteiche ist benannt nach dem Naturforscher Alexander von Humboldt (1769–1859) und dem Staatsmann und Philosophen Wilhelm von Humboldt (1767–1835), die zeitweise auf dem benachbarten Familiensitz lebten. Das »Humboldtschlösschen« ist seit 1766 in Familienbesitz. Eine große Stammöffnung zieht sich an der Stieleiche spaltförmig hinauf bis zum Kronenansatz. Ihr Habitus zeigt noch wenig Altersmerkmale. Eine starke Pyramideneiche steht am »Platz der Einheit« in Potsdam (6 m Umfang).

Standort: Auf einer Wiese vor Schloss Tegel (Humboldtschlösschen). Auf Privatgrund.

143

Maulbeere in Birkholz   145

Kreis Oder-Spree
Alter: 220–230 Jahre
Taille: 4,85 m (2001)
Umfang: 5,00 m (1997)

Kursachsen war das erste Land, das –
zur Reformationszeit – Maulbeerbäume aus
Italien importierte. Das Laub sollte als Futter für
Seidenraupen dienen, aus deren Kokon Seide
gewonnen wird. Der Weiße Maulbeerbaum
(Morus alba) an der Kapelle in Birkholz soll auf
die Seidenbaubewegung unter Friedrich dem
Großen zurückgehen und 1790 gepflanzt worden sein. Trotz vieler Bemühungen gewann die
Seidenraupenzucht weder damals noch später
größere wirtschaftliche Bedeutung. Das Klima
war für die Bäume ungünstig.

Standort: Birkholz bei Beeskow, an der Kirche.

Kiefer bei Freudenberg   146

Kreis Märkisch-Oderland
Alter: 200–260 Jahre
Taille: 5,86 m (2005)
Umfang: 5,86 m unter Ästen (2005)

Aus dem kurzen Stamm der Waldkiefer *(Pinus
sylvestris)* entwickeln sich schon dicht über
dem Erdboden 5 Triebe, die eine locker schirm-
artige Krone aufbauen. Älteren Quellen zufolge
war die Kiefer einst 6-triebig. Mit einem »gebün-
delten« Stammumfang von 5,86 m ist sie die
zweitmächtigste ihrer Art in Deutschland.
Kretschmann vermaß sie 1971 unter den Ästen
mit 5 m. Am Fuß des Baumes sind eingesam-
melte Feldsteine angehäuft worden – ein länd-
licher Standort.

Standort: 500 m nördlich der Ortschaft am Zaun
des ehemaligen Militärgeländes.

Ulme in Coschen   147

Kreis Oder-Spree
Alter: 300–350 Jahre
Taille: 6,19 m (2001)
Umfang: 6,90 m (2004)

Der Schrägstand dieser Ulme ist ein typisches
Altersmerkmal. Auch bei anderen alten Ulmen
Deutschlands wie etwa in Bierde (Nordrhein-
Westfalen) oder in Klotzow (Vorpommern)
haben wir starke Stammneigungen beobachtet.
Die ursprüngliche Krone ist lange schon vergangen. Aus dem krummen Ulmenstumpf sprießen
schlanke Zweige. Sie ist mit großer Wahrscheinlichkeit eine alte Flatterulme. Bisher konnten
wir keine herausragenden Feldulmen und nur
1 oder 2 markante Bergulmen in Deutschland
nachweisen.

Standort: Am Dorfanger.

Schlosseiche in Gadow   148

Kreis Prignitz
Alter: 350–500 Jahre
Taille: 8,06 m (2000)
Umfang: 8,80 m (1997)

Der Park um Schloss Gadow, Bestandteil des
Naturparks Elbetal, besticht durch 3 attraktive
Solitäreichen. Die Eiche am Weiher und die
Eiche auf der Wiese vor dem Schlossaufgang
erreichen nur etwas mehr als 6 und 7 m Stammumfang – »nur« in Bezug auf die 3. Eiche im Innern des Parks, eine Stieleiche *(Quercus robur)*,
deren gedrehter Stamm durch eine breite Blitzrinne gezeichnet ist.
In etwa 10 m Höhe sorgt ein abrupter Übergang
in eine alte Bruchzone für die eichentypische
Urigkeit.

Standort: Im Park von Schloss Gadow.

149

Schwedenlinde in Brielow   149

Kreis Potsdam-Mittelmark
Alter: 400–600 Jahre
Taille: 11,11 m (2001)
Umfang: 11,65 m (2001)

Die Schwedenlinde ist ein geschichtsträchtiges Baumdenkmal des Havellands, grandios in Kronenvolumen und Stammdimension.
Im Dreißigjährigen Krieg (1618–1648) fiel ein ranghoher schwedischer Offizier im Ort. Seine Braut, eine schwedische Gräfin, ließ ihn unter der »seltsam gewachsenen Linde« begraben, daher der Name. Seit 1882 kümmerten sich die Brielower Dorfschmiede um den Erhalt der Linde. In jeder Generation wurde eine neue zugstarke Kette geschmiedet, die beide Stammelemente zusammenhielt.

Standort: Neben der Kirche.

Feldeiche bei Mahlsdorf   150

Kreis Potsdam-Mittelmark
Alter: 320–400 Jahre
Taille: nicht bekannt
Umfang: 8,09 m (2005)

Ein ungleiches Eichenpaar mit 8,09 m und knapp 6 m Umfang steht am Rand einer Tongrube im Feld bei Mahlsdorf. Ab hier müssen die Bagger Rücksicht nehmen, denn die beiden Bäume stehen als Naturdenkmal unter Schutz. Es sind ehemalige Hutebäume, unter die im Herbst die Schweine zur Eichelmast getrieben wurden. FRÖHLICH (1994) beschreibt die Krone der stärkeren Stieleiche als »groß, vital und unregelmäßig«. Interessant ist die Frage, ob beide Eichen gleichalt sind.

Standort: Östlich der alten Platanenallee, die vom Ort südöstlich ins Feld führt.

Kirchlinde in Seebeck   151

Kreis Ostprignitz-Ruppin
Alter: 450–600 Jahre
Taille: nicht bekannt
Umfang: 11,00 m (1997)

Bei FRÖHLICH (1994) ist die Rede von einer »eindrucksvollen Einheit zweier zusammengewach-
sener Sommerlinden, deren Stämme eine außer-
ordentliche Formenvielfalt an Verwachsungen
aller Art aufweisen«. Doch woher kommt diese
Erkenntnis? Eine Nachbarin versicherte uns,
dass beide Teile des Baumes keinerlei Unter-
schiede beim Zeitpunkt des Austriebs oder im
Aussehen der Blätter aufweisen. Ist es also
doch 1 uralter Baum? Wir nehmen es an, solan-
ge nichts Gegenteiliges bewiesen ist.

Standort: Am Eingang zum Friedhof, neben der
Kirche.

Maulbeeren in Blankensee   152

Kreis Teltow-Fläming
Alter: 150–250 Jahre
Taille: bis 3,96 m (2008)
Umfang: bis 4,38 m (2008)

Die untersetzten, vielfach geköpften und meist
hohlen Bäume in der Blankenseer Dorfallee wirken unscheinbar. Doch 2 von ihnen erreichen
beachtliche Umfänge im Hinblick auf die Baumart: 4,38 und 4,02 m. Sie stammen vermutlich
aus der Zeit der preußischen Seidenbaubewegung. Es sind Schwarze Maulbeeren (Morus
nigra), deren Früchte schwarz aussehen. Frost
und Nässe erschwerten die Kultivierung von
Maulbeeren in Brandenburg und brachten die
Bewegung wieder zum Erliegen.

Standort: Im Maulbeerweg.

151

Schwarzpappel in Börnicke   153

Kreis Barnim
Alter: 150–200 Jahre
Taille: 8,84 m (2007)
Umfang: 8,87 m (2005)

Echte Schwarzpappeln *(Populus nigra)* sind selten, aber bei Weitem nicht so sehr, wie in den Medien berichtet. Auf idealen Standorten wie den Kies- und Schotterbänken des Rheins wachsen nahezu reine Schwarzpappelbestände nach. Die Kreuzung (Hybridisierung) mit eingeführten Pappelarten ist schwächer als befürchtet. Am Ortsrand Börnickes steht die dickste Schwarzpappel unseres Landes. Wie es sich für die Baumart gehört, befindet sich wenige Meter entfernt ein Wassergraben.

Standort: Am Ortsrand in Richtung Bernau.

Straßeneiche bei Tornow   154

Kreis Oberhavel
Alter: 300–400 Jahre
Taille: nicht bekannt
Umfang: 7,75 m (1997)

Als wir die kraftvolle Straßeneiche vor über 10 Jahren das erste Mal besuchten, hatte sie die 8-m-Umfangsmarke für bundesweit herausragende Stieleichen noch nicht überschritten. Wir vermuten jedoch, dass es in Kürze geschieht. Inzwischen nimmt das Deutsche Baumarchiv ein durchschnittliches Umfangsplus von 1,8 cm pro Jahr an. Viele Ausnahmen bestätigen hier aber die Regel. Stieleichen können sowohl schneller als auch langsamer wachsen. Boden und Wasserversorgung spielen eine wichtige Rolle.

Standort: Am Dorfeingang in Richtung Blumenkow.

155

Alte Ulme in Gülitz   155

Kreis Prignitz
Alter: 360–520 Jahre
Taille: 9,10 m (2007)
Umfang: 9,70 m (1997)

Der zentrale Standort am Dorfanger hat die
älteste Ulme des Landes zum Mittelpunkt des
Dorflebens gemacht. Jedes Jahr wird unter der
Ulme das Erntedankfest gefeiert. Die Gülitzer
Schulklassen lassen sich seit Generationen vor
der Ulme fotografieren. Dendrologisch betrachtet ist die Flatterulme *(Ulmus laevis)* ein Glücks-
fall. Sie blieb von der verheerenden Holländischen Ulmenkrankheit verschont, die 1919 und
nochmals nach 1960 durch Deutschland hindurch zog, und ist deshalb ein besonders kost-
bares Naturdenkmal.

Standort: Am Dorfanger.

Waldemareiche bei Heinersdorf   156

Kreis Oder-Spree
Alter: 300–400 Jahre
Taille: 7,45 m (2001)
Umfang: 7,90 m (1997)

Im Herbst 1348 lagerte Kaiser Karl IV. in der
Heinersdorfer Feldmark, um die Ansprüche des
»Falschen Waldemar« zu untersuchen. Für
2 Jahre wurde ihm die Mark Brandenburg zum
Lehen anvertraut, dann jedoch wurde er offiziell
als Hochstapler entlarvt. Das Ereignis gab der
vitalen Stieleiche den Namen, auch wenn sie
nicht aus dieser Zeit stammt. Mit inzwischen
über 8 m Stammumfang gehört sie zu den großen Eichen unseres Landes.

Standort: Auf einer Wiese östlich Ecke Münche-
berger Weg/Müncheberger Straße.

Eiche in Setzsteig   157

Kreis Potsdam-Mittelmark
Alter: 350–450 Jahre
Taille: 7,34 m (2008)
Umfang: 8,13 m (2008)

Das beschauliche Dörfchen Setzsteig liegt mitten im Wald. Hier gibt es scheinbar mehr Ferienhäuser als feste Wohnsitze. Mit knappem Vorsprung vor der starken Mahlsdorfer Eiche steht hier die mächtigste Eiche des Landkreises. Ihr Stamm ist unten weit offen und ausgehöhlt. Er verjüngt sich nach oben hin deutlich. Die Messung im Sommer 2008 musste mit Vorsicht erfolgen. Hornissen hatten hier ihre Einflugschneise und summten mit großer Geschwindigkeit zum Baum. Das Nest befand sich im morschen Inneren der Eiche.

Standort: An der Dorfstraße.

Eiche in Trampe   158

Kreis Barnim
Alter: 320–380 Jahre
Taille: 7,80 m* (2008)
Umfang: 7,98 m* (2008)

Auf dem Wiesengrundstück der Familie Bach in Trampe steht die stärkste Eiche des Kreises Barnim. Der Stamm ist walzenförmig und unbeschädigt. Er erreicht dieser Tage die 8-m-Umfangsmarke im besten Zustand. Die Krone entfaltet sich aufgelockert und straußförmig ab einer Höhe von 5 m. Nur einige Äste sind im Wipfelbereich abgestorben. Vor 11 Vegetationsperioden betrug der Stammumfang noch 7,75 m. In den letzten Jahren war also die typische Umfangszunahme für alte Stieleichen von etwa 2 cm pro Jahr zu verzeichnen.

Standort: Klobbicker Straße 1a.

Eiche bei Repten   159

Kreis Oberspreewald-Lausitz
Alter: 300–375 Jahre
Taille: nicht bekannt
Umfang: 8,69 m (2001)

Bereits 1694 wird das Rittergut »Reppen« in historischen Unterlagen als Lehensgut bezeichnet. Die Stieleiche steht hinter dem Haupthaus und hatte hier viel Zeit zu gedeihen. Der Zenit liegt hinter ihr, ihr Stamm ist weit aufgebrochen. Vermutlich hat ein Ast im Abbrechen ein großes Stück Stamm mitgerissen. Beim Besuch des Deutschen Baumarchivs im Jahr 2001 lagen einige jüngere Eichenstämme im Innenhof. Ein Stamm von 4–4,5 m Umfang besaß 163 zählbare Jahrringe. Auch für die starke Eiche setzen wir das Alter deshalb nicht zu hoch.

Standort: Hinter dem Gutshaus.

159

160

Malerkiefer bei Storkow   160

Kreis Oder-Spree
Alter: 250–400 Jahre
Taille: nicht bekannt
Umfang: 4,58 m (2001)

Diese Kiefer ist wirklich malerisch schön. Ihre großen Wurzeln streichen über den trockenen, nadelübersäten Boden. Sandige, karge Verhältnisse herrschen an ihrem Standort. Mit diesen Bedingungen kommt nur noch die Waldkiefer oder Föhre (Pinus sylvestris) auf Dauer zurecht. Ihre Krone ist weit und breit gefächert. 4 kräftige Äste kommen aus dem gedrungenen Stamm hervor. Die Rinde des Astwerks schimmert rötlich wie von Feuerschein. Sie ist die charaktervollste Altkiefer unseres Landes.

Standort: In einer Waldecke 200 m südlich des Sportplatzes Karlslust.

Birne bei Ützdorf   161

Kreis Barnim
Alter: 220–270 Jahre
Taille: 4,84 m (2006)
Umfang: 5,03 m (2006)

Vor Jahren hat der Blitz den Birnbaum in 2 Teile
gespalten. Wer ihn erleben will, muss per Fähre
auf die Insel Großer Werder im Liepnitzer See
übersetzen. Wie es scheint, ist die Stammspalte
durch Morschung mit der Zeit immer größer
geworden. Holzstangen wurden angebracht,
um dem zwiespältigen Birnbaum Halt zu geben.
Auch wenn nun der Stammumfang etwas »luf-
tig« ist – die 2 Stammteile stehen fast aufrecht,
die Messung ist ernst zu nehmen.

Standort: Südostseite der Insel, an der Anlege-
stelle dem Weg zum Campingplatz folgen und
nach Südwesten weitergehen.

Zypresse in Potsdam   162

Stadt Potsdam
Alter: 180–200 Jahre
Taille: nicht bekannt
Umfang: 6,90 m (1999)

Es war Friedrich II., der den wüsten Berg vor den
Toren Potsdams terrassieren und zu einem
Weinberg umgestalten ließ. Bald erfolgte der
Spatenstich zum Bau der neuen Sommerresi-
denz seiner Majestät: Schloss Sanssouci. Der
zugehörige Park wurde zunächst als französi-
scher Garten angelegt, ab etwa 1820 im englischen Stil umgestaltet. Die Gebäude der
»Römischen Bäder« entstanden bis 1834. Aus
dieser Zeit stammt auch die mächtigste Sumpfzypresse *(Taxodium distichum)*.

Standort: Im Park Sanssouci, an den Römischen
Bädern.

161

Sachsen

163   Buche Fürstenau
164   Streitlinde Königsfeld
165   Dicke Eiche Niedergurig
166   Friedhofslinde Collm
167   Platane Oelzschau
168   1000-jährige Linde Kaditz
169   Ginkgo Dröschkau
170   Ahorn Wohla
171   Storcheneiche Ebersbach
172   Buche Cossebaude
173   Platane Schloss Pillnitz
174   Roteiche Dresden
175   Auferstehungslinde Annaberg
176   Ginkgo Jahnishausen
177   Robinie Mutzschen

178   Robinie Strehla
179   Hufeisenulme Daubitz
180   Große Linde Schmorsdorf
181   Schlosslinde Augustusburg
182   Buche Tierpark Hirschfeld
183   1000-jährige Eibe Schlottwitz
184   Mühlenkastanie Klosterbuch
185   Fichte Hinterhermsdorf
186   Fürst-Pückler-Buche Schloss Muskau
187   Schöne Eiche Graupa
188   Maulbeere Schildau
189   Tulpenbaum Wechselburg
190   Marone Gersdorf
191   Eiche Herwigsdorf
192   Birne Bobenneukirchen

Buche bei Fürstenau   163

Kreis Sächsische Schweiz – Osterzgebirge
Alter: 200–270 Jahre
Taille: nicht bekannt
Umfang: 6,45 m (1998)

Ein herrlicher Buchensolitär steht in 715 m Höhe oberhalb von Fürstenau und trotzt dem rauen Klima des Osterzgebirges. Wie silbergraue, schlanke Türme ragen die 2 Achsen der Buche zum Himmel. Am Sockel entspringen sie dem Augenschein nach einer gemeinsamen Wurzel und sind miteinander verschmolzen. Die silbrige, zum Teil spröde Borke wirkt alt und ehrwürdig. In und um Fürstenau wachsen nur zerzauste Vogelbeeren, Eschen und Buchen. Kein Ort für Fürsten, aber für Naturfreunde dafür umso mehr.

Standort: 600 m nordwestlich des Ortes.

Streitlinde bei Königsfeld   164

Kreis Mittelsachsen
Alter: 300–500 Jahre
Taille: nicht bekannt
Umfang: noch 8,90 m (2008)

Dort, wo die alte Linde steht, stritten sich nach alter Überlieferung zwei Bauern um den Grenzverlauf. Bei einem Sturm im Februar 1925 brach einer von 4 waagerechten Seitenästen der Freistandlinde ab. Durch Brandstiftung wurde die Linde danach fast ruiniert. Eine breite Stammwand und ein dünneres Stammrelikt der Rückseite sind ihr verblieben. Es ist eine echte Winterlinde *(Tilia cordata)* mit allen botanischen Merkmalen.

Standort: In einem kleinen Feldgehölz 250 m südlich der B7 in Richtung Geithain, 400 m vor dem Abzweig nach Haide.

Dicke Eiche bei Niedergurig   165

Kreis Bautzen
Alter: 350–500 Jahre
Taille: 7,93 m (2001)
Umfang: 8,98 m (2004)

Über Jahrhunderte stand die Dicke Eiche ruhig und ungestört am Ufer des Großen Weihers (Ziegelteichs) bei Niedergurig, die Wurzeln getränkt mit Wasser. 1938 vermaß man sie mit 7,80 m Umfang. Ihre Krone war großartig, zeigte aber Ende des 20. Jahrhunderts an manchen Stellen abgestorbene Äste. Im Sommer 2008 brannte es im Innern des hohlen Stammes mehrere Tage lang. Die Eiche, die das Wappen der Gemeinde Malschwitz ziert, hat es überstanden. Nur geschädigte Äste müssen entfernt werden.

Standort: Am Ufer des Großen Weihers.

Friedhofslinde in Collm   166

Kreis Nordsachsen
Alter: 500–750 Jahre
Taille: 9,48 m (2001)
Umfang: noch 10,48 m (1998)

Am Fuß des 312 m hohen Collmberges steht vor der Kirche die urige, bogenförmig gewachsene Sommerlinde *(Tilia platyphyllos)*. Eine Tafel sagt, dass Otto der Reiche erstmalig 1185 vermutlich unter dieser Linde das Landding, die höchste Gerichtsversammlung des Meißener Landes, einberief. Richtig ist, dass die Linde früher noch mächtiger war.
Auf der kirchenabgewandten Seite fehlt fast eine Hälfte des ursprünglichen Stammes. Es ist gut vorstellbar, dass der Baum im ausgehenden Mittelalter am Gerichtsplatz gepflanzt wurde.

Standort: Auf dem Friedhof.

167

1000-jährige Linde in Kaditz   168

Stadt Dresden
Alter: 500–700 Jahre
Taille (Rest): 6,97 m (2001)
Umfang: noch 9,55 m (1998)

Es wird überliefert, dass die Kaditzer Linde früher als Pranger für klatschsüchtige Frauen und andere Missetäter diente. Im Jahr 1818 verkohlte ein Teil des Lindenstammes, wonach die Linde im Innern Stück für Stück zerfiel. Eine Stütze wurde morsch und brach samt einem dicken Ast zusammen. An der Bruchstelle brachte man ein Gitter an, um den Dorfbewohnern den Eingang in den Stamm zu verwehren. In der »Gartenlaube« wird 1890 noch eine Umfangsangabe von 11 m gemacht.
Heute ist die kirchenabgewandte Seite des Stammes bis auf einen kleinen Stumpen verschwunden, der Umfang schrumpft.

Standort: Vor der Kirche.

Platane in Oelzschau   167

Kreis Nordsachsen
Alter: 200–300 Jahre
Taille: 8,60 m (2001)
Umfang: 8,90 m (2001)

Alles an der Platane in Oelzschau wirkt wuchtig und himmelstürmend: Der Kronendurchmesser beträgt 37 m, die höchsten Wipfel reichen 42 m hinauf. Mit einem Stammumfang von fast 9 m ist sie die dickste Gewöhnliche Platane (Platanus x hispanica) Deutschlands. FRÖHLICH (1994) gibt ein konkretes Alter von 180 Jahren an. Das wäre eine erstaunliche Wuchsgeschwindigkeit: 4,8 cm Umfangszunahme im jährlichen Durchschnitt.

Standort: Vor dem alten Gutshaus.

168

169

Ginkgo in Dröschkau   169

Kreis Nordsachsen
Alter: 160–240 Jahre
Taille: nicht bekannt
Umfang: 5,10 m (2004)

In einem kleinen Garten hinter dem alten Gutshof in Dröschkau, erbaut 1669, steht der dickste Ginkgo Deutschlands *(Ginkgo biloba)*. Seine
hochovale, aufgelockerte Krone ragt so hoch
wie der benachbarte Dachfirst – gut 17 m. Ab
2 m Höhe gehen nach und nach 6 starke Äste
ab, ein Ast wurde am Stamm abgesägt. Während andere Ginkgos im Spätherbst grellgelbes
Laub tragen, präsentierte sich dieses Exemplar
am 28. Oktober 2004 noch völlig grün. Über
sein Pflanzdatum ist bisher bedauerlicherweise
nichts Genaues bekannt.

Standort: Im Garten des Gutshauses.

Ahorn in Wohla   170

Kreis Bautzen
Alter: 150–250 Jahre
Taille: 6,95 m (2001)
Umfang: 7,07 m (1998)

Der 3-stämmige Bergahorn ist hohl und ausgebrannt, die Äste wurden oben gekappt. Mit anderen Vertretern seiner Art ist er schwer zu ver-
gleichen. 3-Stämmigkeit bedeutet, dass der
Gesamtumfang eines Baumes schneller zu-
nimmt. Ein 1-stämmiger Ahorn mit 5 m Umfang
entspricht in seinem Alter vielleicht einem
Drillingsahorn mit 7 m Umfang. In Sichtweite
stehen noch 2 andere interessante Bäume: eine
dicke Solitäreiche und die alte Franzosenlinde.
Ein abwechslungsreicher Baumstandort.

Standort: An der Kreuzung Gelenau/Prietiz/
Siedlung Boderitz. Auf Privatgrund.

171

Storcheneiche in Ebersbach   171

Kreis Görlitz
Alter: 350–450 Jahre
Taille: 6,82 m (2001)
Umfang: 9,50 m (1998)

Ihr Stammfuß ist morsch, an vielen Stellen erscheinen Konsolen von Baumpilzen. Das freudige Detail der Stieleiche liegt in der Krone. Der Hauptstamm teilt sich in 10 m Höhe in 2 Äste. Einer davon grünt noch. Der abgestorbene Ast trägt ein altes Storchennest aus grobem Reisig, in dem früher regelmäßig die Weißstörche brüteten. Vor Kurzem musste der Ast jedoch ein Stück eingekürzt werden. Das tiefer angebrachte Nest wurde seitdem von den Störchen nicht mehr angenommen.

Standort: Bei Burg Ebersbach, auf Privatgrund.

Buche bei Cossebaude   172

Stadt Dresden
Alter: 180–280 Jahre
Taille: 6,50 m (2006)
Umfang: 6,53 m (2006)

Das Wahrzeichen Cossebaudes ist das Weiße Schloss. Es wurde 1890 als Villa eines Fabrikanten mit »herrlich verzierten Stuckdecken, kunstvoll geschnitzten Geländern und aufwändig gearbeiteten Bleiglasfenstern« erbaut. Im Schlosspark findet man die mächtigste Rotbuche der Stadt Dresden. Sie soll 150–200 Jahre alt sein. Früher stand der Baum frei und war 40 m hoch. Heute ist der Standort auf einer kleinen Lichtung im Wald. Eine Kronenhälfte ist abgestorben.

Standort: 250 m nordwestlich vom Weißen Schloss an einem Waldpfad.

Platane
bei Schloss Pillnitz   173

Stadt Dresden
Alter: 180–240 Jahre
Taille: 7,70 m (2008)
Umfang : 7,90 m (2008)

Egon Heller aus Wendishain, der auf den Spuren
unseres Bildbands »Deutschlands alte Bäume«
das ganze Land bereiste, teilte uns diese starke
Platane mit. Am Teich steht sie, idyllisch und zugleich biologisch günstig. Der Englische Pavillon
nebenan, erbaut 1780, könnte mit der Pflanzung
in Verbindung stehen. Ebenfalls einen Besuch
wert: Nördlich der Landstraße nach Copitz befindet sich eine Reihe alter Huteeichen. Die von
Westen her gezählt 3. erreicht mit abholzigem
Stamm 8,20 m Umfang (Taille 7,50 m).

Standort: Englischer Pavillon, Orangeriestraße.

173

174

Roteiche in Dresden   174

Stadt Dresden
Alter: 150–200 Jahre
Taille: 4,75 m (2008)
Umfang: 5,12 m (2008)

Am Nordufer der Elbe stehen im Park des Japa-
nischen Palais von 1737 mehrere besondere
Bäume. Die Roteiche an der Westseite ist die
zweitstärkste Roteiche Deutschlands. Nur im
Kurpark von Bad Nauheim (Hessen) gibt es eine
dickere mit 5,70 m Umfang. Im Park fallen
2 Pyramideneichen auf, Umfang 5,96 und
5,67 m. Schön sind auch die knorrige Robinie
am Parkhügel und 2 Prunkplatanen am Süd-
portal. Die Dresdener Vororte locken ebenfalls
mit Altbäumen, zum Beispiel der alten Hängebuche im Helfenberger Park (4,53 m).

Standort: Palaisplatz 11.

Auferstehungslinde in Annaberg 175

Erzgebirgskreis
Alter: 375–600 Jahre
Taille: 7,25 m (2001)
Umfang: 7,50 m unter Ästen (2007)

Der Legende nach wurde die Linde kopfüber gepflanzt, was ihren Kandelaberwuchs erklären soll. Sie ist eine geleitete Linde, deren Äste früher auf einem Holzgerüst ruhten. 1884 berichtet die »Gartenlaube« über die Linde auf dem Gottesacker der Trinitatiskirche. Es hieß, sie sei 400 Jahre alt, der Umfang wurde mit rund 6 m angegeben. Sie war zu der Zeit ein beliebtes Postkartenmotiv. Im Foto: der 4-jährige David Meyer aus Ehrenfriedersdorf, Sachsens jüngster Baumfreund.

Standort: Vor der Trinitatiskirche.

Ginkgo in Jahnishausen 176

Kreis Meißen
Alter: 160–200 Jahre
Taille: 4,40 m (2001)
Umfang: 4,40 m (2001)

Der Ginkgo (eigentlich »Ginkyo«, das heißt »Silberaprikose«) steht im Park von Schloss Jahnishausen. Der 2-kernige Stamm entfaltet seine krakelige Krone unmittelbar über dem Boden. Der Park wurde Anfang des 19. Jahrhunderts im englischen Stil angelegt, der künstliche Nebenarm eines Baches bewässert ihn und bildet einen Teich in der Nähe des Baumes. Hier lebte zeitweise ab 1824 Prinz Johann von Sachsen und widmete sich seiner Dante-Akademie. Er wurde 1854 König und musste daraufhin die ländliche Residenz verlassen.

Standort: Im Schlosspark westlich der Gebäude.

175

Robinie in Mutzschen   177

Kreis Leipzig
Alter: 140 Jahre
Taille: 5,03 m (2007)
Umfang: 5,10 m (2006)

Robinien *(Robinia pseudoacacia)* zeigen im Alter
starke Zerfallserscheinungen, vor allem am
Stamm. Die alten Robinien in Romrod (Hessen)
und in Strehla (Sachsen) sind Beispiele dafür. Um
so erfreulicher ist die schön gewachsene, ganz
intakte Robinie in Mutzschen. Ihr Stamm ist un-
vermorscht, die Borke tieffrissig. Eindrucksvoll
ragt ihre Krone über die Friedhofskapelle – besonders zur Blütezeit im Juni ein schöner Anblick.
Die Baumart kam im 17. Jahrhundert nach
Europa, zuerst nach Paris. Sie wurde nach Jean
Robin (1550–1629) benannt, der sie als Hofgärt-
ner verschiedener Könige in Frankreich einführte
und bekannt machte.

Standort: Am Friedhof in Mutzschen.

Schlossrobinie in Strehla   178

Kreis Meißen
Alter: 240–330 Jahre
Taille: 5,54 m (2001)
Umfang: 6,48 m (2001)

Eine besonders knorrige Robinie *(Robinia pseudoacacia)* beherrscht den Vorhof des Schlosses
in Strehla. Die Renaissancebauten und der alte
Baum passen gut zusammen. Die Baumart
stammt eigentlich aus Nordamerika und gelang-
te über Frankreich nach Deutschland, wo sie
erstmals um 1670 angepflanzt worden sein soll.
Die Bäume mit den großen weißen Blütentrauben entwickelten sich zu einem beliebten Park-
und Gartengehölz.

Standort: Im Vorhof des Schlosses.

Hufeisenulme in Daubitz   179

Kreis Görlitz
Alter: 250–350 Jahre
Taille: 7,26 m (2001)
Umfang: 7,27 m (1998)

Im Innenhof des Bauernguts, umrahmt von Herrenhaus, Stall und Gesindehaus, steht die alte Flatterulme *(Ulmus laevis)* angenehm geschützt. Ihre Anwesenheit verleiht dem Grundstück eine besondere Atmosphäre. Vielleicht rührt der Name Hufeisenulme vom U-förmig geöffneten Stamm oder von den umringenden Gebäuden her. Vielleicht hat der Baum den Bewohnern des Bauernhofs aber auch einfach nur Glück gebracht?

Standort: Am Gutshof in Daubitz.

Große Linde in Schmorsdorf   180

Kreis Sächsische Schweiz–Osterzgebirge
Alter: 400–600 Jahre
Taille: 10,46 m (2001)
Umfang: 11,00 m (1998)

Im Dreißigjährigen Krieg (1618–1648) soll die Linde aufgrund ihrer hervorragenden Größe und Form erwähnt worden sein. Eine Zeichnung in der »Gartenlaube« zeigt die Sommerlinde 1892 mit ramponierter Krone und geöffnetem Stamm. Ihr Taillenumfang betrug damals 9 m. Wenige Jahre davor war das halbe Dorf abgebrannt und die Linde beschädigt worden. Später riss ein Orkan 3 von 7 Ästen ab. Im Inneren des Stammes hat sich die Linde neu mit Rinde überzogen – eine Fähigkeit, die nur Linden besitzen. Ein ähnlicher Lindenkoloss wächst in Sorgau bei Marienberg heran (Stammumfang 9,30 m).

Standort: In der Ortsmitte.

181

Schlosslinde in Augustusburg   181

Kreis Mittelsachsen
Alter: 600–700 Jahre
Taille: 7,56 m (2001)
Umfang: 7,50 m (1990)

Zu ihrer Glanzzeit um 1644 stützten 68 Stein-
säulen und 110 Eichenbalken die Sommerlinde
ab. Schon Kurfürst August, der das Schloss
1568–1572 erbauen ließ, unterzeichnete viele
Verordnungen mit dem Vermerk »Gegeben unter der Linde«. Sie soll 1421 unter Friedrich dem
Streitbaren gepflanzt worden sein. Beim Bau
des ersten Gerüsts (1549) besaß ihr Stamm
aber bereits 4,50 m Umfang. Sie könnte also
noch älter sein. 1859 war der Stammumfang auf
inzwischen 22 Fuß (6,50 m) angewachsen.

Standort: Bei der Nordostecke des Schlosses.

Buche im Tierpark Hirschfeld   182

Kreis Zwickau
Alter: 200–250 Jahre
Taille: 6,72 m (2004)
Umfang: 7,50 m (1998)

Sie war einst 35 m hoch, ihre Krone entfaltete
sich über einem dicken Stamm mit riesigem
Wurzelteller. Bekannt war aber auch, dass das
Holz an der Kronenverzweigung immer dünner
wurde. Als der Winterorkan »Franz« Januar 2007
übers Land fegte – in Borkum mit 178 km/h,
am Brocken mit 160 km/h –, traf es auch die Tier-
parkbuche. Der Hauptteil der Krone wurde abgerissen. Durch einen starken Rückschnitt wurde
zu retten versucht, was zu retten ist. Hoffentlich
reichen die Neuaustriebe zum Leben aus.

Standort: Am Ententeich im Tierpark.

1000-jährige Eibe
bei Schlottwitz   183

Kreis Sächsische Schweiz – Osterzgebirge
Alter: 340–500 Jahre
Taille: 3,40 m (2006)
Umfang: 3,64 m (2006)

Das Eibenvorkommen bei Schlottwitz gilt als
das größte in Sachsen. Gut 100 Eiben aller Al-
tersstadien wachsen hier. Höhepunkt ist die
1000-jährige Eibe, deren Wurzeln über Gestein
und Erde hinwegreichen. Der Baum steht auf einer geologischen Kontaktzone, wo Grauer Gneis
mit magmatischem Rhyolit zusammentrifft. Die
Eibe profitiert von Felsenklüften und stetem
Sickerwasser. Unten im Tal schwoll die Müglitz
bei starken Regenfällen des Öfteren zur reißen-
den Flut an: 1897, 1927, 1957 und zuletzt 2002.

Standort: Im Naturschutzgebiet Müglitztal am
Steilhang östlich oberhalb von Schlottwitz, beschildert.

183

Mühlenkastanie
in Klosterbuch   184

Kreis Mittelsachsen
Alter: 160–240 Jahre
Taille: nicht bekannt
Umfang: 4,63 m (2008)

Im Jahr 2002 gab es nicht nur an Elbe und Donau
ein Jahrhunderthochwasser. Auch die Freiberger
Mulde war betroffen. Das historische Kloster
Buch, ein 1192 erstmals urkundlich erwähntes
Zisterzienserkloster, wurde stark in Mitleidenschaft gezogen. Die alte Mühlenkastanie stand
über 2 m hoch unter Wasser, doch sie blieb unbeschadet. Ihre schöne, glockenförmige Krone
zieht wie eh und je die Blicke auf sich.

Standort: 200 m westlich des Klosters.

184

Fichte bei Hinterhermsdorf   185

Kreis Sächsische Schweiz–Osterzgebirge
Alter: 250–350 Jahre
Taille: 4,70 m (2006)
Umfang: 4,98 m (2006)

Nach Vermessungen ist sie die höchste Fichte der Sächsischen Schweiz. Die gute Wasserversorgung an der Böschung der Kirnitzsch hat den Baum über 60 m Höhe erreichen lassen. Der Standort ist herrlich, kurz unterhalb eines Felsentunnels, der auch als Wolfsschlucht bekannt ist. Eine Bootsfahrt auf dem Stausee in der Kirnitzschklamm ist auf dem Weg zur Fichte möglich.

Standort: Von der Buchenparkhalle aus zur Kirnitzschklamm, weiter zur oberen Schleuse, dem Bachlauf rechter Hand folgen bis unterhalb der Wolfsschlucht. 5 m rechts des Baches.

Schöne Eiche in Graupa   187

Kreis Sächsische Schweiz–Osterzgebirge
Alter: 300–400 Jahre
Taille: 6,71 m (2001)
Umfang: 7,18 m (2004)

Auch heimische Baumarten können zu großer Schönheit heranwachsen. Diese Stieleiche *(Quercus robur)* besticht durch ihren herrlichen walzenförmigen Stamm. Äste senken sich weit zum Boden, 3 liegen am Boden auf und bilden eine sogenannte Schleppe. Ein Schild informiert über die Eiche. Ihr Stamm besitzt eine «Grundsicherheit» von mehr als 3000 %, steht also nach menschlichem Ermessen unverrückbar fest. Die Eiche soll in der Zeit nach 1600 gekeimt sein, als hier ein Wildgehege angelegt wurde.

Standort: Auf der Wiese am alten Jagdschloss.

Fürst-Pückler-Buche am Schloss Muskau   186

Kreis Görlitz
Alter: 224 Jahre (2009)
Taille: 6,86 m (2001)
Umfang: 8,00 m (1998)

Der Gartenarchitekt Hermann Fürst Pückler erwarb 1815 Grundstücke diesseits und jenseits der Neiße. Seinen Gärtnern gab er Anweisung, einen Landschaftspark anzulegen, der »nur den Charakter der freien Natur haben soll«. Die Blutbuche *(Fagus sylvatica purpurea)* vor der südlichen Schlossrampe war eine Attraktion. Im Zug einer Großbaumverpflanzung wurde sie 1825 im Alter von 40 Jahren gesetzt. Eine Kronenhälfte ist inzwischen tot. Nur kurze Zeit war diese Buche in voller Pracht zu bewundern.

Standort: An der südlichen Schlossrampe.

187

Maulbeere in Schildau   188

Kreis Nordsachsen
Alter: 220–280 Jahre
Taille: nicht bekannt
Umfang: 5,65 m (2004)

Die Schildauer glauben, dass die beliebten
Schildbürgerstreiche in ihrem Dorf erfunden
wurden. Auf der Kirchenwiese wurzelt die in
2 Teile gespaltene Weiße Maulbeere *(Morus
alba)* als ein interessantes Kultur- und Naturdenkmal. Um 1860 kam die unter Friedrich dem
Großen und dessen Vater begonnene Seidenbaubewegung wieder zum Erliegen. Die Gründe:
klimatische Probleme und die Fleckenkrankheit
der Raupen.

Standort: An der Kirche.

Tulpenbaum in Wechselburg   189

Kreis Mittelsachsen
Alter: 200 Jahre (2009)
Taille: 5,25 m (2007)
Umfang: 5,12 m (2004)

Deutschlands kräftigster Tulpenbaum *(Liriodendron tulpifera)* – ein Gehölz aus dem östlichen
Nordamerika – gedeiht im Wechselburger Park,
er wurde 1820 gepflanzt. Im Herbst, wenn seine
3 steilen Äste ein gelbes Blättermeer bilden, und
im April, wenn die gelben Blüten erscheinen, ist
die Baumart aus der Familie der Magnolienge-
wächse besonders sehenswert. Ein zweiter markanter Baum ist die früher vielastige Weymouth-
kiefer *(Pinus strobus)*, die heute noch 3 kandela-
berförmige Äste hat. Vorbildlich wurde kürzlich
der nah vorbeiführende Weg verlegt, um den
durch Pilzbefall instabilen Baum zu erhalten.

Standort: Im Schlosspark.

Marone in Gersdorf   190

Kreis Mittelsachsen
Alter: 280–380 Jahre
Taille: 7,33 m (2001)
Umfang: 8,27 m (2001)

HERRMANN berichtet, dass die alte Marone 1919 ihre ursprüngliche Krone verlor. Unter dem Polarwinter 1928/29 litt sie nochmals schwer. 1937 hatte ihr Stamm 6,85 m Umfang erreicht und wirkte wieder völlig vital. Heute ist die obere Krone komplett abgestorben. Ein einziger grüner Ast, der sich 10 m weit waagerecht ausstreckt, prägt den Baum. Das extreme Trockenjahr 2003 hat vermutlich die nächste Krise bewirkt. Der letzte Ast schien abzusterben. 2008 haben sich jedoch einige Neuaustriebe entwickelt. Es gibt wieder Hoffnung.

Standort: An der Ortsdurchfahrt in Gersdorf.

Birne bei Bobenneukirchen   192

Vogtlandkreis
Alter: 190–230 Jahre
Taille: noch 3,68 m (2008)
Umfang: noch 4,33 m (2008)

Mathias Hoyer von der Stadt Hof führte uns zu der Holzbirne *(Pyrus pyraster)*, die nahe der fränkisch-sächsischen Grenze ein recht unbemerktes Dasein führt. Vielleicht ist sie die letzte Überlebende einer Allee in Richtung Bösenbrunn. Rückseitig ist der Stamm offen und ausgehöhlt, der Umfang ist erstaunlich. Der Wald nebenan beschattet Teile der Krone zu stark. Einige Äste sind bereits abgestorben. Es wäre sinnvoll, zu nahe stehende Fichten zu fällen.

Standort: An der Bösenbrunner Straße, 250 m nordöstlich des Dorfteiches.

Eiche in Herwigsdorf   191

Kreis Görlitz
Alter: 280–400 Jahre
Taille: 8,35 m (2001)
Umfang: 8,35 m (1998)

Die mehrkernige Eiche an der sogenannten Hundsstraße wird von Einheimischen auf 400 bis 500 Jahre geschätzt. Sie ist etwa 25 m hoch und nahezu 30 m breit. Es handelt sich, wie bei den meisten alten Eichen, um eine Stieleiche *(Quercus robur)*. Man erkennt sie an 2 einfachen Merkmalen: der Fruchtbecher, der die Eichel trägt, wird von einem langen Stiel gehalten, und die Eicheln hängen einzeln oder zu zweien an den Stielen. Bei der Traubeneiche wären es meist 3 oder 4.

Standort: Am östlichen Ortsrand in der Steinbergstraße.

192

Thüringen

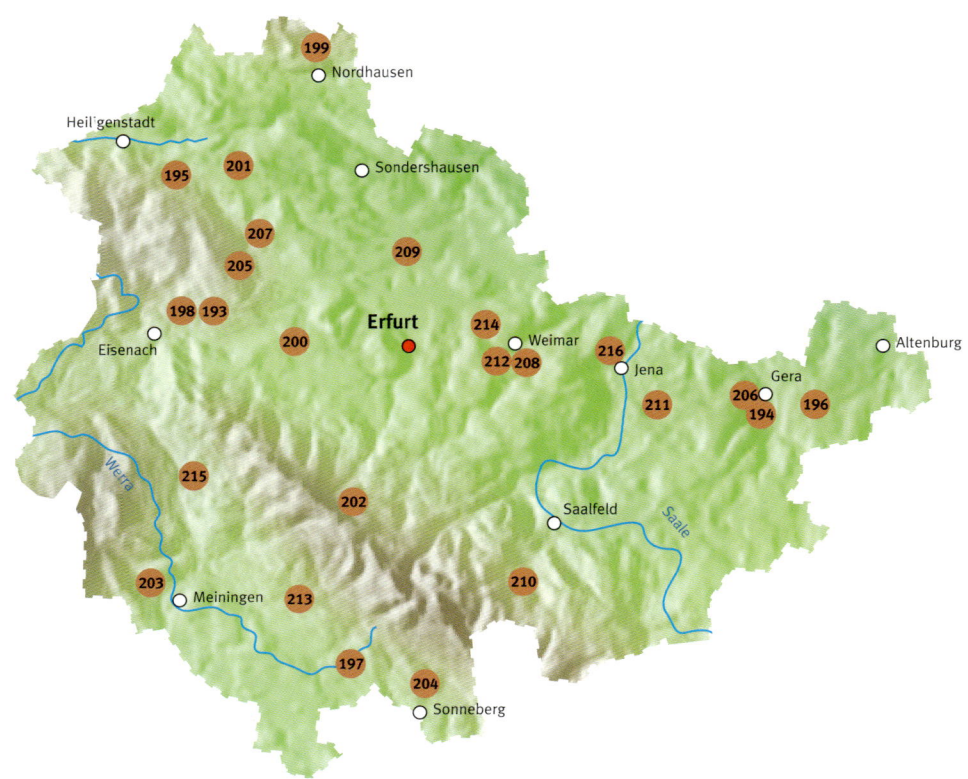

193 Strobe Behringen
194 Kalte Eiche Ernsee
195 Pyramidenpappel Reifenstein
196 1000-jährige Eiche Nöbdenitz
197 Esche Sachsenbrunn
198 1000-jährige Eiche Berteroda
199 Flohmüllerseiche Krimderode
200 Kornelkirsche Waltershausen
201 Utteröder Koloss Rehungen
202 Ulme Ilmenau
203 Eiche Thurmgut Hermannsfeld
204 Esche Judenbach
205 Mahllinde Niederdorla
206 Hainbuche Bad Köstritz

207 Königseiche Volkenroda
208 Elsbeere Schloss Belvedère
209 Kopfweide Weißensee
210 Kopfahorn Leutenberg
211 Spitzahorn Beulbar
212 Pyramidenpappel Gelmeroda
213 Dicke Birke Schleusingen
214 Hainbuche Schloss Ettersburg
215 Dicke Lärche Nüßleshof
216 Goethe-Ginkgo Jena

Strobe in Behringen   193

Wartburgkreis
Alter: 230–280 Jahre
Taille: 4,50 m (2007)
Umfang: 4,53 m (2006)

Die Weymouthskiefer *(Pinus strobus)* stammt
von der Ostküste Nordamerikas und wird dort
80 m hoch . Sie wird bei uns seit dem 16. Jahrhundert in Forsten und Parks kultiviert. Der
Behringer Park entstand 1743–1792. Die
Strobe löst sich kandelaberförmig in 36 Äste
auf. Unverständlich erscheinen die Schnittmaßnahmen: 23 vollholzige Äste wurden abgesägt. Wollte jemand den Baum belehren,
welche Last er tragen kann? In Gotha steht
eine noch dickere, fast rindenlose Strobe:
Umfang 5,37 m.

Standort: Ehemaliger Schlosspark an der B 84.

Kalte Eiche bei Ernsee   194

Stadt Gera
Alter: 350–450 Jahre
Taille: 6,38 m (2006)
Umfang: 7,24 m (2006)

Die Kalte Eiche steht 316 m hoch auf einem win-
digen, kalten Bergrücken. Das Regenwasser
fließt ihr davon. Der ebenmäßige Stamm und
die charaktervolle Krone machen sie zum Blickfang. Die untere Naturschutzbehörde ließ ver-
lauten, dass die Stieleiche seit Längerem in
einer »Resignationsphase« sei und der »natürliche Absterbeprozess« begonnen habe. Wenn
die Wetterextreme nicht zunähmen, könne sie
noch 60 Jahre grünen. Wir bezweifeln das ernsthaft: In Dürren sollte sie bewässert werden,
dann werden es 150 Jahre.

Standort: Frei, 500 m nordwestlich Ernsee.

195

Pyramidenpappel in Reifenstein 195

Kreis Eichsfeld
Alter: 180–220 Jahre
Taille: 5,57 m (2008)
Umfang: 5,82 m (2008)

Die stattliche Pyramidenpappel stammt noch aus der Napoleonischen Zeit und überragt die umliegenden Gebäude mit 35 m Wipfelhöhe deutlich. Die Krone aus aufstrebenden Ästen ist dicht und wirkt sehr vital. Bereits 1840 wurde sie von dem Historiker Carl Deval gezeichnet. Sie steht auf dem ehemaligen Klostergelände Reifensteins, was seltsam anmutet. Das Kloster wurde 1803 aufgelöst. Wurde die Pappel damals als Zeichen der Napoleonischen Säkularisation gepflanzt?

Standort: Am Krankenhaus Reifenstein.

1000-jährige Eiche in Nöbdenitz 196

Kreis Altenburger Land
Alter: 700–800 Jahre
Taille: 9,12 m (2000)
Umfang: 11,00 m (1990)

Im Kirchenbuch aus dem Jahr 1598 findet sich der Eintrag: »Ein hoher Eichenbaum, stammet noch aus heidnischer Zeit«. Der Sage nach ist sie letzter Zeuge des finsteren Urwalds »Miriquidi«. Sie ist auch als Grabeiche bekannt. In einer Gruft im Innern des hohlen Stammes ist der Minister Hans Wilhelm von Thümmel (1744–1824) begraben. Einige Jahre vor seinem Tod, etwa 1820, brach bei einem Sturm die Krone auf 10 m Stammhöhe ab. Bis heute hat die Eiche gebraucht, sich langsam zu erholen.

Standort: In der Ortsmitte.

196

Esche bei Sachsenbrunn　197

Kreis Hildburghausen
Alter: 220–300 Jahre
Taille: 4,39 m (2007)
Umfang: 5,64 m (2007)

Diese Esche heißt im Volksmund Fleischbaum, weil sich hier über Jahrhunderte Jäger trafen, um ihr Wild zu zerlegen und zu verkaufen. Der Baum steht am Stelzener Berg (567 m) völlig frei am Waldrand. Seine große Krone von 22 m Durchmesser wurde am 16. April 2007 durch Brandstiftung verwüstet. Der hohle, abholzige Stamm brannte aus, die Äste wurden stark eingekürzt. Es gab nur schwache Neuaustriebe. Innerorts steht an der Kirche die heute noch betanzte Linde.

Standort: Der Weitesthaler Straße 1 km folgen, ab der Kreuzung 700 m strikt nordöstlich halten.

197

198

1000-jährige Eiche in Berteroda　198

Stadt Eisenach
Alter: 500–650 Jahre
Taille: 9,31 m (2001)
Umfang: 9,95 m (1995)

Der Stamm der Stieleiche, im Volksmund auch die Tausendjährige genannt, ist klotzig und dick wie ein Turm. Ihre Krone ist reduziert, Äste sind abgebrochen. Als man unter der Eiche die neue Wasserleitung des Dorfes gefeiert hatte, brach anderntags ein Ast herab. Das Dorf fühlt sich der Eiche verbunden. Ein Schild am Stamm sagt: »Du alte Eiche hältst seit 1000 Jahren dem Dorf die Treu in Leid und Freud, Berteroda wird Dir Achtung wahren in Liebe Fleiß und Einigkeit«.

Standort: Nahe dem Dorfteich.

Flohmüllerseiche bei Krimderode   199

Kreis Nordhausen
Alter: 300–450 Jahre
Taille: nicht bekannt
Umfang: 7,17 m (2003)

Die Flohmüllerseiche bei Krimderode ist der Inbegriff eines landschaftsprägenden Baumes. Aus ihrem wuchtigen, von starken Wurzeln befestigten Stamm entspringen in etwa 6 m Höhe 4 starke Äste, die schräg und raumgreifend aufwärts streben. Der Standort ist ein flacher Tafelberg, die Höhenlage beträgt 220 m. Die V-förmige Krone ist aus großer Entfernung aus dem Tal der Zorge heraus zu sehen. Im Sommer 2003 hatten Hornissen in einer hohlen Wurzel der Stieleiche ihr Nest.

Standort: Frei, 300 m nordöstlich der B 4.

Kornelkirsche in Waltershausen   200

Kreis Gotha
Alter: 160–260 Jahre
Taille: 1,87 m* (2008)
Umfang: 1,87 m* (2008)

Die Kornelkirsche *(Cornus mas)* blüht im Vorfrühling mit gelber Blüte. Ihre Frucht ist roh genießbar und ergibt feine Marmeladen. Um 1800 kamen »Ziegenhainer Spazierstöcke« in Mode, die aus hartem Kornelkirschenholz gefertigt wurden. Es dauert 50 Jahre, bis der Baum mit 9 m Höhe ausgewachsen ist. Ein besonders altes Exemplar mit 1,87 m Umfang steht in Waltershausen, ein anderes in Helfta (Sachsen-Anhalt) mit 1,78 m. Beide gelten als 250-jährig.

Standort: Bodelschwingh-Hof, Tennebergstraße 2.

199

201

Utteröder Koloss bei Rehungen   201

Kreis Nordhausen
Alter: 350–480 Jahre
Taille: 9,72 m (2001)
Umfang: 9,72 m (2003)

Dank ihres biegsamen Holzes und ihrer sprich-
wörtlichen Wuchsfreude und Vitalität haben
Linden unter allen Bäumen die schöpferische
Gestaltungskraft des Menschen von je her am
meisten beflügelt. Die Linde im Rittergut Utterode bildet hier keine Ausnahme. Sie wurde
sehr wahrscheinlich als junger Baum zur Tanzlinde geformt, was ihr noch Jahrhunderte später
anzusehen ist. Die Äste haben zu Beginn eine
waagrechte Ausrichtung.

Standort: Auf dem Rittergut Utterode nördlich
von Rehungen, auf Privatgrund.

Ulme in Ilmenau   202

Ilmkreis
Alter: 240–300 Jahre
Taille: 6,49 m (2006)
Umfang: 6,79 m (2006)

Der Name Ilmenau leitet sich von Ulmenaue her.
Der Fluss Ilm fließt hier in einer Höhenlage von
480 m durch ein sich nach Osten hin öffnendes
Bergtal. Ulmen scheinen hier schon immer
heimisch gewesen zu sein.
Auch wenn die Blätter die typische 3-Zipfelig-
keit vermissen lassen, die Samen – unbehaarte
Flügelnüsschen – und der submontane Standort
sprechen eine klare Sprache. Die stattliche Ulme nahe der alten Bahnstation Grenzhammer
ist eine Bergulme (Ulmus glabra) – und damit
eine echte Rarität.

Standort: Am Fridolin, südlich der Ilm.

Eiche am Thurmgut   203

Kreis Schmalkalden-Meiningen
Alter: 370–380 Jahre
Taille: 7,44 m (2001)
Umfang: 7,51 m (1999)

Nachdem der Dreißigjährige Krieg unsägliches
Leid über Deutschland gebracht hatte, wurde
1648 in Münster und schließlich in Osnabrück
der Westfälische Friede geschlossen. Nach Zer-
störung, Hunger und Krankheit keimte wieder
Hoffnung auf bessere Zeiten. Aus diesem Anlass
wurden aus Dankbarkeit landesweit Friedens-
bäume gepflanzt. So auch, der Überlieferung
nach, die Stieleiche am Thurmgut. Der Solitär
mit bauchigem Stamm kann bei seinem Wachstum von 2 cm pro Jahr glaubhaft in diese Zeit
datiert werden.

Standort: Am Thurmgut bei Hermannsfeld.

Esche in Judenbach   204

Kreis Sonneberg
Alter: 160–170 Jahre
Taille: 5,73 m (2001)
Umfang: 5,82 m (2004)

Aus Dankbarkeit setzte der Missionar Peter
Martin Metzler, ein Sohn Judenbachs, den Baum
im väterlichen Garten. Er war 1850 glücklich aus
Afrika zurückgekehrt und erholte sich in der
Heimat von der Malaria.
1907 kehrte er nach Aufenthalten in Israel,
Russland und anderen Ländern zurück und ver-
starb im gesegneten Alter von 83 Jahren. Die
Esche, die er einst pflanzte, ist zu einem riesi-
gen Baum herangewachsen und zum Wahrzei-
chen Judenbachs geworden. Sie ziert auch den
Briefkopf des Bürgermeisters.

Standort: An der Ortsdurchfahrt.

Mallinde bei Niederdorla   205

Unstrut-Hainich-Kreis
Alter: 350–500 Jahre
Taille: 8,00 m (2002)
Umfang: 9,90 m (1995)

Gemeinsam mit 2 kleinblättrigen Winterlinden bildet die Mallinde eine harmonische Baumgruppe. Das Wort Dreieinigkeit kommt einem in den Sinn. Sie selbst ist eine Sommerlinde. Der leicht erhöhte Platz liegt in der Nähe des sogeannten Opfermoors, einer 600 Jahre v. Chr. begründeten Kultstätte. Ganz in der Nähe befindet sich – seit der Wiedervereinigung 1989 – auch der neue geografische Mittelpunkt Deutschlands. In einem Festakt wurde dort, im Herzen der Republik, eine junge Linde gepflanzt.

Standort: Ortsausgang Richtung Oberdorla.

Hainbuche bei Bad Köstritz   206

Kreis Greiz
Alter: 150–180 Jahre
Taille: 4,60 m (2007)
Umfang: 4,72 m (2007)

Viele Bäume entdeckte das Deutsche Baumarchiv im Vorbeifahren – so auch diese stattliche Hainbuche *(Carpinus betulus)* am Teich oder Altarm der Weißen Elster. Ihr Stamm ist 2-kernig und auf einer Seite zentral gerissen. Die silbergrüne Rinde zeigt bereits erste Altersmerkmale. Der Baum ist dank des günstigen Standorts am Wasser sicher rasch gewachsen. Die Krone erscheint voll und vital, das Alter ist entsprechend niedriger einzustufen.

Standort: Nahe der B7, 100 m südwestlich der Brücke über die Weiße Elster.

205

208

Königseiche in Volkenroda   207

Unstrut-Hainich-Kreis
Alter: 450–620 Jahre
Taille: 9,51 m (2002)
Umfang: 9,70 m (1995)

Die Königseiche am Pfingstrasen ist ein wahrer
Gigant unter Deutschlands Stieleichen. Sie steht
auf einer alten Hutefläche auf Keuper-Lehm in
290 m Höhe. Die Entwicklung ihres Stammes
ist seit 1831 verlässlich dokumentiert. 1992 un-
tersuchte der Münchner Professor Hans-Jürgen
Tillich die Quellen und nahm 3 Bohrspane. Es ergibt sich ein vermutetes Alter von rund 600 Jahren. Ihr mächtiger, 16 m langer Hauptast hinterließ ein großes Stammloch. Er wurde einst von
Ankerketten gehalten, brach im Jahr 1955 aber
dennoch ab.

Standort: Ortsausgang Richtung Obermehler.

Elsbeere
bei Schloss Belvedère   208

Stadt Weimar
Alter: 150–220 Jahre
Taille: 4,32 m (2007)
Umfang: 4,32 m (2007)

Die dickste Elsbeere *(Sorbus torminalis)* der
Republik verdankt ihr ungewöhnliches Maß ihrem 2-kernigen Wuchs. Die Krone fällt für diese
Baumart ungewöhnlich hoch aus, weit über
20 m. An der Südfront des Schlosses gibt es
eine weitere Attraktion: eine schräg gewachsene Robinie mit 4,73 m Umfang.
Und auch im Weimarer Park unterhalb der Straße Am Horn, oberhalb von Goethes Gartenhaus,
steht eine dicke, 1-stämmige Schwarzkiefer mit
3,94 m Umfang.

Standort: Im Park, russischer Ehrenfriedhof.

207

209

Kopfweide bei Weißensee   209

Kreis Sömmerda
Alter: 140–200 Jahre
Taille: 6,98 m (2007)
Umfang: 7,80 m (2007)

Der Verein Landschaftspflege Weißensee möchte die Kopfweiden der Region als ein wichtiges
landschaftsprägendes Element erhalten. Bei
den regelmäßigen Kartierungs- und Schnittmaßnahmen stießen die aktiven Vereinsmitglie-
der auf eine bis dato unbekannte, außergewöhnlich mächtige Kopfweide. In ihrem hohlen
Inneren, das man wie ein leicht erhöhtes Podest
betritt, finden mehrere Erwachsene Platz. Die
Kopfweide ist bundesweit einmalig.

Standort: Im Ried nahe dem Helbegraben;
Kontakt: Verein Landschaftspflege Weißensee.

Kopfahorn bei Leutenberg   210

Kreis Saalfeld-Rudolstadt
Alter: 240–320 Jahre
Taille: 6,29 m (2006)
Umfang: 6,79 m unter Ästen (2006)

Der alte Kopfbaum entfaltet seine Äste wie ein
Polyp seine Fangarme. Der Stammsockel ist ver-
dickt und wirkt geschlossen. Ein Anwohner
kennt den Ahorn seit 1955 und sagt, er habe
sich kaum verändert. 2 Mulden im Stamm, in
denen sich Regenwasser sammelt, dienen
Rehen als Tränke. Erstmals wird der Berghhorn
in »Sagenhafte Bäume Thüringens« (1999)
gezeigt. Mehr Kind der Kultur als der Natur ist
dagegen der Ahorn vor Schloss Lemnitz, Triptis,
mit etwa 5,16 m Umfang.

Standort: »An der hohen Tanne« am Nordrand
Leutenbergs, nahe einigen Ferienhäusern.

Spitzahorn in Beulbar   211

Saale-Holzland-Kreis
Alter: 150–200 Jahre
Taille: 5,03 m (2006)
Umfang: 5,03 m (2006)

Schmiedemeister Otto Simon erlebte es mit, wie vor über 15 Jahren eine Sturmböe die Krone seines Spitzahorns *(Acer platanoides)* erfasste. Starke Äste wurden hoch- und niedergedrückt. Doch nur einige Äste brachen ab. Anmutig erhebt sich der Baum noch immer auf seiner Anhöhe, wo vor Jahrhunderten ein Wehrturm mit angebauter Kapelle stand. Das Areal steht unter Denkmalschutz. Spitzahorne werden nicht so groß und alt wie die verwandten Bergahorne. Sie sind offenbar für Windbruch und Pilzbefall anfälliger.

Standort: Auf der Kapelle, auf Privatgrund.

Pyramidenpappel in Gelmeroda   212

Stadt Weimar
Alter: 140–200 Jahre
Taille: 5,13 m (2006)
Umfang: 5,42 m (2006)

Die Pyramidenpappel *(Populus nigra* f. *fastigiata)* an der Alten Reichsstraße in Gelmeroda vor den Toren Weimars erinnert an die Napoleonische Ära in Deutschland.
Der Baum hat 5,42 m Stammumfang und könnte der letzte Rest einer Allee sein, wie sie Napoleon zu Hunderten entlang wichtiger Heerstraßen anlegen ließ. Wissenschaftlich ist auch die Bezeichnung ,Italica' üblich, denn Säulenpappeln sind aus Norditalien bereits seit Mitte des 18. Jahrhunderts bekannt.

Standort: An der Alten Reichsstraße.

Dicke Birke
bei Schleusingen   213

Kreis Hildburghausen
Alter: 100–120 Jahre
Taille: 3,09 m (2003)
Umfang: 3,09 m (2003)

Am Ortsrand von Schleusingen am Thüringer
Wald führt die Kohlbergstraße hinauf ins freie
Feld. Früher verlief hier ein vielgenutzter Weg
zum Ausflugslokal Waldhaus. Im November
1898 fand die Eröffnungsfeier der Gaststätte mit
Hotelbetrieb statt. Wahrscheinlich wurde damals die hübsche Birkenallee beiderseits des
erweiterten Fahrwegs angelegt. In der stückweise erhaltenen Allee steht auch die dickste Sand-
birke *(Betula pendula)* unseres Landes.

Standort: In Verlängerung der Kohlbergstraße.

Hainbuche
bei Schloss Ettersburg   214

Kreis Weimarer Land
Alter: 170–230 Jahre
Taille: nicht bekannt
Umfang: 4,49 m (2004)

Die Hainbuche steht in einer Waldschneise, dem
sogenannten Pücklerschlag, aus dem Jahr 1845.
Von der Kuppe des baumbestandenen Etters-
berges strahlten im 17. Jahrhundert solche
Schneisen in alle Richtungen, damit aufge-
scheuchtes Wild von den Weimarer Herzögen
bequem vom Jagdpavillon aus erlegt werden
konnte. Fürst Hermann Pückler (1785–1871) gestaltete den Park später im Englischen Stil um,
indem er Bäume wegnahm oder beließ.

Standort: Im Pücklerschlag im Schlosspark.

213

Dicke Lärche beim Nüßleshof   215

Kreis Schmalkalden-Meiningen
Alter: 200–250 Jahre
Taille: nicht bekannt
Umfang: 4,86 m (2001)

Die Lärche *(Larix decidua)* ist der einzige heimatliche Nadelbaum, der im Herbst seine Nadeln abwirft. In Europa befinden sich natürliche Lärchenvorkommen vor allem in den Alpen, den östlichen Sudeten und in der Hohen Tatra, wo sie im Herbst einen großartigen goldenen Farbenzauber entfalten. Die Dicke Lärche in der Schafsdelle bildet ein ungleiches Baumpaar mit einem schmaleren Exemplar. Sie selbst erreicht inzwischen rund 5 m Umfang und 48 m Höhe.

Standort: Am Gasthof Nüßleshof dem Talweg nordwärts folgen, nach 400 m links (nordwestlich) hinter der gemauerten Furt dem Hohlweg weitere 500 m folgen.

Goethe-Ginkgo in Jena   216

Stadt Jena
Alter: 230 Jahre
Taille: nicht bekannt
Umfang: 3,98 m (2004)

Der Ginkgo im Botanischen Garten in Jena wurde im Jahr 1790 auf direktes Anraten Goethes (1749–1832) gepflanzt. Er zeigt bereits eine Besonderheit, die nur bei alten Ginkgos zu beobachten ist: Am Stamm hat er kleine »Shi-Shis« gebildet, das sind nach unten wachsende Holzzapfen, die wie hölzerne Stalagtiten aussehen. Das Fächerblatt des Ginkgos ist laubblattähnlich. Die Blattnerven verlaufen allerdings parallel, nicht verzweigt.

Standort: Im Botanischen Garten.

Hessen

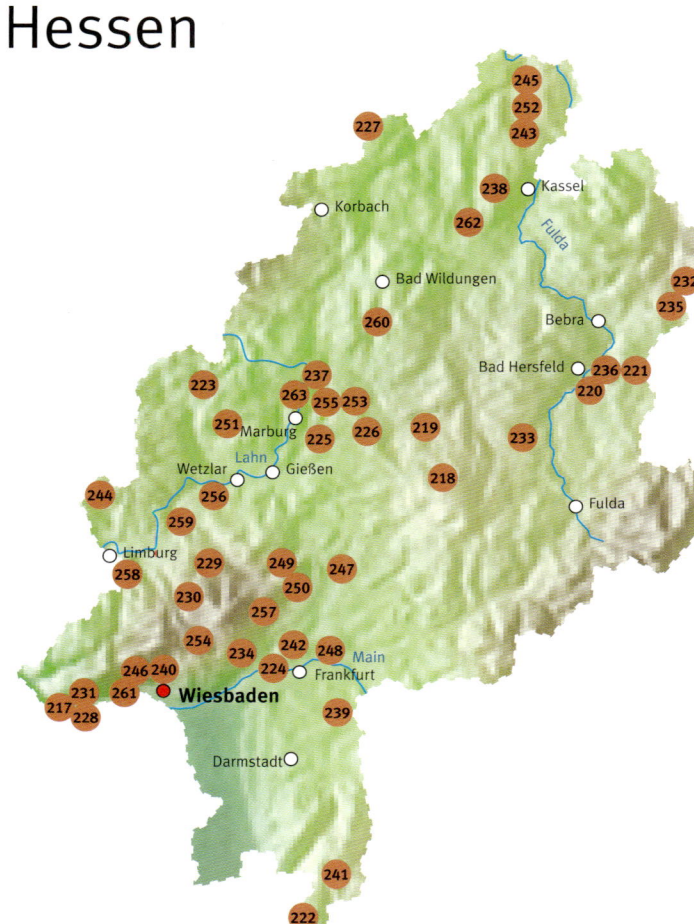

237 Tanzlinde Himmelsberg
238 Sichelbacher Hutebuche
    Kassel
239 Schöne Eiche Harreshausen
240 Pyramideneiche Wiesbaden
241 Eiche Airlenbach
242 Kastanie Nieder-Erlenbach
243 Gerichtseiche Gahrenberg
244 Kirchlinde Langendernbach
245 Dicke Margarete Beberbeck
246 Blutlinde Frauenstein
247 Kirsche Blofeld
248 »Lausbäumchen«
    Dörnigheim
249 Speierling Ockstadt
250 Linde Görbelheimer Mühle
251 Linde Bermoll
252 Eiche Saba-Urwald
253 Feldahorn Amöneburg
254 Brautfichte Eppstein
255 Kastanie Schröck
256 Eiche Albshausen
257 Zeder Bad Homburg
258 Pyramideneiche Burg Dehrn
259 Kiefer Kubach
260 Eiche Moischeid
261 Ginkgo Eltville
262 Tanzlinde Niederstein
263 Weide Kirchhain

217 Schwarzpappel Rüdesheim
218 »Hassiabuche« Eichelhain
219 Robinie Romrod
220 Tanzlinde Erdmannrode
221 Hammundeseiche
    Friedewald
222 Ulme Hirschhorn
223 Hutebuche Angelburg
224 Pyramideneiche
    Frankfurt am Main
225 Hängebuche Schloss
    Rauischholzhausen
226 Burglinde Homberg/Ohm

227 Verlobungseiche Laubach
228 Pyramidenpappel
    Geisenheim
229 Marklinde Oberlauken
230 1000-jährige Linde Reinborn
231 Blauglockenbaum
    Geisenheim
232 Esche Altefeld
233 Pyramideneiche Schlitz
234 Kastanie Salzbach
    am Taunus
235 Tanzlinde Breitzbach
236 Tanzlinde Schenklengsfeld

Schwarzpappel in Rüdesheim   217

Rheingau-Taunus-Kreis
Alter: 121 Jahre (2009)
Taille: 7,57 m (2007)
Umfang: 7,85 m (2007)

Diese mächtige Schwarzpappel begann im Jahr 1888 als winziger Keimling. 2-jährig wurde sie als eine von vielen im Jahr 1890 ausgepflanzt, entlang des Rheinufers sollte eine Allee entstehen. Durch »Eisgang« (treibende Eisschollen) auf dem Rhein wurde die Pflanzung 1893 zerstört. Nur diese eine Pappel, so die Informationstafel am Baum, hat überlebt. Mit durchschnittlich 6,6 cm Umfangszuwachs ist sie bis heute zu einem großartigen Exemplar herangewachsen. Der Stamm trägt 7 starke Äste.

Standort: Hindenburgallee am Asbach-Bad.

»Hassiabuche« bei Eichelhain   218

Vogelsbergkreis
Alter: 160–220 Jahre
Taille: 5,90 m (2008)
Umfang: 6,22 m (2008)

Wo gibt es noch schöne Freistandbuchen in Deutschland? Die Bavariabuche ist nur noch ein Schatten ihrer selbst, ihre Krone zerfallen. Das passiert den meisten Buchen, wenn sie 250 Jahre oder älter sind. Die Eichelhainer Hutebuche an der Nordflanke des Vogelsbergs ist in 540 m Höhe in voller Schönheit erhalten geblieben. Ihr Stamm ist rückseitig hohl, doch er trägt eine weit gespannte, breit wolkenförmige Krone. Sie könnte für Hessen einmal das werden, was die Bavariabuche für Bayern war: die »Hassiabuche«.

Standort: Am Neuen Weg oberhalb des Dorfs.

218

219

Robinie in Romrod   219

Vogelsbergkreis
Alter: 200–250 Jahre
Taille: 6,75 m (1999)
Umfang: 6,87 m (2006)

Die dicke Robinie in Romrod ist in der Literatur
bisher unbekannt. Ihr Stamm ist gewaltig, allerdings stark zerfallen. Aus dem verwitterten
Stumpf treiben neue Äste hervor. Angeblich soll
die Robinie nicht so alt sein, wie sie aussieht.
Robinien *(Robinia pseudoacacia)* kommen aus
Nordamerika. Sie wurden in Deutschland gerne
an Bahndämmen gepflanzt. Sie gehören zur
Pflanzenfamilie der Fabaceen, die durch eine
Wurzelsymbiose mit Knöllchenbakterien Luft-
stickstoff binden können, und wachsen daher
auch auf Rohböden.

Standort: Forsthaus Romrod, Zeller Straße.

Tanzlinde in Erdmannrode   220

Kreis Hersfeld-Rotenburg
Alter: 500–700 Jahre
Taille: 8,27 m (2005)
Umfang: 8,30 m unter Ästen (2007)

Auf dem rundlichen Anger in Erdmannrode steht
eng ummauert die alte Tanzlinde: ein kleines
Dorfidyll. Die Linde wurde bis um das Jahr 1900
betanzt, ein Podium war ins Geäst gebaut. Der
Stamm ist in 2 Teile geborsten und zeugt von
hohem Alter. In BREDNICH (2008) wird ein Zusammenhang mit der benachbarten Kirche vermu-
tet, die im Jahr 1513 errichtet wurde. Nur 5 km
entfernt, im Nachbarort Schenklengsfeld, befindet sich auf einem größeren Dorfplatz die älteste Tanzlinde Deutschlands, scherzhaft »die
Alte« genannt.

Standort: Am Dorfplatz mitten im Ort.

220

Hammundeseiche bei Friedewald   221

Kreis Hersfeld-Rotenburg
Alter: 400–500 Jahre
Taille: 7,61 m (2000)
Umfang: 8,77 m (2001)

Die Hammundeseiche markiert die gleichnamige Wüstung im Seulingswald mit einst 20 Höfen, die 1312 verlassen wurden. Fundamente der 1141 geweihten Dorfkirche, der Dorfbrunnen und ein Weiher neben der Eiche sind übrig geblieben. RÖRIG (1905) kennt die Stieleiche (noch vor den Ausgrabungen) als Dicke Eiche nahe dem Nadelöhr. Sie hatte damals 7,10 m Umfang, vermutlich in Brusthöhe.

Standort: Vom Nadelöhr an der Straße Friedewald-Hönebach den Weg 650 m südostwärts gehen.

Ulme bei Hirschhorn   222

Kreis Bergstraße
Alter: 200–350 Jahre
Taille: nicht bekannt
Umfang: 5,60 m (2002)

Die Gestalt dieser Flatterulme ist einzigartig, ebenso ihr Standort. Sie steht auf einer felsigen Insel, einem ehemaligen Wehr, inmitten des Ulfenbachs. Man fühlt sich an den nordischen Mythos erinnert: Nach dem Untergang der Weltenesche Yggdrasil und der großen Flut waren es Askr und Embla, Esche und Ulme, die als Treibgut an den Strand gespült wurden und das erste Menschenpaar, Mann und Frau, bildeten. Die Ulme ist älter, als ihr Umfang verrät. Zwischen 1993 und 2002 nahm ihr Umfang nicht messbar zu.

Standort: Beim Campingplatz im Ulfenbach.

223

Hutebuche bei Angelburg   223

Kreis Marburg-Biedenkopf
Alter: 150–225 Jahre
Taille: 6,93 m (2008)
Umfang: 7,23 m (2008)

Wo die verwachsene Rotbuche steht, war einst
eine Hutefläche für das dörfliche Vieh. Ein biss-
chen kann man es sich dank der Naturgewalten
wieder vorstellen. Sturm Emma hat 2008 auf
dem Höhenzug eine breite Schneise gezogen.
Die alte Hutebuche blieb interessanterweise
unbeschadet und steht nun nach einer Seite hin
wie zu alten Zeiten frei.
Im Foto: Fabian Wagner, ein junger Baumfreund
aus Angelburg.

Standort: Ab Forsthausstraße zum Wald, Weg
geradeaus, an der Kreuzung 400 m links.

Pyramideneiche in Frankfurt am Main   224

Stadt Frankfurt am Main
Alter: 160–170 Jahre
Taille: 5,70 m (2006)
Umfang: 5,70 m (2006)

Der Palmengarten, Deutschlands meistbesuch-
ter Park, wurde 1868 von Frankfurter Bürgern
gegründet. Den Grundstock der botanischen
Sammlung bildete der Kauf der herzoglich nas-
sauischen Sammlung tropischer Pflanzen. Für
sie wurde das Palmenhaus, eine Konstruktion
aus Glas und Eisen, errichtet. Die stattliche
Pyramideneiche steht fast frei, wird aber durch
Efeu stark zugewuchert. Der Efeu sollte dringend entfernt werden.

Standort: Im Palmengarten, gegenüber dem
Café Siesmayer.

225

Hängebuche am Schloss Rauischholzhausen   225

Kreis Marburg-Biedenkopf
Alter: 140–160 Jahre
Taille: nicht bekannt
Umfang: 4,80 m (2006)

Die Äste der Buche reichen bis zum Boden, im Innern der Krone ist es wie in einer Laube. Einige der gewundenen, erdwärts orientierten Kronenäste sind mit ihresgleichen verwachsen und stabilisieren sich gegenseitig.
1873 erwarb der saarländische Industrielle Ferdinand von Stumm das Areal und ließ Schloss Neu Potsdam und den Park anlegen. Viele Exoten gibt es hier. Sehenswert ist auch die hohe Douglasie am Hang unterhalb: Sie hat 42 m Höhe und 4,73 m Stammumfang.

Standort: Zwischen Teich und Schloss.

Burglinde in Homberg (Ohm)   226

Vogelsbergkreis
Alter: 400–500 Jahre
Taille: 8,98 m (2000)
Umfang: 9,15 m (2000)

Was wäre eine Burg ohne eine alte Linde? In Homberg an der Ohm ziert eine urige Linde den Burgzwinger. Sie soll angeblich schon auf einer Federzeichnung aus dem Jahr 1591 an gleicher Stelle zu sehen sein. Die Burg stammt aus dem 11. Jahrhundert. Ging die Linde bei der Burgzerstörung im Dreißigjährigen Krieg (1646) verloren? Oder ist es die heutige Linde? Sicher ist, dass sie im Jahr 1925 ihre Krone bei einem Orkan einbüßte. Sie regenerierte sich und brachte eine neue Krone hervor.

Standort: Im Burgzwinger, auf Privatgrund.

Verlobungseiche bei Laubach   227

Kreis Waldeck-Frankenberg
Alter: 300–400 Jahre
Taille: 7,50 m (2001)
Umfang: 7,68 m (2002)

Die Stieleiche steht schräg in einer Schwarz-
dornhecke am Waldrand. Ihr tonnenförmiger
Stamm wird in 4 m Höhe plötzlich schlank. Hier
brach vor Jahrzehnten ein starker Ast aus. Als
die Ortschaft Rhoden anwuchs, wurde die gräf-
liche Meierei verlegt. Daraus entstand das heutige Laubach. Die Verwalterfamilie Görg und
nähere Verwandte feierten ihre Verlobungen unter der alten Eiche. Die Eltern der Laubacherin
Gabriele Görg (geb. 1918) waren das letzte Paar.

Standort: Am Waldrand 600 m südöstlich von
Laubach.

Pyramidenpappel bei Geisenheim   228

Rheingau-Taunus-Kreis
Alter: 150–200 Jahre
Taille: 5,23 m (2007)
Umfang: 5,52 m (2007)

Das Deutsche Baumarchiv veranstaltet jährlich den Wettbewerb »Baumentdecker des Jahres«. Die kolossale Pyramidenpappel *(Populus nigra* f. *fastigiata)* wurde von Uwe Bartholmes aus Hochheim gemeldet. Sie steht nahe dem Rheinufer am Bootshaus. Beeindruckend, wie die Äste himmelwärts streben. Die Krone reicht hoch und ist in ursprünglicher Säulenform erhalten. Der Stammfuß ist knorrig. Der Standort in unmittelbarer Nähe des Rheins ist offenbar nicht nur für die normale Form der Schwarzpappel günstig.

Standort: Am Bootshaus in Geisenheim.

Marklinde in Oberlauken   229

Hochtaunuskreis
Alter: 500–550 Jahre
Taille: 9,48 m (2001)
Umfang: 11,17 m (2001)

Die Kapelle am Lindenberg ist das Wahrzeichen des Ortes. Sie wird 1601 zum ersten Mal erwähnt. Einer Sage nach sollte die Kapelle im Ort gebaut werden, doch Nacht für Nacht verschwand das Bauholz und tauchte am Lindenberg wieder auf. Zuletzt erschien eine geheimnisvolle Gestalt, die mit einem Lindenzweig zum Berg zeigte. So wurde die Kapelle oben am Berg errichtet. In einem »Weistum« der Laukener Mark von 1395 und später in einer Urkunde über ein »Märkergeding« im August 1580 wird als Verhandlungsort »zu Laucken unter der Linde« angegeben.

Standort: Neben der Kapelle am Lindenberg.

230

1000-jährige Linde in Reinborn   230

Rheingau-Taunus-Kreis
Alter: 500–800 Jahre
Taille: 14,18 m (2002)
Umfang: 14,30 m (1989)

Reinborn liegt 410 m hoch im Hochtaunus. Orts-
prägend ist die in 3 Teile zerfallene, von einem
Stahlpylon gehaltene Sommerlinde. Schon seit
über 100 Jahren gibt es eine Aushöhlung zwischen den 3 Stammteilen. In einem Artikel der
»Gartenlaube« aus dem Jahr 1903 ist ein kleines
Foto abgebildet. Ob die Linde mit der seit 1576
nachweisbaren Kirche in Verbindung steht? Sie
wirkt älter. Ihr Umfang hat zwischen 1903 und
1989 nur zögerlich von 13 m auf 14,30 m zugenommen.

Standort: In Reinborn nahe der Kirche.

Blauglockenbaum in Geisenheim   231

Rheingau-Taunus-Kreis
Alter: 100–165 Jahre
Taille: 4,30 m (2001)
Umfang: 4,30 m (2005)

Der Blauglockenbaum *(Paulownia tomentosa)*
stammt aus China. Er trägt Blüten in Form großer, etwa 6 cm langer Glocken, die sich vor dem
Laubaustrieb zeigen. Der wissenschaftliche
Name ist der russischen Zarentochter Anna
Pawlowna, Tochter von Zar Paul I., gewidmet.
In Geisenheim steht das dickste Exemplar, das
bekannt ist. Es zeigt auffallenden Schrägwuchs.
Interessant ist das Farbenspiel der Blüten. Sie
können jedes Jahr anders ausfallen: von tief
violett über blau bis hin zu rosa Tönen.

Standort: In der Winkelerstraße.

Esche in Altefeld   232

Werra-Meißner-Kreis
Alter: 180–280 Jahre
Taille: 5,09 m (2000)
Umfang: 5,68 m (2004)

Die Esche mit dem ausgreifenden Seitenast und
der fein gemusterten Borke steht am Grundstück des alten Amtshofes. Es ist möglich, dass
Eschen wie diese einst mit ihrem Laub eine
nahrhafte Ergänzung für das Viehfutter lieferten. Das Gut Altefeld gehörte früher dem Landgrafen von Hessen-Philippstal aus Herles-
hausen und wurde »1913 mit 2450 Acker Land
für 1 Million Mark an den preußischen Staat
verkauft«. Danach wurde es Mittelpunkt eines
Vollblutgestütes.

Standort: Über dem Amtshofgebäude in der
Heidelbergstraße, auf Privatgrund.

Pyramideneiche in Schlitz   233

Vogelsbergkreis
Alter: 170–200 Jahre
Taille: nicht bekannt
Umfang: 5,18 m (2006)

Der Park von Schloss Hallenburg (erbaut von
1706–1712) wird allgemein Schlossgarten genannt. Er wurde im 17. Jahrhundert als Barock-
garten angelegt und im 19. Jahrhundert zum
Landschaftsgarten umgeformt. Die typisch
gewachsene Pyramideneiche mit ihren tief ansetzenden, steil nach oben strebenden Ästen
ist in einem Verzeichnis aus dem Jahr 1795 noch
nicht erwähnt. Sie wurde also offenbar erst
später angepflanzt.

Standort: Im Schlosspark am nördlichen Aus-
gang nahe dem Sengelbach.

232

Kastanie an der Christiansmühle   234

Main-Taunus-Kreis
Alter: 220–260 Jahre
Taille: 5,40 m (2001)
Umfang: 5,80 m (2006)

Die alte Kastanie ist die Zierde einer alten Brunnenanlage. In den 1950er-Jahren hing eine Schöpfkelle am Baum, mit der die Landarbeiter sich am Wasser bedienen konnten. Sie wird von der Behörde auf 300 Jahre geschätzt und wurde »1980 einer umfassenden Baumkosmetik unterzogen, fachgerecht gestutzt und stabilisiert«. Die Christiansmühle ist erstmalig 1339 erwähnt und befindet sich seit 1762 im Besitz der Familie Christian. Das könnte das Pflanzdatum sein.

Standort: Mühlstraße südöstlich von Sulzbach (Taunus).

Tanzlinde in Breitzbach   235

Werra-Meißner-Kreis
Alter: 350–500 Jahre
Taille: 6,63 m (2000)
Umfang: 7,08 m (2003)

Die Linde in Breitzbach erinnert mit ihrer Statur an die Tanzlinde auf Schloss Augustusburg, deren hohes Alter solide belegt ist. Der zentrale Trieb der Dorflinde wurde entfernt, bevor die Äste in die Waagerechte gezogen wurden. Dies scheint die typische Form einer geleiteten Linde zu sein.
Bis 1539 tagte an diesem Ort eines der Gerichte des Klosters Fulda, vielleicht sogar unter dem dichten Blätterdach dieser Linde. Bis Ende der 1950er-Jahre fand im Herbst die Kirmes unter dem Baum statt.

Standort: Auf dem Dorfanger.

Tanzlinde in Schenklengsfeld   236

Kreis Hersfeld-Rotenburg
Alter: 750–1250 Jahre
Taille: 17,80 m (2000)
Umfang: 17,91 m (2007)

Die Pflanzung der Tanzlinde wird auf das Jahr 760 zurückdatiert. Damals soll zu Ehren des Ritters Sankt Georg eine Kapelle errichtet worden sein. Schenklengsfeld wird im Jahr 800 erstmals urkundlich erwähnt. Die Linde diente von 1557 bis 1796 ständig und danach bis ins 19. Jahrhundert zeitweise als Gerichtslinde – und natürlich auch als Treffpunkt für Tanz und Jahrmarkt. Sie ist eine Sommerlinde.
Der Legende nach spaltete ein Blitz den wohl ältesten Baum Deutschlands in 4 Teile.

Standort: An der Linde, auf dem Marktplatz.

Tanzlinde in Himmelsberg   237

Kreis Marburg-Biedenkopf
Alter: 400–775 Jahre
Taille: 8,80 m (2002)
Umfang: 8,98 m (2000)

Himmelsberg im hessischen Burgwald wurde 1243 erstmals in einer Schenkungsurkunde an das Kloster Haina erwähnt.
Die Linde ist seit Generationen Mittelpunkt des Ortes. Bei Tanzvergnügungen saßen Musiker auf 4 waagerecht abgelegten Ästen der Sommerlinde, getanzt wurde eine Etage tiefer. Im Jahr 1946 brach bei einem Sommergewitter ein Ast. Im Jahr 1972 riss ein vorbeifahrender Lastwagen einen weiteren Ast ab. Die Deutsche Post gab im August 2001 eine Briefmarke mit der Tanzlinde als Motiv heraus.

Standort: Vor der Kirche.

237

Sichelbacher Hutebuche   238

Stadt Kassel
Alter: 180–280 Jahre
Taille: 6,28 m (2006)
Umfang: 6,62 m (2006)

Dank des Golfclubs näherten sich Uwe und
Stefan Kühn vom Deutschen Baumarchiv der
alten Sichelbacher Hutebuche mit dem Cart.
Ihr gedrungener Stamm und die windschiefe
Krone fallen in einer kleinen Hecke, umrahmt
von Wiesen, sofort auf. Roloff (1905) gibt vor
100 Jahren einen Umfang von 5,24 m an, vermutlich in Brusthöhe, Fröhlich (1984) bereits 5,95 m.
Es vergingen 22 Jahre, bevor wir den vermeint-
lich letzten national bedeutsamen Baum Hessens ebenfalls dokumentieren konnten.

Standort: Am Grün 5, am Golfplatz
Kassel-Wilhelmshöhe, Ehlener Straße 21.

238

Schöne Eiche bei Harreshausen   239

Kreis Darmstadt-Dieburg
Alter: 450–580 Jahre
Taille: 4,09 m (2005)
Umfang: 4,21 m (2003)

Die »Mutter aller Pyramideneichen« *(Quercus robur* f. *fastigiata)* wurde im 17. Jahrhundert mitten im Wald entdeckt. Um 1700 ließ der Hanauer Graf einen widerspenstigen, nicht säulenförmigen Ast mit der Büchse abschießen. Im 7-jährigen Krieg verschonten französische Truppen die Eiche. Die älteste Zeichnung stammt von 1766. Seit 1790 wurde die Eiche vegetativ vermehrt. 1928 brach der Haupttrieb ab. Der Baum wächst extrem langsam. Der Botaniker Caspary maß 1873 in Brusthöhe 3,14 m.

Standort: Im Feld 600 m nördlich des Ortes.

Pyramideneiche in Wiesbaden   240

Stadt Wiesbaden
Alter: 170–200 Jahre
Taille: nicht bekannt
Umfang: 6,12 m (2008)

Sie ist ein ausdrucksstarker Parkbaum auf starkem Stammsockel. Ungewöhnlich ist ein starker Ast, der in etwa 4 m Höhe aus dem Stamm hervorgeht und einen guten Teil der flammenförmigen Krone bildet. Vermutlich stammt der Baum von der »Mutter aller Pyramideneichen« bei Harreshausen ab und dürfte gemeinsam mit einem Exemplar vor Schloss Dehrn bei Limburg zu den ältesten Anpflanzungen in Hessen gehören. Der Kurpark wurde im Jahr 1852 im Stil Englischer Landschaftsgärten angelegt.

Standort: Im Kurpark, 100 m östlich des Teichs.

239

241

Eiche bei Airlenbach   241

Odenwaldkreis
Alter: 320–430 Jahre
Taille: 8,20 m (1998)
Umfang: 8,60 m (1993)

In »Bemerkenswerte Bäume im Großherzogtum Hessen« (1904) heißt es über die Stieleiche: »Der mehr ovale Stamm hat einen Umfang von ungefähr 7,5 m. Dieser mächtige Stamm trägt eine riesige Krone, deren gewundenes, knorriges, zackiges Geäst zu einer Gesamthöhe von über 35 m sich erhebt. Die wohl sechs Jahrhunderte, welche an dieser Riesen-Eiche vorübergezogen sind, haben nur wenige Spuren hinterlassen, namentlich dem Stamme vermochten sie nichts anzuhaben.« Heute ist der Stamm zu 75 % entrindet, nur 1 Ast grünt noch.

Standort: Ortsausgang, Ende Eichenstraße.

Kastanie bei Nieder-Erlenbach   242

Stadt Frankfurt am Main
Alter: 200–250 Jahre
Taille: 5,10 m (1999)
Umfang: nicht bekannt

Die Anhöhe des 167 m hohen Schäferköppels bietet eine herrliche Sicht auf Frankfurt am Main. Hier war früher, wie der Name andeutet, ein Rastplatz der Schäfer, wo die Herden im Schatten einzelner Bäume Schutz fanden. Die Rosskastanie soll das letzte Relikt dieser Zeit sein. Ihr Standort zwischen Nieder-Erlenbach und Kloppenheim legt jedoch eine Funktion als Grenzbaum nahe. Unter dem Baum befindet sich ein Grenzstein.

Standort: Der Steinstraße 2 km nordostwärts folgen.

242

Gerichtseiche Gahrenberg   243

Kreis Kassel
Alter: 380–600 Jahre
Taille: 7,45 m (1999)
Umfang: 8,60 m (1986)

Diese Stieleiche ist die älteste und urigste Huteeiche im Reinhardswald. Sie gilt als alter
Gerichtsbaum, an dem Holzfrevler bestraft
wurden. Seit der Regierung Karls des Großen
(768–814) war das Gebiet Bannwald. Eine
Bohrung am Stamm ergab Hinweis auf ein Alter
um 550 Jahre. Der markante waagerechte Ast
brach im Herbst 1994 ab.

Standort: Ab Holzhausen Kasseler Straße nordwärts. Links (westlich) *vor* der Anhöhe Junkern-
kopf am Parkplatz 80 m nordwestlich halten.

Kirchlinde in Langendernbach   244

Kreis Limburg-Weilburg
Alter: 500–800 Jahre
Taille: 11,59 m (2001)
Umfang: 11,65 m (1992)

Die hoch reichende Sommerlinde drängt sich an
die Vorderseite der St.-Matthias-Kirche, die ar-
chitektonisch dem Limburger Dom nachempfun-
den ist. Sie wurde 1897 auf einer kleinen Erhebung im neuromanischen Stil erbaut. Schon im
13. Jahrhundert stand hier eine Kapelle, weshalb
die Linde mit diesem frühen Bau in Verbindung
gebracht wird. Die Lindenkrone wetteifert höhen-
mäßig mit dem Kirchturm. Früher soll sie eine
Stufenlinde gewesen sein, in deren 4 Astetagen
Holzböden eingelegt waren. Der heutige 2-ge-
teilte Stamm gibt darauf keinerlei Hinweis mehr.
Das ist lange her.

Standort: Vor der Kirche.

245

Dicke Margarete bei Beberbeck   245

Kreis Kassel
Alter: 360–600 Jahre
Taille: 8,16 m (2003)
Umfang: 9,56 m (2002)

An der Domäne Beberbeck führt eine Eichenallee ins östliche Feld hinauf. Nahe dem Waldrand wird der Boden schlechter. Nach 30 cm Erdschicht steht Buntsandstein an. Versuche, hier Ackerland zu gewinnen, schlugen fehl. So ließ man über 20 verwitterte Huteeichen von gedrungenem Wuchs auf den Weiden stehen. Die größtenteils abgestorbene Dicke Margarete befindet sich etwas weiter vom Wald entfernt. Sie ist die stärkste Eiche vor Ort. In ihrem Wurzelraum befindet sich ein Fuchsbau.

Standort: Im Feld östlich von Beberbeck.

Blutlinde in Frauenstein   246

Stadt Wiesbaden
Alter: 500–700 Jahre
Taille: noch 5,80 m (1998)
Umfang: noch 6,50 m (2004)

Die sagenumwobene Blutlinde in Frauenstein ist eine alte Tanzlinde. 7 starke Äste lagen um 1830 herum noch vollständig auf einem Balkengerüst. Durch die Unvorsichtigkeit eines Dorfbewohners wurde eine Stütze mitsamt Ast fortgerissen. Die Naturgewalten taten ein Übriges. 1909 waren bereits 4 Äste abgebrochen, wobei der Stamm des ehedem »27 Fuß [rund 7,70 m] im Umfang messenden Baumriesen« in Mitleidenschaft gezogen wurde. Heute sind noch 2 ausgekehlte, abgestützte Äste erhalten. Ein wirklich alter Baum.

Standort: An der Kirche St. Georg.

Kirsche bei Blofeld   247

Wetteraukreis
Alter: 160–200 Jahre
Taille: 4,91 m (2007)
Umfang: 5,00 m (2007)

Ostern 2007 folgte das Deutsche Baumarchiv
einer alten Spur. Ein Wanderer hatte »im nördlichen Weidegebiet« bei Blofeld eine Kirsche be-
merkt und auf 3,5 m Umfang geschätzt. In Wirklichkeit waren es 5 m – die dickste und schönste
Vogelkirsche *(Prunus avium)* unseres Landes.
Tagespresse, Fernsehen und beinahe sogar die
BILD berichteten, die Kirsche wurde unter Schutz
gestellt. Sachsen meldete jüngst eine ähnliche
Kirsche. Standort: am Galgenberg nördlich von
Hohnstein, nahe Pirna, Umfang etwa 4,51 m.

Standort: Nordhang Eichelberg, nördlich von
Blofeld.

»Lausbäumchen« bei Dörnigheim   248

Main-Kinzig-Kreis
Alter: 230–300 Jahre
Taille: 6,85 m (2008)
Umfang: 7,29 m (2008)

Vorübergehend dachten wir, es gäbe die alte
Flatterulme bei Dörnigheim nicht mehr. Doch
das Lausbäumchen, wie man sie nennt, es steht
noch. Krumm ist es und zum Schutz von einem
Gitterzaun umgeben. Der Main fließt gleich
nebenan – ein idealer Auenstandort. Vermutlich
durch einen Astausbruch entstand eine groß-
flächige Morschung, die den Stamm erfasst und
weit geöffnet hat. Die Ulme ist der bedeutendste Baum im Landkreis.

Standort: 100 m östlich des Wasserturms in der
Kesselstädter Straße, dem Pfad zum Main folgen.

247

249

Speierling in Ockstadt   249

Wetteraukreis
Alter: 140–200 Jahre
Taille: 4,15 m (2003)
Umfang: 4,17 m (2003)

Speierlinge sind selten in Deutschland. Ihre
Früchte sind sauer (zum »Speien«), geben aber
dem hessischen Apfelwein die Frische und Halt-
barkeit. Ihr Holz ist das schwerste einheimi-
sche: 0,88 g/cm³. Der Speierling von Ölbronn,
Baden-Württemberg, brach 2008 zusammen.
Nun ist der »Dicke« von Ockstadt der einzige
seines Formats. In den Wendelgärten steht noch
ein jüngeres Exemplar mit Blitzrinne: Umfang
3,99 m, Taille 3,93 m.

Standort: 100 m nördlich der Usinger Straße 11.

Linde an der Görbelheimer Mühle   250

Wetteraukreis
Alter: 480–600 Jahre
Taille: 10,10 m (1996)
Umfang: 10,15 m (2003)

Görbelheim wurde nach den Bauernkriegen
1524/25 aufgegeben. Die alte Sommerlinde
könnte die ehemalige Dorflinde sein. 1904
schrieb man: »Nicht spurlos sind die Jahrhunderte an ihr vorübergezogen, und der … einst imposante Baum bietet heute ein Bild weit vorge-
schrittenen Verfalls, allmählichen Verlöschens
der Lebenskraft. Den … völlig hohlen Stamm des
sterbenden Riesen vermögen 5 Männer nicht
ganz zu umspannen«. 2008 wurde die Linde im
Rahmen des Projekts »Umfeldverschönerung an
hessischen Naturdenkmälern« abgestützt und
ein Gedenkstein aufgestellt.

Standort: Straße Friedberg–Bruchenbrücken.

250

251

Eichen im Saba-Urwald   252

Kreis Kassel
Alter: bis 450 Jahre
Taille: nicht bekannt
Umfang: bis 8,00 m (1986)

Im Saba-Urwald schweigt seit 1907 die Axt.
Es ist das älteste hessische Naturschutzgebiet.
Nur durch vorsichtiges Freistellen können die
früher solitären Huteeichen im nachdrängenden
Jungwuchs überleben. Die stärkste Stieleiche
(Quercus robur), die wir im Urwald 1986 vermaßen, hat 8,00 m Umfang, der Stamm ist weit
U-förmig geöffnet. Besondere Attraktivität besitzen die Kamineiche mit ihrem ovalen Stammloch und die Wappeneiche (beide 7,40 m Umfang).

Standort: Im Wald südlich der Straße Saba-
burg–Beberbeck, beschildert.

Linde zu Bermoll   251

Lahn-Dill-Kreis
Alter: 380–400 Jahre
Taille: 9,13 m (2001)
Umfang: 9,40 m (2006)

Bermoll begann seine Existenz im Mittelalter als
Pferdeumspannplatz. Es liegt idyllisch in einer
Bergmulde, woraus der Name entstand. Am oberen Dorfrand steht die sagenhafte Linde. Bei der
Glockenweihe 1879 wurde die Wiese vor der Linde
planiert und anschließend als Festplatz genutzt.
Im August 1958 riss ein Wirbelsturm mehrere Äste
ab. Die Nordseite ist seitdem weit geöffnet. Ein
schmaler Stammrest strebt dort wie ein Pfeiler
4 m nach oben und stützt den Hauptstamm.

Standort: Dorfrand Richtung Großaltenstädten.

252

Feldahorn bei Amöneburg   253

Kreis Marburg-Biedenkopf
Alter: 120–200 Jahre
Taille: 3,25 m (2003)
Umfang: 3,27 m (2003)

Feldahorne *(Acer campestre)* wachsen meist bu-schig. Selten sind sie so schön baumförmig wie dieses Exemplar. Der alte Maßholder, wie die Baumart auch genannt wird, steht auf feuchtem Boden, nur 50 m oberhalb entspringt die Waschbachquelle, deren Wasser in 2 schweren Sandsteintrögen aufgefangen wird. Bonifatius, der 722 auf dem Basaltbuckel der Amöneburg das erste hessische Kloster gründete, soll hier Heiden getauft haben.

Standort: An der Waschbachquelle.

Brautfichte bei Eppstein   254

Main-Taunus-Kreis
Alter: 200–300 Jahre
Taille: 5,08 m (2007)
Umfang: 5,55 m (2007)

Die Brautfichte wurde dem Deutschen Baum-archiv 2006 bei der landesweiten Umfrage nach Starkbäumen mitgeteilt. Für eine Saison war sie die dickste bekannte Fichte *(Picea abies)* Deutschlands. Durch die 2-kernige Weidfichte nahe Tennenbronn im Schwarzwald wurde sie im Jahr 2007 entthront, 2008 folgten noch größere Funde in Bayern. Für Hessen bleibt sie aber die Größte. In ihrem morschen Stamm befand sich im Sommer 2006 ein Hornissen-nest. Die »Hessenschau« berichtete über die spannende Suche nach der Fichte.

Standort: Auf der Lenzwiese, am Wellbach 1,5 km nördlich von Eppstein.

Eiche in Albshausen   256

Lahn-Dill-Kreis
Alter: 390–410 Jahre
Taille: 7,80 m (2001)
Umfang: 8,15 m (1992)

Der obere Kronenbereich der Albshäuser Eiche ist in den letzten Jahren abgestorben. Grund könnten falsche Schnittmaßnahmen sein. Zahlreiche gestummelte Äste ragen zum Himmel, ohne dass an ihnen ein Austrieb bemerkbar wäre. Die Stieleiche wird sich voraussichtlich aus den intakten tieferen Ästen regenerieren. Der mächtige Stamm ist weit U-förmig geöffnet. Metallstreben sollen für Stabilität sorgen. 2 weitere alte Eichen stehen nebenan, eine davon mit über 6 m Umfang.

Standort: Am ehemaligen Friedhof neben der Kirche.

Kastanie bei Schröck   255

Kreis Marburg-Biedenkopf
Alter: 200–310 Jahre
Taille: 5,02 m (2000)
Umfang: 5,38 m (2003)

Ein rotes Sandsteinkreuz mit der eingravierten
Jahreszahl 1700 steht vor der Kastanie. Die Jah-
resangabe macht nachdenklich. Sollte der
Baum im selben Jahr gepflanzt worden sein?
Es ist denkbar, denn der kleine Hügel, auf dem
sie steht, wurde vermutlich aufgeschüttet und
erschwert die Wasserversorgung. Der Stamm
der Kastanie ist weit ausgehöhlt und sogar
durch einen Spalt begehbar. Der Blick geht von
hier über die Talebene zur Amöneburg, dem ersten hessischen Kloster des Apostels der Deutschen, Bonifatius.

Standort: Am Ende der Kastanienstraße.

Zeder in Bad Homburg   257

Hochtaunuskreis
Alter: 195–200 Jahre
Taille: 5,62 m (2001)
Umfang: 5,85 m (2000)

Seit der Antike schrumpfen die Zedernwälder
des Libanon. Heute sind nur noch Reste erhalten. Die Adligen Europas zimmerten dem Baum
eine »Arche Noah«, indem sie den edlen Nadelbaum in ihre Parks und Schlossgärten holten.
16 Zedern in Töpfen kamen aus den Kew Gar-
dens als Geschenk des englischen Königshau-
ses 1818 nach Homburg. 13 Stück erfroren,
1 überlebte im Gustavsgarten, 2 wurden in
Kübeln belassen und 1822 gesetzt. Eine davon,
mit heute 35 m Kronendurchmesser, ist die
wohl schönste der Republik.

Standort: Vor dem Landgrafenschloss.

257

Pyramideneiche bei Burg Dehrn   258

Kreis Limburg-Weilburg
Alter: 200–260 Jahre
Taille: 5,80 m (1996)
Umfang: 6,24 m (2004)

Bei seiner Kartierung alter Bäume im Wassereinzugsgebiet der Lahn stieß Bernd Ullrich 1996 auf 2 starke Eichen bei Schloss Dehrn. Die eine ist eine »normale« Stieleiche mit gut 7,5 m Umfang. Im landesweiten Blick wichtiger ist jedoch die benachbarte Pyramideneiche *(Quercus robur* f. *fastigiata)*. Sie ist die Nummer Eins ihrer Form in ganz Deutschland. Nicht nur der Stamm ist groß, sondern auch die aufgefächerte, hochovale Krone. Die Burg- und Schlossanlage wurde ab 1100 erbaut.

Standort: An der Schlossstraße.

Kiefer bei Kubach   259

Kreis Limburg-Weilburg
Alter: 160–260 Jahre
Taille: 4,20 m (2003)
Umfang: 4,24 m (2002)

Die Kiefer steht dem Wald vorgelagert in schönem Freistand. Die Krone ist aufgelockert und unten sehr breit. Bemerkenswert ist der tonnenförmige Stamm. Die Kiefer, auch Föhre genannt, hat die weiteste Verbreitung aller Kieferngewächse, von Lappland bis Spanien und bis nach Sibirien. Sie kann in der Ebene, aber auch bis in Höhen von 1300 m gedeihen. Es ist eine anspruchslose Baumart, die auf Sandböden überlebt. Aus dem Harz von Kiefern entstand erdgeschichtlich Bernstein (niederdeutsch: Brennstein).

Standort: 300 m westlich der Kristallhöhle.

258

Eiche bei Moischeid   260

Schwalm-Eder-Kreis
Alter: 360–600 Jahre
Taille: 7,50 m (1997)
Umfang: 8,02 m (2003)

Die Gestalt der alten Stieleiche verrät, dass sie als ein ehemaliger Waldbaum im geschlossenen Bestand aufgewachsen sein muss. Zwar gehen auch einige dünne, kurze, waagerechte Äste im unteren Stammbereich ab. Doch erst in rund 25 m Höhe entfaltet sich eine echte Krone. Sie wirkt klein im Verhältnis zu dem monströsen Stamm. Ihr Alter ist höher einzuschätzen als üblich.

Standort: Ab Ortsmitte 2 km Richtung Gemünden (Wohra) fahren. In der scharfen Linkskehre rechts (nördlich) abbiegen. Nach 100 m rechts ab, 300 m den Waldrand hinauf.

261

Ginkgo in Eltville   261

Rheingau-Taunus-Kreis
Alter: 150–200 Jahre
Taille: 4,22 m (2007)
Umfang: 4,25 m (2007)

Auf ihrer Internetseite http://baum-natur.eu
stellt Gabi Paubandt landschaftsprägende Bäume vor. Hier fanden wir den Hinweis auf einen
prachtvollen Ginkgo in Eltville. Er ziert den Vorgarten einer Villa und zieht im Herbst die Blicke
durch sein strahlend gelbes Laub auf sich.
Er dürfte Hessens schönstes Exemplar sein.
Ein weiterer Ginkgo, allerdings im Wuchs 2-kernig, steht 3 km entfernt im Park von Schloss
Reichartshausen nahe Hattenheim. Er besitzt
einen ähnlichen Umfang von 4,14 m.

Standort: In der Erbacher Straße 3.

Tanzlinde in Niedenstein   262

Schwalm-Eder-Kreis
Alter: 500–760 Jahre
Taille: 8,60 m (2002)
Umfang: 8,64 m (2006)

Die hessischen Landgrafen legten Burg Niedenstein zum Schutz ihres Kernlandes an. 1254 war
die erste urkundliche Erwähnung. Ob die alte
Tanzlinde noch aus dieser Zeit stammt? 3 uralte
Stammteile mit 6 starken Horizontalästen sind
der Sommerlinde verblieben. Bis 1906 führte
eine Treppe auf ein Podium in der Linde. Hier
spielten die Musikanten zum laubumkränzten
Tanz auf. Der Standort am Wichdorfer Tor macht
eine lange Tradition als Versammlungs- und
Gerichtsbaum wahrscheinlich.

Standort: Am Wichdorfer Tor.

Weide in Kirchhain   263

Kreis Marburg-Biedenkopf
Alter: 150–200 Jahre
Taille: 7,30 m (2001)
Umfang: 7,73 m (2001)

Weiden sind typische Bäume der Weichholzaue. Auf Böden, durch die unterirdisch
das Flusswasser zieht, aber auch in Brüchen
und Sümpfen fühlt sich die Baumart wohl.
Die Silberweide *(Salix alba)* in Kirchhain hat
mit über 7 m Stammumfang bereits Spitzen-
maße für diese Baumart erreicht. Die meisten
Silberweiden, vielerorts auch als Kopfweiden
gezogen, brechen aufgrund ihres instabilen
und leicht faulenden Holzes noch vor ihrem
100. Lebensjahr in sich zusammen.

Standort: Auf einem freien Platz, rechts (östlich)
der Straße Am Amöneburger Tor.

263

262

Nordrhein-Westfalen

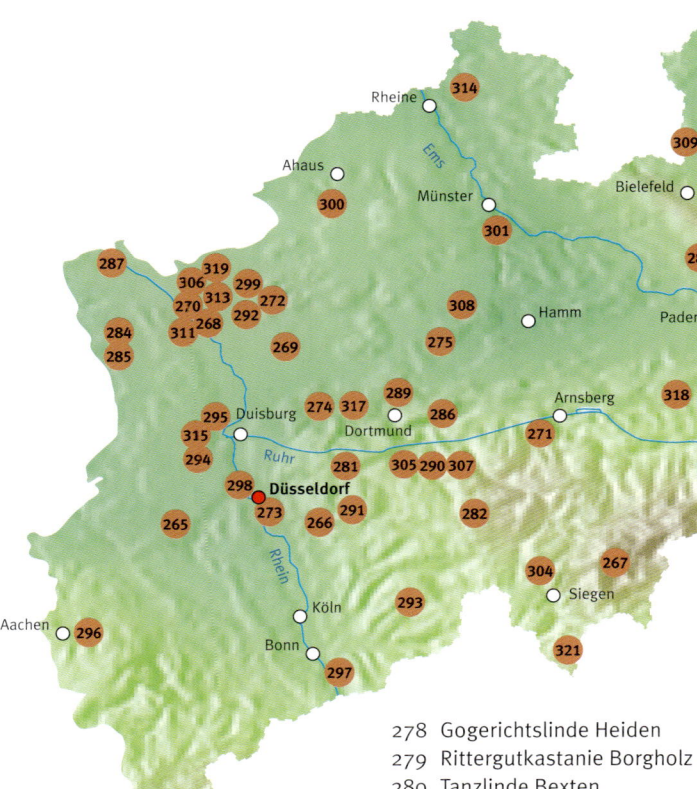

264 Spitzahorn Peckelsheim
265 Zypresse Schloss Dyck
266 Hainbuche an der
     Wersbacher Mühle
267 Laibuche Schameder
268 Spätpappel Büderich
269 Nuss Kirchhellen
270 Maronen Hamminkeln
271 Nuss Kloster Oelinghausen
272 Femeiche Erle
273 Zeder Himmelgeist
274 Ahorn Leithe
275 Hickorynuss Schloss
     Cappenberg
276 Robinie Holzhausen
277 Mauereiche Hornoldendorf

278 Gogerichtslinde Heiden
279 Rittergutkastanie Borgholz
280 Tanzlinde Bexten
281 Foerster-Ilex
     Oberelfringhausen
282 Eiche Hüinghausen
283 Hofulme Bierde
284 Kopfeiche Weeze
285 Marone Weeze
286 Kastanie Haus Ruhr
287 »Hülskrabbe« Elten
288 Eiche Schloss Holte
289 Kastanie Schloss
     Bodelschwingh
290 Priorlinde Priorei
291 Hainbuche Ehringhausen
292 Kopfeiche Weseler Wald
293 Marone Rotscheroth
294 Blutbuche Krefeld
295 Kaisers Buche Schwafheim

296 Dicke Linde Forst
297 Ginkgo Bad Godesberg
298 Weide Meerbusch
299 Predigtulme Homer
300 Linde Asbeck
301 Marienlinde Telgte
302 Zwölf-Apostel-Linde Gehrden
303 Eiche Gut Eckendorf
304 Dicke Buche Krombach
305 Kandelaberlinde Breckerfeld
306 Marone Fuhrmannshof
307 Linde Dahl
308 Linde Schloss Westerwinkel
309 Linde Bieren
310 Linde Kloster Dalheim
311 Marone Veen
312 1000-jährige Eiche
     Borlinghausen
313 Marone Dingden
314 Brockmöllers Eiche Hopsten
315 Eibe Haus Rath
316 Kirchlinde Reelkirchen
317 Süntelbuche Bochum
318 Hainbuche Siddinghausen
319 Eibe Dingden
320 Feldahorn Marienloh
321 Erle Oberdresselndorf
322 Linde Elbrinxen

Spitzahorn in Peckelsheim 264

Kreis Paderborn
Alter: 170–210 Jahre
Taille: 5,17 m (2007)
Umfang: 5,17 m (2007)

Der stärkste Spitzahorn *(Acer platanoides)* unseres Landes steht in Peckelsheim, Nordrhein-Westfalen.
Von den Wurzeln her zieht sich der Stamm mit schöner Taille aufwärts, um sich breiter werdend in 7 steile Äste aufzulösen. Die Krone ist hochoval und wurde vor Kurzem aus Sicherheitsbedenken um einige Meter eingekürzt. Nebenan befindet sich der Kindergarten. Einer der Äste scheint einmal vom Blitz getroffen worden zu sein. Es hat sich eine kleine Höhlung ausgebildet.

Standort: Innerorts am Kindergarten.

Zypresse auf Schloss Dyck 265

Kreis Neuss
Alter: 195–210 Jahre
Taille: 6,55 m (2007)
Umfang: 6,80 m (2007)

Außerhalb der Besucherzeiten öffnete sich für das Deutsche Baumarchiv das große Holzportal von Schloss Dyck. Wir besuchten die 1794 gepflanzte Rieseneibe – riesig allerdings nur in bezug auf ihren Kronenumfang: 87 m. Die Größte und Schönste im Park ist die Sumpfzypresse *(Taxodium distichum)* am Südwestzipfel des Schlossteichs, herrlich gewachsen mit ausgeformtem Stamm, gepflanzt 1815. Auch sehenswert: der 1825 gepflanzte Tulpenbaum am Teehaus, Umfang 5,25 m (Taille 5 m).

Standort: Schloss Dyck bei Aldenhoven.

265

266

Hainbuche an der Wersbacher Mühle   266

Rheinisch-Bergischer Kreis
Alter: 260–340 Jahre
Taille: 5,17 m (2008)
Umfang: 6,20 m (2008)

FOERSTER (1918) beschreibt die alte Hainbuche in Stichpunkten: »Neben der Mühle am Wassergraben: 5,20 m Umfang, 9 m Höhe, früher geköpft, Stamm hohl, von fast gigantischer Form, Austrieb der Schößlinge in 2–3 m Höhe.« Die erstmals 1496 erwähnte Mühle wurde in den 1950er-Jahren zum Ausflugslokal, das 1974 abbrannte. Die Hainbuche hat beim Brand gelitten. Sie ist 2-teilig mit weit geneigten Hälften, gilt als 1000-jährig und Relikt der Niederwaldbewirtschaftung.

Standort: Klinik Wersbach bei Witzhelden.

Laibuche in Schameder   267

Kreis Siegen-Wittgenstein
Alter: 160–180 Jahre
Taille: 4,70 m (2001)
Umfang: 4,85 m (2000)

Keine Süntelbuche *(Fagus sylvatica* f. *suentelensis)* gleicht der anderen. Hier sind die Äste in sich gedreht und wachsen in unruhigen Wellenbewegungen nach außen. Bei anderen geht der Wuchs scheinbar planlos vor und zurück, auf- und abwärts. Die Buche an der Lai bei Schameder könnte man vorsichtig als eine »süntelig gewachsene« Buche bezeichnen.
Wie sie hierher ins Rothaargebirge kam – ob sie angepflanzt ist oder durch eine spontane Mutation entstand –, ist unbekannt. Der Standort liegt etwa 500 m hoch.

Standort: In der Straße An der Lai.

267

268

Spätpappel bei Büderich   268

Kreis Wesel
Alter: 130–180 Jahre
Taille: 7,45 m (2000)
Umfang: 9,93 m (2007)

Am Fuß des Rheindeichs steht Deutschlands
stärkste Pappel. Es ist eine seltene Spätpappel,
eine alte Kreuzung aus der nordamerikanischen
Schwarzpappel *(Populus deltoides)* und der
hiesigen Schwarzpappel *(Populus nigra)*, die
seit 1770 in Deutschland bekannt ist. Ihr Stammsockel ist gewaltig. In dem Astloch, das der untere Starkast beim Ausbrechen hinterlassen hat,
kann ein erwachsener Mann mit Leichtigkeit verschwinden. Und doch ist der Baum nicht wirklich
alt. Das liegt am immensen Wachstum der Pap-
peln. Sie können fast 7 cm pro Jahr zulegen.
Keine andere Art hält hier auf Dauer mit.

Standort: 100 m nördlich des Pavershofes, nahe
dem rot-weißen Funkmast.

Nuss in Kirchhellen   269

Stadt Bottrop
Alter: 120–150 Jahre
Taille: nicht bekannt
Umfang: 3,33 m (2003)

Zu jedem niederrheinischen Hof gehörte der
Nussbaum an der Rückseite des Hauses. Der
Geruch der Blätter hält die Stallfliegen fern.
In wintermilden Gebieten Deutschlands ist die
Walnuss *(Juglans regia)* lange bekannt. Ihr
Name bedeutet »welsche« (= fremdländische)
Nuss. Die Früchte sind wohlschmeckend und
gesund. Die Nuss in Kirchhellen ist dank ihres
Schrägwuchses und einer Höhlung im Stamm-
fuß eine urige und schöne Erscheinung.

Standort: Am Lemmhof, 1 km westlich des Ortes.

269

270

Maronen in Hamminkeln   270

Kreis Wesel
Alter: 240–320 Jahre
Taille: 6,65 m (2007)
Umfang: 7,28 m (2007)

Der Landkreis Wesel überrascht mit einer unge-
ahnten Fülle alter Maronen *(Castanea sativa)*,
zumeist alten Hofbäumen. Das vorgestellte
Naturdenkmal ist das eindrucksvollste Exemplar
in der Gemarkung Hamminkeln. Sie steht an der
Zufahrt zum Köpenhof und ist hier und da entrindet – Anzeichen für fortschreitende Alterung.
2 weitere Maronen wachsen auf einer Wiese
an der Kesseldorfer Straße – die dickere davon
mit 7,33 m Umfang (Taille 6,89 m).

Standort: In der Bislicher Straße 44.

Nuss im Kloster Oelinghausen   271

Hochsauerlandkreis
Alter: 120–150 Jahre
Taille: nicht bekannt
Umfang: 4,02 m (2001)

Das über 825 Jahre alte Kloster wurde von adeligen Prämonstratenserinnen begründet. Auch
heute ist es Sitz eines Schwesternordens und
birgt einige religiöse Kunstwerke.
Die Walnuss *(Juglans regia)* steht unauffällig im
Klostergarten, in einem Heckenbeet nahe der
romanischen Kirche. Efeu rankt ihren Stamm
hinauf. Ihr Umfang übertrifft deutlich das übliche Maß.

Standort: Kloster Oelinghausen bei Holzen.

272

Femeiche in Erle   272

Kreis Borken
Alter: 600–850 Jahre
Taille: schwer messbar
Umfang: noch 12,00 m (1989)

Die Femeiche in Erle im Münsterland steht als
hohles Gerippe auf 3 Stammschalen. Im Mittelalter war unter der Eiche ein Freigericht. 1441
wurden hier die Brüder Diepenbrock wegen
Schöffenmord in Abwesenheit verfemt (verurteilt). Um 1750 hatten die Enten des Pfarrers die
lästige Angewohnheit, ihre Eier in der hohlen
Eiche zu legen. Später wurde ein mannshoher
Zugang angelegt. 1819 ließ der preußische
Kronprinz bei einem Manöver 36 Infanteristen
im Innern Aufstellung nehmen. 1902 hatte sie
12,5 m Umfang in Mannshöhe.

Standort: Im Ort, beschildert.

Zeder in Himmelgeist   273

Stadt Düsseldorf
Alter: 170–180 Jahre
Taille: nicht bekannt
Umfang: 5,10 m (2008)

Himmelgeist ist älter als Düsseldorf, es wird 904
urkundlich erwähnt. Hier bestand seit dem
13. Jahrhundert Hof Mickeln. Der zugehörige
Meierhof wurde 1750 erweitert und zum Herrenhaus ausgebaut. Damals oder 20 Jahre zuvor
sollen die 2 hohen Libanonzedern *(Cedrus liba-
ni)* angepflanzt worden sein, vermutlich als Teil
eines barocken Gartens. Die Astetagen der großen Zeder prangen heute über dem Kölner Weg.
1836 brannte das Herrenhaus bis auf den Sei-
tenflügel ab. Nebenan entstand als Ersatz
Schloss Mickeln.

Standort: Am Kölner Weg.

274

Ahorn in Leithe 274

Stadt Essen
Alter: 180–270 Jahre
Taille: 6,29 m (2000)
Umfang: 6,40 m (2001)

Dieser Bergahorn *(Acer pseudoplatanus)* steht fern seines natürlichen Verbreitungsgebiets. In einer Grünzone zwischen den Wohnhäusern der Essener Vorstadt hat er es als gut bewässerter Parkbaum zu erstaunlicher Größe gebracht. Gleich nebenan liegt ein Teich. Seine Kronenhöhe beträgt etwa 28 m, die Breite etwa 32 m. Der Stamm ist mächtig, aber mehrkernig. Man erkennt es am unruhigen Stammquerschnitt. Ein Metallzaun friedet das eindrucksvolle Naturdenkmal sicher ein.

Standort: 100 m westlich der Meistersingerstraße 73, im Isinger Feld unterhalb des Teiches.

Hickorynuss bei Schloss Cappenberg 275

Kreis Unna
Alter: 200–230 Jahre
Taille: nicht bekannt
Umfang: 4,56 m (2004)

Schloss Cappenberg ist ein ehemaliges Prämonstratenserstift. 1803 wurde es aufgelöst, 1816 wurde die Anlage von Karl Freiherr vom Stein gekauft und renoviert. Aus dieser Zeit soll die exotische Hickorynuss *(Carya* spec.) stammen. Ihr Ursprung liegt in Nordamerika. Bei uns werden die verschiedenen *Carya*-Arten vereinfacht auch als Butternuss bezeichnet. Ihr biegsames Holz ergibt ein hervorragendes Bogenholz.

Standort: Südlich unterhalb der Ansichtsseite von Schloss Cappenberg bei Selm.

275

Robinie in Holzhausen   276

Kreis Höxter
Alter: 240–310 Jahre
Taille: 5,50 m (2002)
Umfang: 6,20 m (2006)

»In einer zugigen Ecke Westfalens, am Rande
des Teutoburger Waldes, versucht eine verwitterte Akazie auch heuer heil durch die Kälte zu
kommen«, schrieb Wilfried Bauer im Artikel
»Die grünen Patriarchen« in GEO, Mai 1980.
26 Jahre später standen wir selbst vor dem
Baum, und als wir in die Hofeinfahrt einbogen,
kamen Windböen auf. Alles wirkt unverändert.
Noch immer hält sich die tapfere »Akazie«
(Robinia pseudoacacia) im Schutz des Pferde-
stalles, ihr knorriges Geäst überspannt die
romantische Steinbogenbrücke.

Standort: Im Schlossgut.

Mauereiche
in Hornoldendorf   277

Kreis Lippe
Alter: 380–500 Jahre
Taille: 8,74 m (2002)
Umfang: 9,02 m (2003)

Die Stieleiche war schon da, als die Mauer errichtet wurde. Heute ist sie eng mit ihr verschmolzen. 1610 wurden die ansässigen Bauern
vom Hofmeister des Landesherrn aus ihren
Gütern vertrieben. Die 1614 zur erblichen und
adeligen Domäne vereinigten Höfe gingen mit
Sonderrechten in seinen Besitz über. Vielleicht
wurde die Eiche damals gepflanzt, um die Eigen-
tumsverhältnisse zu legitimieren und die neue
Grenze zu markieren. Wie ein hölzerner Wach-
turm ragt sie aus dem historischen Gemäuer.

Standort: An der Außenmauer des Ritterguts.

Gogerichtslinde in Heiden   278

Kreis Lippe
Alter: 350–600 Jahre
Taille: 8,92 m (2007)
Umfang: 9,22 m (2003)

Bis 1935 trugen die 10 waagerechten Äste der
Linde eine hölzerne Tanzplattform. Heute sind
5 Äste übrig, die wie die Fangarme eines Kraken
aussehen. Geht man tiefer in die Geschichte,
taucht die Linde im 17. Jahrhundert als Gogerichtslinde auf, unter der Recht gesprochen wurde. Ein Register der Heidener Bauernschaften
von 1663 zeigt die Linde mit dünnem Stamm
und gestutzter Kugelkrone.
Die Legende vom »letzten Heidener Mönch«
berichtet von einem Schatz, der unter der Linde
verborgen sein soll.

Standort: An der Pfarrkirche.

Rittergutskastanie in Borgholz   279

Kreis Höxter
Alter: 200–260 Jahre
Taille: nicht bekannt
Umfang: 5,28 m (2002)

Die alte Kastanie *(Aesculus hippocastanum)*
dient als Ruhepol und Erholungsplatz des Ritterguts. Ihr Wuchs wirkt trotz des hohen Alters
beschwingt. Ihr Stamm ist hohl und wurde vor
Jahren baumchirurgisch behandelt. Mehrere
Gewindestäbe sind in einen großen, schlanken
und einen kleineren Spalt eingezogen worden.
Aus dem tonnenförmigen Stamm gehen
2 Hauptachsen und mehrere bogenförmige
Nebenachsen hervor.

Standort: An der Hofmauer des Ritterguts
Möltken in Borgholz bei Borgenteich.

278

Tanzlinde in Bexten   280

Kreis Lippe
Alter: 300–450 Jahre
Taille: 6,26 m (2000)
Umfang: 6,60 m (2008)

Die Tanzlinde in Bexten hat die Zeit ihrer Nutzung hinter sich. 4 mächtige waagerechte Äste in über Kopfhöhe erinnern noch daran, dass ein großes Podium – angeblich sogar mit 3 Etagen – im Baum errichtet war. Ein weiterer waagerechter Ast ist vor Jahren verloren gegangen. In dem Buch »Bedeutende Linden – 400 Baumriesen Deutschlands« (BRUNNER, 2007) erfahren wir, dass die Linde früher der Treffpunkt des Amtsmeierhofes war, also der damaligen Bezirksverwaltung. Auch heute trifft man sich gerne unter der Linde.

Standort: Im Innern des Ortes auf einer Wiese.

Foerster-Ilex in Oberelfringhausen   281

Ennepe-Ruhr-Kreis
Alter: 260–300 Jahre
Taille: 2,02 m* (2008)
Umfang: 2,06 m* (2008)

FOERSTER publizierte 1918 »Bäume in Berg und Mark« mit einem besonderen Augenmerk auf sogenannte Hülsenbäume *(Ilex aquifolium)*. Der stärkste Ilex stand damals in Mittelenkeln bei Olpe. Er besaß 1,45 m Umfang. Im Beisein von CONWENTZ wurde dem seltenen Baum der Name Dr.-Foerster-Hülse gegeben. Diesen Baum gibt es nicht mehr, aber einen anderen bei Oberelfringhausen. 1916 hatte er 1,30 m Umfang, heute 2,02 m. Der männliche Baum soll den Namen Foerster-Ilex weitertragen.

Standort: Höhenweg 26, hinter dem Funkturm.

280

282

Eiche bei Hüinghausen   282

Märkischer Kreis
Alter: 200–400 Jahre
Taille: 7,41 m (2000)
Umfang: 8,05 m (1996)

In FOERSTER (1918) werden 2 alte Eichen bei Haus Habbel genannt. Eine wird als »alter, wetterzerzauster Baumriese mit hohlem, warzen- und wulstbedecktem Stamm« beschrieben. Die andere könnte dem Standort nach die heutige Eiche sein: »Auf der Wiese unweit des Baches, 4,29 m Umfang, 20 m hoch.« Die Umfangsangabe macht aber Kopfzerbrechen. Ist die Stieleiche so schnell gewachsen?
Im benachbarten Rothaargebirge lockt eine weitere Eichenrarität: die Goldeiche. Blüten und Mailaub leuchten gelbgrün. Deutschlandweit soll es nur 3 Exemplare geben. Sie hat einen Umfang von fast 4 m.

Standort: 250 m westlich des Hauses Habbel.

Hofulme in Bierde   283

Kreis Minden-Lübbecke
Alter: 300–500 Jahre
Taille: 7,28 m (2002)
Umfang: 8,26 m (2003)

Am Hof Ernsting in Bierde, versteckt neben dem Holzschuppen, räkelt die alte Hofulme ihr Geäst. Der moosbedeckte, stark geneigte Stamm ist hohl und morsch. Schon vor 80 Jahren wurde der Stamm durch 3 T-Träger abgestützt. DALLMANN (2001) schätzt sie auf 500 Jahre.
Bei einer Panzerschlacht 1945 wurde der Baum beschädigt. Nach Kriegsende sägten Dorfbewohner starke Äste ab und verfeuerten sie im Winter.

Standort: Hof Ernsting im Osten des Dorfs.

283

284

Kopfeiche in Weeze   284

Kreis Kleve
Alter: 300–400 Jahre
Taille: 5,90 m (2007)
Umfang: 7,56 m (2007)

Bereits aus der Ferne wirkt diese Stieleiche *(Quercus robur)* verheißungsvoll und mächtig. Kommt man näher, so erkennt man die merkwürdige Kronenarchitektur. Es ist eine alte Kopfeiche, die früher nach Art einer Kopfweide zurückgeschnitten wurde. Ihr fehlt der zentrale Trieb. Der Stamm wurde vom Weidevieh geformt: ein von Knollen übersäter Stamm, an dem sich das Vieh immer wieder gescheuert hat. An vielen Stellen liegt das Holz völlig blank.

Standort: Frei 500 m südöstlich der Kreuzung der A 57 mit der Straße Weeze–Uedem.

Marone am Heishof   285

Kreis Kleve
Alter: 220–340 Jahre
Taille: 6,70 m (2007)
Umfang: 7,22 m (2007)

Der Heishof hat eine lange Tradition. Es gibt ihn seit rund 1000 Jahren. Er liegt im Tal der Niers, die im Westen vorbeifließt. So alt wie der Hof sind die beiden Maronen *(Castanea sativa)* sicherlich nicht. Sie stehen im östlichen Innenhof. Die stärkere wird hier mit Umfangsmaßen vorgestellt. Beide sind auch im 2008 erschienenen Bildband »Hofbäume – Tradition, Baumarten, Pflege« von WITTMANN mit Foto enthalten. Besonders am Niederrhein wurden traditionell Esskastanien auf den Höfen angepflanzt.

Standort: Am Heishof 2,5 km nördlich von Weeze.

Kastanie am Haus Ruhr   286

Kreis Unna
Alter: 240–300 Jahre
Taille: nicht bekannt
Umfang: 6,16 m (2004)

In SCHLIECKMANN (1904) wird die Kastanie mit damals 4 m Umfang im Foto vorgestellt. SÄNGER (2003) zeigt die Kastanie nach 100 Jahren. Über 200 Jahre lang, schätzt man, »verstreut die Kastanienmutter ihre stacheligen Früchte« bereits. Der geschützte Standort auf dem Hofplatz des ehemaligen Wasserschlosses, errichtet 1455, dürfte das lange Baumleben begünstigt haben. Die Krone ist typisch kugelförmig, der Stamm leicht geneigt.

Standort: Auf dem Innenhof der Ruhrakademie, Hagener Straße 241, Schwerte. Im Semester von 9–17 Uhr zugänglich.

286

287

»Hülskrabbe« bei Elten   287

Kreis Kleve
Alter: 225–350 Jahre
Taille: 2,20 m in 0,7 m (2007)
Umfang: 2,15 m (2007)

Der stärkste und vielleicht älteste Ilex *(Ilex aquifolium)* Deutschlands steht bei Elten an einer alten Katstelle, einem kleinen Landhaus mit Grundbesitz. Haus Rietbroek ist eines der ältesten Hallenhäuser am Niederrhein, es wurde 1676 erbaut. Ob der alte Hülsenbaum, Hülskrabbe genannt, schon damals stand? Eine Informationstafel gibt ein Alter von 300–500 Jahren an. Hülsenbäume wachsen langsam im schattigen oder halbschattigen Unterstand der Wälder. Dieses Exemplar besitzt einen erstaunlich geraden Stamm.

Standort: Bei Haus Rietbroek östlich von Elten.

288

Eiche bei Schloss Holte   288

Kreis Gütersloh
Alter: 400–500 Jahre
Taille: 8,03 m (2002)
Umfang: 8,38 m (2003)

Im Lauf eines Baumlebens gibt es Krisen:
Polarwinter, Dürren, Orkane. Die gute Wasserversorgung am Ölbach hat der alten Stieleiche
sicher geholfen, ebenso der Standort im Wald,
wo die Eiche geschützt aufgewachsen ist.
Sie zwieselt weit oben und bildet eine über-
schaubare Krone. Der Stamm hat 3 Spalten
und ist völlig hohl. Vor gut 100 Jahren besaß er
7 m Umfang (SCHLIECKMANN, 1904).

Standort: Westlich von Schloss Holte der
Verler Landstraße 200 m folgen. An der alten
Försterei den Waldweg 100 m südwärts zum
Ölbach gehen.

Kastanie bei Schloss Bodelschwingh   289

Stadt Dortmund
Alter: 180–240 Jahre
Taille: 6,97 m (2000)
Umfang: 7,54 m (2001)

Der Hauptstamm der Kastanie für sich alleine
genommen erreicht 5,55 m Umfang. Aus dem
Stammsockel zweigt noch ein mächtiger, bogen-
förmiger Seitenast mit 2,43 m Umfang ab, der
im Zweifelsfall mitgemessen werden muss. Alles
zusammengenommen ist der Baum gewaltig.
Leider war 2001 gerade ein kleinerer Ast gebrochen. Auch die Kastanien-Miniermotte macht
der Kastanie schwer zu schaffen. Das Wasserschloss Bodelschwingh geht auf ein Zweikam-
merhaus von 1300 zurück.

Standort: Dortmund, Schloßstraße 75.

289

Priorlinde in Priorei   290

Stadt Hagen
Alter: 360–500 Jahre
Taille: 8,60 m (2002)
Umfang: 8,63 m unter Ästen (2003)

1896 schreibt die »Gartenlaube«: »Der Stamm,
der einen Umfang von fast 6 m hat, streckt in
einer Höhe von nahezu 2 m seine 11 Hauptäste
fast waagerecht, teilweise nach unten gebogen
rund 4 m aus und biegt sie dann senkrecht aufwärts wie ein riesiger Kandelaber.«
Um 1970, als Michael Maurer die Linde baumchirurgisch »sanierte«, waren es noch 7 mächtige Äste, die eine 30 m hohe Krone trugen – ein
»Baumwunder« in seinen Augen. Die Linde ist
als Briggerigge bekannt, von »Brüchte« (= Ge-
richt) und »Igge« (= Ecke).

Standort: Zur Priorlinde 14.

Hainbuche
bei Ehringhausen   291

Stadt Remscheid
Alter: 160–280 Jahre
Taille: nicht bekannt.
Umfang: 4,19 m (2005)

Der Standort der Hainbuche *(Carpinus betulus)*
ist interessant: verborgen im tief eingeschnittenen Hammertal in Nachbarschaft zu den kleinen
Häuschen (Kotten) aus der Zeit der Industrialisierung. Hier im regenreichen Bergischen Land trieb
im 19. Jahrhundert der Pleßbach die mechanischen Hammerwerke an. Die 1-stämmige Hainbuche zeigt die typischen Rindenwulste. Die Hain-
oder Weißbuche gehört zu den Birkengewächsen
und ist mit der Waldbuche nicht verwandt.

Standort: Am Industriegeschichtspfad im Hammertal, nahe Haus Nr. 3.

Kopfeiche bei Weseler Wald   292

Kreis Wesel
Alter: 300–400 Jahre
Taille: 5,78 m (2007)
Umfang: 6,84 m (2007)

Sie ist die schönste Kopfeiche unseres Landes.
Es scheint fast so, als sei sie nach Art einer
Tanzlinde geformt worden. Ihr zentraler Trieb
fehlt, der Stammkopf ist völlig ausgehöhlt.
9 mächtige Astarme gehen am höchsten Punkt
des Stammes fast waagerecht zur Seite – ein
beeindruckender Anblick. 1990 wurde die Eiche
mit Metallstäben abgestützt. Sie soll dem Golfplatz, auf dem sie steht, noch lange als Attraktion erhalten bleiben.

Standort: Golf Club Weselerwald, südlich
Marienthal, Steenbecksweg, nahe Clubhaus.

Marone bei Rotscheroth   293

Rhein-Sieg-Kreis
Alter: 260–300 Jahre
Taille: 6,62 m (2000)
Umfang: 6,97 m (2008)

In FOERSTER (1918) wird die Marone aufgeführt:
»Forsthaus Rotscheroth, auf der Wiese: 4,75 m,
22 m hoch, ein ganz hervorragender Baum,
trotz des hohen Standortes von ungefähr 300 m
reifen die Früchte in warmen Sommern.« Das
Forsthaus gibt es nicht mehr, nur noch den
Schuppen. Aus der Wiese ist beinahe Wald geworden, Jungwuchs drängt heran. Von Zeit zu
Zeit wird der Baum freigestellt. Er ist 1-stämmig
mit 2 starken Achsen weiter oben. Kürzlich
brach ein Seitenast unter lautem Krachen ab.

Standort: 2 km südöstlich Ruppichteroth,
50 m westlich von Haus Nr. 2.

294

Kaisers Buche in Schwafheim   295

Kreis Wesel
Alter: 240–320 Jahre
Taille: 6,70 m (1997)
Umfang: 8,03 m (2001)

Früher stand die alte Buche als Kopfbaum einsam im Feld. Nun ist sie umringt von den Wohnhäusern, die im vergangenen Jahrhundert am
Ortsrand von Schwafheim errichtet wurden. Als
ältester Bürgerin des Dorfes hat man ihr ein Refu-
gium belassen. Ein Metallzaun umgibt großzügig
ihren Standort. Um sie herum wurden bodenver-
bessernde Pflanzen angepflanzt. Eine Hälfte ihrer
Krone ist abgestorben, die andere wird gestützt.

Standort: In der Heidestraße.

Blutbuche in Krefeld   294

Stadt Krefeld
Alter: 180–190 Jahre
Taille: nicht bekannt
Umfang: 6,52 m (2006)

FRÖHLICH (1992) ordnet die Blutbuche dem Park
der Linner Burg zu, doch sie steht im Greiffen-
horstpark, der sich wie ein dünnes grünes Band
entlang des Linner Mühlenbachs erstreckt. Er
wurde 1840 angelegt. Höhepunkt darin ist das
gleichnamige Schloss – und die alte Blutbuche
(Fagus sylvatica purpurea). Der Brandkrusten-
pilz macht ihr zu schaffen. Wie ein altes Schiff
mit Takelage ist sie mit Stahlseilen am Boden
vertäut. Ein Exot aus Amerika steht im Park bei
Schloss Schönwasser, östlich des Teichs an
der Johansenaue. Es ist ein Silberahorn *(Acer
saccharinum)* mit 5,18 m Umfang. Für seine Art
ist er etwas Besonderes.

Standort: Nahe der Straße Greiffenhorst.

295

Dicke Linde in Forst   296

Stadt Aachen
Alter: 450–650 Jahre
Taille: 9,40 m (2002)
Umfang: 9,90 m (1999)

Auf einem naturgetreuen Holzschnitt von 1873
wird die Linde, von Süden betrachtet, mit voller
Krone und mächtigem Erdstamm dargestellt –
umrahmt von Kirche und Schöffenhaus. Hermann Fürst Pückler schätzte die bedeutendste
Linde westlich des Rheins bei einem Besuch
1852 auf stolze 800 Jahre, und im 20. Jahrhundert hat die Linde eine ganz andere Identität
gewonnen. 5 baumstarke Äste entspringen dem
alten Baumstumpf und bilden die vermutlich
zweite Kronengeneration. Die »Dicke Linde«
diente wahrscheinlich über viele Generationen
auch als Gerichtsbaum. In der Nähe ist der sogenannte Galgenplei.

Standort: Vor der Pfarrkirche.

297

296

Ginkgo in Bad Godesberg   297

Stadt Bonn
Alter: 180–200 Jahre
Taille: 4,28 m (2008)
Umfang: 5,20 m (2008)

Aufgrund eines dicken Stammsockels erreicht
dieser Ginkgo Sondermaße. In den 1750er-Jah-
ren wurden erste Ginkgos in Deutschland angepflanzt. 2 Exemplare im Brentanopark in
Frankfurt-Rödelheim (Hessen) und im Park von
Harbke (Sachsen-Anhalt) sind aus dieser Zeit
noch erhalten, aber nicht so mächtig. Die Redoute (= Ballhaus) wurde 1790–92 im freien
Feld erbaut. In ihrem Vorgarten wurde der Ginkgo später gepflanzt.

Standort: Vor der Redoute, Kurfürstenallee.

Weide bei Meerbusch   298

Kreis Neuss
Alter: 150–200 Jahre
Taille: nicht bekannt
Umfang: 7,95 m (2008)

Als am 08.08.2008 viele Paare in Deutschland Hochzeit feierten, war Stefan Kühn mit einer Hochzeitsgesellschaft auf Rheinfahrt. Vom Schiff aus bemerkte er bei Kilometer 750 eine gedrungene Weide am westlichen Ufer. Die Sichtung vom Festland aus ergab einen interessanten Fund: Die alte und zerklüftete Silberweide *(Salix alba)* steht auf einer Kies- und Schotterbank des Rheinstroms auf natürlichem Standort. Es könnte sich um eine Verwachsung handeln.

Standort: 300 m nördlich des Restaurants Mönchenwerth, Niederlöricker Str. 56.

Predigtulme in Homer   299

Kreis Borken
Alter: 300–500 Jahre
Taille: noch 8,45 m (2000)
Umfang: noch 8,35 m (1996)

Die Wallfahrten zur Kapelle in Kevelaer führten einst am Baum vorbei. Ein »Predigtstuhl« stand am Wegrand. Die Hofbesitzer zeigten uns ein SW-Foto aus den 1950er-Jahren. Ihr Stamm war monumental, 4-kernig mit 9,60 m Umfang. Im Winter 1959 brannte das Wohnhaus ab, und die Flatterulme verkohlte. Doch im Frühling 1960 trieb sie wider Erwarten aus: auf der dem Feuer zugewandten Seite. Die andere Baumhälfte mit 2 Stämmlingen starb ab. In den 1980er-Jahren wurde die verbliebene Baumhälfte durch einen Blitz gespalten.

Standort: Hof Roring-Winkelschulte.

298

Linde in Asbeck   300

Kreis Borken
Alter: 400–600 Jahre
Taille: 9,28 m (2000)
Umfang: 10,60 m (1996)

Zwischen den 2 Teilen der Sommerlinde klafft
eine große Lücke. Ein dünner Steg verbindet
sie. Um 1970 hatte ein Blitz den Stamm zerrissen. Die heutige Krone ist pilzförmig. Sie wird
regelmäßig gestutzt und ist mit Stahlseilen
gesichert. Früher soll hier ein Freigericht getagt
haben. In der Nähe stand ein Schandpfahl.
Lange diente sie als Tanzlinde mit selbsttragen-
dem Podest in der Krone. Schlieckmann gibt
1904 einen Umfang von 8,50 m an. Ihr »hohler
Stamm war angebrannt«, doch »grünte noch
ein Seitenast«.

Standort: Im Lindenweg.

Marienlinde in Telgte   301

Kreis Warendorf
Alter: 400–780 Jahre
Taille: 9,00 m (2000)
Umfang: 9,05 m (1989)

Als Telgte 1238 die Stadtrechte verliehen wurden, pflanzte man 3 Linden vor die 3 Stadttore.
Die Marienlinde soll als einzige bis heute überlebt haben. Vor 100 Jahren stand noch eine Linde am Emstor. Sie maß 8,30 m Umfang. Die
Marienlinde selbst hatte damals 8,90 m Umfang
(Schlieckmann, 1904). Sie wächst also kaum
noch. Viele Bildstöcke zieren die Stadt, meist
Nachahmungen des Telgter Gnadenbildes von
1370, einer aus Pappelholz geschnitzten Mari-
enstatue. Auch unter der alten Marienlinde
steht ein solcher Bildstock.

Standort: Ecke Münstertor/Münsterstraße.

302

Zwölf-Apostel-Linde in Gehrden   302

Kreis Höxter
Alter: 300–330 Jahre
Taille: 9,70 m (2000)
Umfang: 9,80 m (1999)

1950 wurde der Baum, der aus einem Bündel von 7 Linden entstanden sein soll, öffentlich zugänglich. Er stand verborgen im Klostergarten, eine Wendeltreppe führte hinauf zu einem Ausguck. Einer der 12 symbolträchtigen Äste – der »Judas« – soll einst bei einem Karfreitagsgewitter gebrochen sein. SCHLIECKMANN belegt einen Umfang der Linde von 7 m im Jahr 1905. Ein dicker Bergahorn (Taille 5,47 m, Umfang 5,50 m) steht benachbart. Es sind 2 bundesweit bedeutsame Bäume auf einem Fleck.

Standort: Im ehemaligen Klosterhof.

Eiche auf Gut Eckendorf   303

Kreis Lippe
Alter: 300–450 Jahre
Taille: 7,29 m (2002)
Umfang: 8,12 m (2008)

Gut Eckendorf ist 1036 erstmals urkundlich erwähnt. 1628 wird es Rittergut. Gebäude und Park zeigen die Spuren durch Fleiß erworbenen Wohlstands. Die Gutsanlage liegt auf einer Gräfteninsel, von Graben und Teich umgeben. Der Nordflügel des Baus stammt von 1630. Im östlichen Park steht die uralte Stieleiche. Der Blitz hat ihr 1911 eine ungemein breite Narbenspur gezogen. In der morschen Südseite nisteten 2008 Hornissen – eine eindrucksvolle Erscheinung.

Standort: Im Park von Gut Eckendorf bei Nienhagen, Bielefelder Str. 224.

303

304

Dicke Buche bei Krombach   304

Kreis Siegen-Wittgenstein
Alter: 200–220 Jahre
Taille: 5,79 m (2002)
Umfang: 6,50 m (1996)

In 430 m Höhe steht die Dicke Buche auf ihrem durch Erosion freigelegten, gewaltigen Wurzel-teller. Der Untergrund ist felsig. Früher befand sich hier eine alte Wallhecke, die im 15. Jahrhun-dert an der Handelsstraße Siegerland–Westfa-len zum Schutz vor den »bösen Kölschen« an-gelegt wurde. Sie bestand aus verflochtenen Buchen, Hainbuchen und Dornen, wurde aber mit dem Aufkommen von Feuerwaffen nutzlos. Als letzter Zeuge blieb die alte Buche übrig. 1924 besaß sie 4,30 m Umfang.

Standort: Im Wald oberhalb Am Alten Heck.

305

306

Kandelaberlinde bei Breckerfeld   305

Ennepe-Ruhr-Kreis
Alter: 310–400 Jahre
Taille: 8,08 m (2007)
Umfang: 8,36 m (2007)

Die Kandelaberlinde steht am Rand eines hübschen Bauerngartens, im Vorgarten von Gut Finkenberg. Das Haupthaus trägt die Jahreszahl 1705 – vielleicht das Jahr, in dem die Linde gepflanzt wurde. Ob sie als echte Tanzlinde fungierte? Sie hat einen 6-fachen Astkranz. Der Hauptstamm bildet den zentralen 7-ten »Ast«. Sie ähnelt sehr der benachbarten Briggerigge bei Priorei, nur wirkt sie wesentlich jünger. Aber müssen alte Bäume notwendigerweise auch alt aussehen?

Standort: Auf Gut Finkenberg.

Marone am Fuhrmannshof   306

Kreis Wesel
Alter: 220–300 Jahre
Taille: 7,15 m (2007)
Umfang: 7,22 m (2007)

Die Marone vom Fuhrmannshof ist ein kräftiger Solitär mit verwegener Kronenstruktur. Ein Ast ragt waagerecht zur Seite, die Krone ist abgeflacht und wesentlich niedriger als breit. Der freie Standort auf einer Pferdekoppel vor dem Heisenhof garantiert volles Sonnenlicht und gutes Wachstum.

Standort: In der Gemarkung Heiderott am Fuhrmannshof, unmittelbar östlich der Bahnlinie. Von der B 473 aus muss man sich etwa 800 m nördlich von Blumenkamp über befestigte Feldwege 2 km nach Westen, Südwesten und schließlich Nordwesten halten.

Linde bei Dahl   307

Stadt Hagen
Alter: 500–700 Jahre
Taille: 8,61 m (2002)
Umfang: 8,97 m (2001)

Bei FOERSTER (1918) ist ein Eintrag über die uralte Linde zu finden: »Rumscheid neben der Gastwirtschaft von August Kalthaus: 8,10 m Umfang, 25 m hoch, völlig zerklüfteter Stamm, hohl, aber mit kräftig überwallender Rinde, uralte Sommerlinde. Alle kleinen Kinder in der Umgegend sollen aus dieser Linde kommen.« Viel hat sich am Umfang nicht geändert. Der Hof soll bereits 1050 an der alten Handelsstraße existiert haben.

Standort: Rumscheid, westlicher Ortsausgang.

309

Linde bei Schloss Westerwinkel   308

Kreis Coesfeld
Alter: 300–450 Jahre
Taille: 9,60 m (2001)
Umfang: 9,54 m (2008)

In Schlieckmann (1904) wird die Sommerlinde am Wasserschloss Westerwinkel bei Herbern erwähnt. Sie besaß »2 Schäfte«. Einer neigte sich 14 m horizontal über den Boden. Eine alte Ausbruchstelle ist heute noch sichtbar. Der Baum war damals 22 m hoch und hatte 6,70 m Umfang. 100 Jahre sind eine lange Zeit, in der einige Stürme übers Land gingen, doch sie hat überlebt. Sie neigt die Äste bis an die Wasseroberfläche der Gräften. Der Stamm ist 2-teilig, 1 hohler Ast liegt müde am Boden.

Standort: Am südwestlichen Wassergraben.

Linde in Bieren   309

Kreis Herford
Alter: 330–460 Jahre
Taille: 8,46 m (2002)
Umfang: 10,16 m (2008)

Schlieckmann (1904) bezeichnet die Linde als »künstlich gezogen« mit einem Umfang von 6,75 m. Sie hatte 5 waagerechte Seitenäste von 1–2 m Umfang und einen zentralen Stamm von 3,25 m. Seit seiner Kindheit lebt Hermann Maschmann (Jahrgang 1926) in der Nachbarschaft der Linde. Vor gut 75 Jahren, erzählte er, konnte man im stark geneigten und damals ausgehöhlten Ast auf der rechten Seite (siehe Foto) wie in einem Holzbett schlummern. Eine hölzerne Öse, in die man hineinschlüpfte, verhinderte das Herausfallen.

Standort: Vor der Kirche.

310

Linde bei Dalheim   310

Kreis Paderborn
Alter: 300–400 Jahre
Taille: 8,70 m (2007)
Umfang: 8,95 m (2007)

Auf dem alten und U-förmig geöffneten Stamm
hat die Linde eine beschauliche Sekundärkrone
gebildet. Auffallend silbern glänzend ist die Be-
rindung der neu entstandenen Äste. Möglicherweise gibt es eine Verbindung zum nahegelege-
nen Kloster Dalheim. Es wurde erstmals 1264
als Frauenkloster erwähnt. 1452 wurde der Klos-
terstandort durch Augustiner wiederbegründet.

Standort: Die L 817 bei Dalheim nordwärts fahren, 400 m nördlich des Helmerner Weges führt
ein Feldweg nach Nordwest. Nach 100 m rechts
nahe einem Trigonometrischen Punkt.

Marone in Veen   311

Kreis Wesel
Alter: 220–300 Jahre
Taille: 6,20 m (2007)
Umfang: 6,60 m (2007)

Diese Marone wirkt uralt. Ihr Stamm ist ungemein knorrig und knotig. Weite Stammpartien
sind entrindet und von Sonne und Wind ge-
bleicht. Bemerkenswert ist auch die Schräglage
des Stammes. Es erstaunt, dass die Reliktkrone
sich noch so vital zeigt. Im Landkreis Wesel gibt
es die größte Anzahl alter Maronen *(Castanea
sativa)* in ganz Deutschland. Dieses Exemplar
gehört zu den imposantesten Erscheinungen.

Standort: Auf dem Grund der psychiatrischen
Einrichtung Micado in der Handelsstraße südlich von Veen.

1000-jährige Eiche bei Borlinghausen   312

Kreis Höxter
Alter: 400–650 Jahre
Taille: 10,20 m (2000)
Umfang: 12,20 m (1990)

Die 2-kernige, hohle Stieleiche ist auch als Rieseneiche bekannt. Ihre dicke Achse hat gut 8 m Umfang, die dünnere 6,50 m. Es besteht Bruchgefahr, die Behörde denkt über eine Stützung nach. Die beulige, ergraute Borke wirkt wie lebender Fels. Im »Eggegebirgsbote« erfahren wir, dass die Eiche 1905 noch lückenlos grünte: Kronenumfang damals 69 m, Umfang 10,50 m.

Standort: Der Straße Borlinghausen–Löwen folgen. Nach 400 m Schild am Straßenrand.

Marone in Dingden   313

Kreis Wesel
Alter: 220–280 Jahre
Taille: 6,85 m (2007)
Umfang: 6,85 m (2007)

Auch Dingden besitzt eine bemerkenswerte Marone (Castanea sativa). Ein altes Wagenrad ziert ihren Stamm, ihre Krone überspannt den Vorhof des Hofs am Kahlenberg. Es ist ein schönes Bild bäuerlicher Tradition, denn Maronen zählten und zählen gemeinsam mit Sommerlinde, Eiche und Holunder zu den beliebtesten Hofbäumen. Der Niederrhein bietet aufgrund des milden und ausgeglichenen Klimas gute Wuchsbedingungen für die Art.

Standort: Am Hof Am Kahlenberg 2.

312

Brockmöllers Eiche bei Hopsten   314

Kreis Steinfurt
Alter: 300–500 Jahre
Taille: 8,43 m (2000)
Umfang: 8,58 m (2003)

In einer Beilage der »Kölnischen Volkszeitung«
vom März 1900 heißt es: »Die Eiche in dem
Dorfe Hopsten bei Ibbenbüren sieht von weitem
aus wie ein riesenhafter Strauch, da ihr Stamm
nur 2 Meter hoch ist; derselbe hat 667 Zentimeter Umfang, die sieben dicken Aeste (der
dickste hat 430 Zentimeter Umfang) bilden mit
ihrer Auszweigung eine gewaltige Krone von etwa 27 Meter Durchmesser.« Nach über 100 Jahren ist aus dem »riesenhaften Strauch« ein
mächtiger Eichbaum geworden, der den Hof
Brockmöller seit vielen Generationen – vielleicht 12, vielleicht sogar 20 – behütet.

Standort: 4 km östlich von Hopsten.

Eibe in Elfrath   315

Stadt Krefeld
Alter: 350–500 Jahre
Taille: nicht bekannt
Umfang: 4,40 m (2003)

Vor 100 Jahren waren Baumgelehrte sich einig:
Die Eibe *(Taxus baccata)* an der ehemaligen
Wasserburg Haus Rath in Elfrath, erbaut im
12. Jahrhundert, könnte ihrem Habitus nach das
älteste Exemplar ihrer Gattung in Deutschland
sein. Der Stamm ist aufgebrochen, vielleicht weil
einer der Gipfeltriebe geborsten ist und einen
Teil des Stammes mit aufgebrochen hat. Ein
dicker Ast räkelt sich mit fingerartigen Zweigen
zur Seite.

Standort: Bei Haus Rath.

Kirchlinde in Reelkirchen   316

Kreis Lippe
Alter: 380–700 Jahre
Taille: 7,80 m (2007)
Umfang: 7,92 m (1999)

Vor 1241 gehörten alle Ortschaften des Blomberger Beckens zum Großkirchspiel Reelkirchen, einer Urpfarrei des Weizengaus. Nach alter Überlieferung deutete die Kirchenlinde als Symbol des Zusammenhalts mit 7 waagerechten Ästen in die Richtungen der »sieben Dörfer«, die heute Herrentrup, Höntrup, Istrup, Wellentrup, Tintrup, Maspe und Siebenhöfen heißen. Heute hat die Sommerlinde noch 3 horizontale Äste und wird im Volksmund auch gerne als 1000-jährige Linde bezeichnet.

Standort: Vor der Kirche.

Süntelbuchen in Bochum   317

Stadt Bochum
Alter: 170–190 Jahre
Taille: nicht bekannt
Umfang: 3,92 und 4,07 m (2005)

Eine Internetseite (www.suentelbuchen.de) informiert über die seltene Buchenform. In Deutschland gibt es knapp 200 Exemplare, die älter als 50 Jahre sind – die Hälfte davon im Bad Nenndorfer Kurpark, der Rest verteilt sich auf fast 50 unterschiedliche Standorte.
Am Schloss in Weitmar stand bis ins Jahr 2000 eine kolossale Süntelbuche, die 1740 gepflanzt wurde. Nachdem sie mehrmals beschädigt und angezündet worden war, brach sie zusammen. 2 weniger bekannte Exemplare mit 4,07 und 3,92 m Umfang existieren noch.

Standort: Kemnader Str. 100, Unterm Kollm 10.

Hainbuche in Siddinghausen   318

Kreis Paderborn
Alter: 180–250 Jahre
Taille: 4,43 m (2007)
Umfang: 4,50 m (2007)

Sie ist eine der kuriosesten Baumgestalten im Landkreis Paderborn: die Hainbuche *(Carpinus betulus)* von Siddinghausen. Typisch ist die wulstige Rinde, ungewöhnlich dagegen die Wuchsform mit einem weit zur Seite gestreckten Ast. Ihr Standort befindet sich oberhalb des Flusses Alme in 260 m Höhe. Wie alt mag sie sein? Die Hainbuchen im Hasbruch, Niedersachsen, erreichten 1,9 cm Umfangszuwachs jährlich in den vergangenen Jahrzehnten. Ein Alter von über 200 Jahren wäre also denkbar.

Standort: Ecke Ritterteichstraße/Quat.

Eibe am Stammhof   319

Kreis Wesel
Alter: 300–400 Jahre
Taille: 3,90 m (2000)
Umfang: 3,91 m (2007)

Im Bauerngarten des Stammhofes steht eine alte Eibe. Ihre Benadelung ist fein und spröde. Sie wirkt sehr alt. Im ozeanischen Klima, so fanden Dendrologen, können Eiben den Zuwachs einer Eiche zeigen, im Unterstand des Waldes dagegen nur wenige Millimeter. SCHLIECKMANN (1904) hilft mit seiner Angabe weiter: 2,91 m Umfang vor gut 100 Jahren.

Standort: In Nordbrock (östlich Dingden) die Kreisstraße nördlich Richtung Köper fahren. Vor der Kreisgrenze rechts abbiegen und dem Alten Rheder Weg 800 m nordostwärts bis zum Stammhof folgen. Auf Privatgrund.

Feldahorn bei Marienloh   320

Kreis Paderborn
Alter: 140–200 Jahre
Taille: 5,12 m (2007)
Umfang: 5,58 m (2007)

Der Feldahorn bei Marienloh am Eggegebirge erinnert an den Feldahorn bei Magdeburg-Herrenkrug. 3 Stämme kommen hier, wie es aussieht, aus einer einzigen Wurzel. Gemeinsam bilden sie eine schöne, weiträumige Kugelkrone. Man wundert sich sofort über die erstaunliche Wuchskraft, wo Feldahorne sich doch meist mit einem bescheideneren Dasein als Hecke oder Busch zufrieden geben. Dieser Baum überragt den Rand eines Feldgehölzes.

Standort: Östlich von Marienloh, nahe dem Knie des Baches Beke, 100 m südlich der L 814 und 500 westlich vom Kleehof.

321

Erlen bei Oberdresselndorf   321

Kreis Siegen-Wittgenstein
Alter: 160–250 Jahre
Taille: 4,35 und 4,10 m (2008)
Umfang: 4,45 und 4,26 m (2008)

Am Fuß eines flachen Berges dringt unter der Basaltdecke Sickerwasser hervor. Von 8 alten Erlen oder Erlenstöcken *(Alnus glutinosa)* in verschiedenen Dicke- und Zerfallsstadien sind 2 ganz bemerkenswert. Heinz-Walter Hungenbach aus Köln führte das Deutsche Baumarchiv hin. Aus alten Karten, sagt er, lässt sich ein Alter von 200 Jahren folgern. Früher war hier ein Hauberg, der alle 19 Jahre gerodet und dann 4 bis 5 Jahre lang mit Korn und Weizen besät wurde. In der Nachbarschaft findet Kaolin-Abbau statt. Das Naturschutzgebiet bleibt davon unberührt.

Standort: 150 m südwestlich der Theodor Stephan KG, 80 m nördlich Liebenscheider Straße.

Linde in Elbrinxen   322

Kreis Lippe
Alter: 320–500 Jahre
Taille: 9,48 m (2000)
Umfang: 10,40 m (1999)

Die Sommerlinde steht auf dem Zenit ihrer Wuchskraft. Im letzten Jahrzehnt wuchs ihr Umfang jährlich 4 cm. Die eiförmige Krone ist über 30 m hoch. Sie wurzelt in tiefgründigem Lehm. Das »Guiness Lexikon der Superlative« kürte sie unverdient zu Deutschlands ältester Linde, angeblich 1000 Jahre alt. In der Soester Fehde wurde Elbrinxen 1447 verwüstet und 1515 an heutiger Stelle neu errichtet. Aus dieser Zeit könnte die mächtige Linde stammen.

Standort: Nahe der Kirche.

322

Rheinland-Pfalz mit Saarland

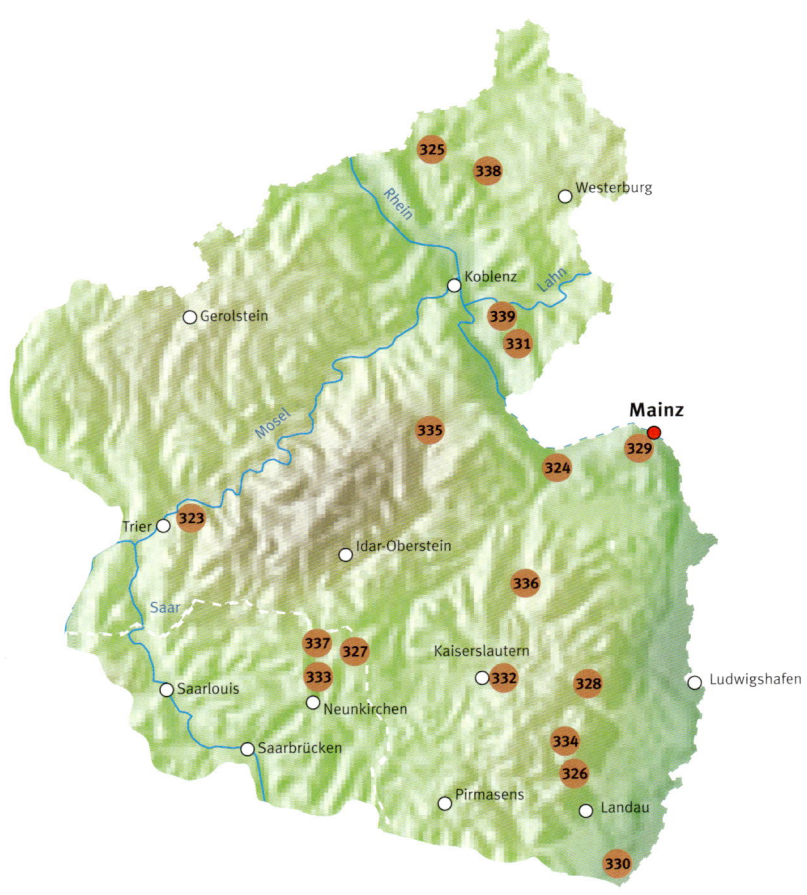

Marone am Kockelsberg   323

Stadt Trier
Alter: 200–320 Jahre
Taille: 7,84 m (2007)
Umfang: 7,88 m (2007)

Hangaufwärts bietet die alte Marone (Castanea sativa), die in der historischen Literatur als »Keschtebusch« bekannt war, einen massiven, trutzigen Anblick. Aus anderer Perspektive lässt sich deutlich die Vielkernigkeit erkennen. Bei Busch (1952) ist ein Foto abgebildet, das vom ersten Eindruck her 2 verwachsene Bäume zeigt – damaliger Umfang: 6,55 m in 1,3 m Höhe. In einem solchen Fall könnte nur eine genetische Untersuchung endgültigen Aufschluss geben.

Standort: Nahe der A 64 der Straße Kockelsberg in Richtung Restaurant folgen. Nach 700 m vom Parkplatz 400 m südwestlich in den Wald hinab.

Kastanie in Ockenheim   324

Kreis Mainz-Bingen
Alter: 200–250 Jahre
Taille: 4,94 m (2001)
Umfang: 5,08 m (2006)

Die Rosskastanie (Aesculus hippocastanum) ist der Stolz des Landkreises, der dickste und älteste Baum im Raum Mainz-Bingen. Dazu ist sie auch die einzige bekannte Friedhofskastanie dieses Formats. Die Krone ist 20 m hoch und 25 m breit. Der tonnenförmige Stamm verzweigt sich in zahlreiche, teils bizarre Äste, die sich weiter außen wieder zum Boden schwingen und von denen einige abgestützt sind. Der Baum wurde 1961 unter Schutz gestellt. Die Schönheit der Wuchsform dürfte dabei eine Rolle gespielt haben.

Standort: Auf dem Friedhof.

Brunneneiche in Kaffroth   325

Kreis Altenkirchen
Alter: 320–420 Jahre
Taille: 6,96 m (2000)
Umfang: 7,68 m (2008)

Die Schönheit der Brunneneiche in Kaffroth ist ungewöhnlich. Sie wird auch 1000-jährige Eiche genannt und ist das Wahrzeichen des 250 m hoch gelegenen Westerwalddorfes. Über dem geraden, stabilen Stamm erhebt sich die knorrige Zwieselkrone. Neben der Stieleiche (Quercus robur) befindet sich ein 19 m tiefer Brunnen, der einst Mensch und Tier mit Trinkwasser versorgte, vielleicht sogar die Eiche über ihr. Das Brunnenhäuschen wurde durch einen abfallenden Ast beschädigt, heute verschließt ein Betondeckel den Schacht.

Standort: Im Ort.

325

Marone bei Gleisweiler   326

Kreis Südliche Weinstraße
Alter: 200–280 Jahre
Taille: 6,47 m (2005)
Umfang: 7,52 m (2003)

Wein und Esskastanien gehören traditionell zusammen. So auch hier im »Pfälzischen Nizza«, wie Gleisweiler sich nennt. Die 2-kernige Marone thront über dem weiten, flachen Rheintal und bietet Ausblicke über den Ort und die umliegenden Weinberge, Wiesen und Felder. Als die Römer Untergermanien besetzten, brachten sie den Baum als Kulturbegleiter mit. Sein Holz diente als Rankhilfe für die Weinreben. Auch seine Früchte sind traditionell sehr beliebt. Gebraten erinnert ihr Aroma an Kartoffel und Nuss.

Standort: Oberhalb des Ortsbrunnens, direkt am Dorfrand in einer alten Hohl.

326

Hainbuche bei Hoof   327

Kreis St. Wendel
Alter: 210–240 Jahre
Taille: 4,28 m (2008)
Umfang: 4,28 m (2008)

Diese Hainbuche ist nicht nur die stärkste ihrer Art im Saarland, sondern auch westlich des Rheins. Ob die Ausmauerung des Stammes den ursprünglichen Umriss des Stammes nachahmt? 2 Seitenäste bilden durch Verwachsung eine bizarre überdimensionale Öse. Mit 0,85 g/cm³ ist Hainbuchenholz das zweitschwerste heimische Holz, nur übertroffen von dem des Speierlings. Es ist zäh und druckfest und wurde für Nockenwellen und Zahnräder im Mühlenbau verwendet.

Standort: Vom Friedhofsparkplatz dem Weg rechts (nordostwärts) 300 m folgen.

327

Mandel bei Kallstadt   328

Kreis Bad Dürkheim
Alter: 80–120 Jahre
Taille: 2,15 m in 0,7 m (2007)
Umfang: 2,50 m (2007)

Die Mandel *(Prunus dulcis)* gehört zu den
Steinobstgewächsen und ist eng mit Kirsche,
Pflaume, Pfirsich und Aprikose verwandt, auch
wenn man geneigt ist, sie den Nüssen zuzuord-
nen. Mandeln liefern den Rohstoff für Marzipan,
das »Märzenbrot«. Die meist rosa Blüten erscheinen von Ende Februar bis Anfang April,
lange vor dem Laubaustrieb, und kündigen
den Frühling an. Das dickste uns bekannte
Exemplar der Art steht bei Kallstadt an der
Pfälzer Weinstraße.

Standort: In Kallstadt der Straße nach Leistadt
800 m folgen, linker Hand.

Nuss in Mainz   329

Stadt Mainz
Alter: 130–160 Jahre
Taille: 3,80 m* (2008)
Umfang: 3,80 m* (2008)

Viele Nussbäume zeigen bei Umfängen jenseits
der 4-Meter-Marke schon Anzeichen des Verfalls. Die Mainzer Nuss *(Juglans regia)* ist, wie
der lateinische Name andeutet, nicht nur vital,
sondern von königlichem Wuchs. Direkt oberhalb der Messhöhe von 60 cm verzweigt sich
der tonnenförmige Stamm und bildet eine riesige Krone von 25 m Durchmesser.
Eine starke Kastanie des Stadtgebiets steht in
der Borngasse in Mainz-Finthen. Sie erreicht
5,13 m Stammumfang (Taille 4,93 m) und beschattet mit großer Krone den Kindergarten.

Standort: Wilhelm-Schrohe-Straße.

328

Schöne Eiche von Endlichhofen   331

Rhein-Lahn-Kreis
Alter: 300–420 Jahre
Taille: 6,85 m (2001)
Umfang: 7,40 m (1992)

Ist sie die schönste Eiche unseres Landes? Dass die solitäre Eiche noch grünt und ihre unverkennbare Baldachinkrone mit knorrigen Ästen und feinen Zweigen bewahrt hat, ist ein Wunder. Während der Rheinlandbesetzung nach dem Ersten Weltkrieg geriet sie bei französischen Truppenübungen in Brand. Ende des Zweiten Weltkriegs beschoss deutsche Artillerie die von Westen vorrückenden Amerikaner – 2 Starkäste der Eiche wurden abgesprengt. In den 1970er-Jahren kam es im mulmgefüllten Inneren zu einem kaum löschbaren Brand, der nur mit chemischen Mitteln gestoppt werden konnte.

Standort: Im freien Feld bei Endlichhofen.

Birne in Freckenfeld   330

Kreis Germersheim
Alter: 150–225 Jahre
Taille: 4,40 m (2003)
Umfang: 4,45 m (2001)

Durch die Vermittlung von Herrn Rainer Rausch, »Arbeitskreis Historische Obstsorten der Pfalz«, startete die Zeitung »Rheinpfalz« im September 2000 eine groß angelegte Suchaktion nach alten Obstbäumen. Dank der guten Resonanz konnten einige bemerkenswerte Birnen ermittelt und vermessen werden. Das dickste Exemplar der Pfalz steht demnach in Freckenfeld und wird hier in Blüte vorgestellt. Es ist eine uralte Mostbirne.

Standort: Nahe der Kirche.

332

Hexenkiefer bei Kaiserslautern   332

Stadt Kaiserslautern
Alter: 250–350 Jahre
Taille: nicht bekannt
Umfang: 5,15 m (2007)

Im Stadtwald von Kaiserslautern wächst eine imposante Kiefer *(Pinus sylvestris)*, die im Volksmund Hexenkiefer heißt. Eine tiefe Blitzrinne zieht sich von einem der beiden kronenbildenden Starkäste bis zum Erdboden. Die Brandspur zerteilt die klar strukturierte, rötlich leuchtende Borke. Mit einem Umfang von über 5 m gehört sie zu unseren mächtigsten Kiefern.

Standort: An der L 504 von Kaiserslautern Richtung Waldleiningen, etwa 600 m vor dem Waldparkplatz Hungerbrunnen, in östlicher Richtung hangaufwärts. Waldweg parallel zur L 504.

Dorflinde in Stennweiler   333

Kreis Neunkirchen
Alter: 400–450 Jahre
Taille: nicht messbar
Umfang: noch 7,95 m (2002)

Früher befand sich an der alten Dorflinde ein Gong, mit dem die Einwohner zusammengerufen wurden, wenn es wichtige Nachrichten gab. Ein baumchirurgischer Eingriff verwandelte den einst 9 m Umfang messenden Stamm in ein skurriles Gebilde.
Die Luftwurzeln, die sich im dunklen Innern des vermorschenden Stammes gebildet hatten, sind jetzt freigelegt. Ein Großteil des Stammes wurde entfernt. Bedauerlich, denn heute gelten bei Baumsanierungen ganz andere Prinzipien als vor 40 Jahren.

Standort: In der Ortsmitte auf einer Wiese.

334

Marone bei Ramberg   334

Kreis Südliche Weinstraße
Alter: 200–280 Jahre
Taille: 7,63 m (2007)
Umfang: 7,60 m (2007)

An einem steilen Südhang hoch über den Haus-
dächern von Ramberg wurzelt diese mächtige
2-kernige Edelkastanie. Ihr Stamm hat an der
schmalsten Stelle, der Taille, einen Umfang von
7,63 m. Das Holz der Edelkastanie diente in den
Weinbaugebieten zum Bau von Weinfässern
und als Pfahlholz. Das kaliumreiche Laub wurde
zur Düngung verwendet oder für medizinische
Zwecke veredelt. So braute im Jahr 1873 ein
Edenkobener Apotheker aus den Blättern der
Edelkastanie Keuchhustensaft.

Standort: Nördlich des Ortes, am Waldrand.

Apfel bei Simmern   335

Rhein-Hunsrück-Kreis
Alter: 100–150 Jahre
Taille: 3,22 m (2007)
Umfang: 3,22 m unter Ästen (2007)

Alte Apfelbäume sind rar in Deutschland, besonders intakte. Der berühmte Stubbendorfer
Apfel ist am Zerfallen, ein Teil des Stammes und
zwei Drittel der Krone sind verloren. Ein kürzlich
entdeckter uralter Apfel im Fränkischen nahe
Meierhof, Kreis Hof, befindet sich ebenfalls in
einem fortgeschrittenen Zerfallsstadium. Der
Zustand des Naturdenkmals »Apfelbaum Domäne« ist noch gut. Der Stamm ist mehrkernig und
verzweigt sich in etwa 80 cm über dem Boden.
Der Baum steht am Rand einer Viehweide auf
einer Böschung.

Standort: 200 m östlich der »Domäne«.

Maronen in Dannenfels   336

Donnersbergkreis
Alter: 350–450 Jahre
Taille: 8,40 m (2000)
Umfang: ca. 9,00 m (2000)

Schon 1900 war Dannenfels am 687 m hohen
Donnersberg für die schönsten Maronenhaine
nördlich der Alpen berühmt. Im Ort, einge-
klemmt in eine 3 m hohe Steinmauer, steht die
Dicke Kescht, eine bis auf einen kleinen Seiten-
spross kahle Baumskulptur. 1849 bauten Stör-
che ein Nest in der Marone, doch eine Feuers-
brunst verscheuchte sie wieder. 1860 riss ein
Wirbelsturm die Primärkrone ab. Wie schön
Maronen werden können, zeigt das abgebildete
jüngere Exemplar (6,50 m Umfang).

Standort: 150 m südwestlich der Bennhauser
Straße am Waldrand.

Douglasie bei Nohfelden   337

Kreis St. Wendel
Alter: 130–150 Jahre
Taille: 4,85 m (2008)
Umfang: 5,13 m (2008)

Der Pflanzenjäger David Douglas fand die Art
um 1824 auf einer Kanadaexkursion und führte
sie in England ein. Douglasien wachsen schnell
und können angeblich ein Alter von 400 Jahren
erreichen. Die Anpflanzung könnte auf Bismarck
zurückgehen, der 1880 die Deutschen Forstlichen Versuchsanstalten mit Testpflanzungen für
18 aussichtsreiche Exoten beauftragte. 200 m
entfernt steht ein Dutzend 260-jähriger Lärchen,
die stärkste mit 4,56 m Umfang (Taille 4,18 m)
und 50 m Höhe.

Standort: Buchwaldstraße, hinter der Buch-
waldhalle dem Weg 200 m rechts folgen.

336

338

Kirchlinde in Rückeroth   338

Westerwaldkreis
Alter: 400–450 Jahre
Taille: 9,95 m (2001)
Umfang: 10,08 m (2001)

Durch den Baumsachverständigen Eckart Müller aus Urbar wurden wir auf die 7-achsige Dorflinde im Westerwalddörfchen Rückeroth aufmerksam. Historisch belegt ist ihre Vorgängerin. In einigen Weistümern Rückeroths bis zum Jahr 1553 wird eine Linde als Gerichtsort des Grafen von Wied genannt. 1599 bleibt sie unerwähnt. Im Weistum von 1629 heißt es über den Gerichtsplatz, er sei »obig dem Ort, da die Linde gestanden hat«.
Manche meinen, die jetzige Linde sei dem abgestorbenen Sockel der alten entwachsen.

Standort: Am Aufgang zur Kirche.

Toreiche in Dausenau   339

Rhein-Lahn-Kreis
Alter: 350–450 Jahre
Taille: 7,90 m (1996)
Umfang: 9,15 m (1992)

Der Fachwerkort Dausenau mit seiner 1359 erbauten Ringmauer trägt auch den Beinamen »Rothenburg an der Lahn«. Vor dem westlichen Stadttor mit Zollturm zieht die majestätische Toreiche die Blicke auf sich. Hohl und doch aufrecht steht die Stieleiche mit mächtigen, 3 m hangabwärts streichenden Wurzeln an der steilen Uferböschung der Lahn. Am Boden ergibt sich ein Umfang von 14,70 m. Im oberen gusseisernen Gitter, das den Stamm abschottet, hat man stolz die Worte »1000 Jahre« eingefügt. Ein halbes Jahrtausend kann es sein.

Standort: Vor dem westlichen Stadttor.

339

Baden-Württemberg

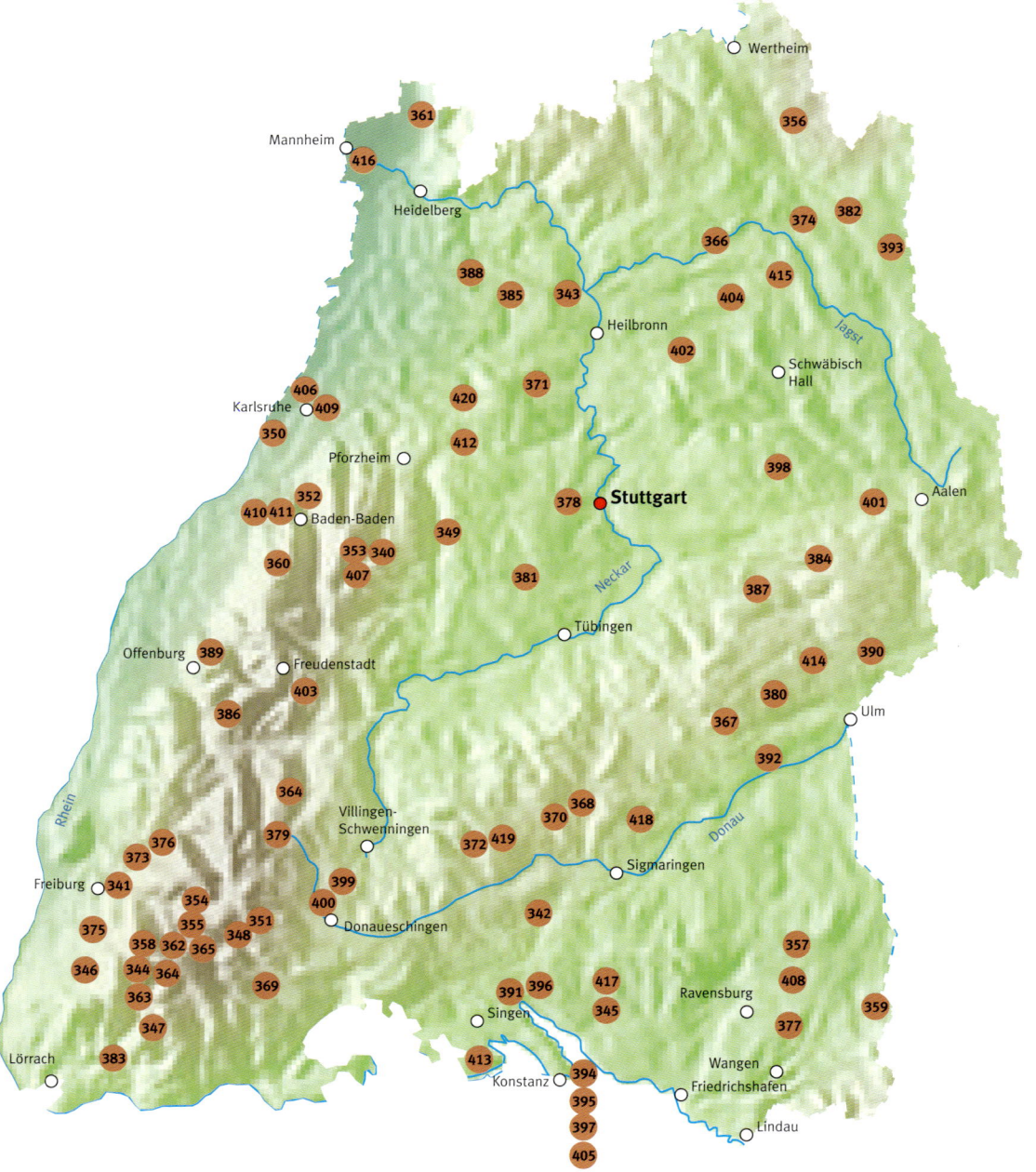

340 Mammutbaum Hofstett
341 Schwarznuss Schloss Ebnet
342 Esche Boll
343 Friedhofsulme Bonfeld
344 Nuss Todtnau
345 Birne Bambergen
346 Große Tanne Sirnitzpass
347 Dicke Tanne Gersbach
348 Esche Hierahof
349 Mammutbaum Hirsau
350 Kopfweide Illingen
351 Esche Lohrenhof
352 Marone Schloss Eberstein
353 Douglasie Enzklösterle
354 Linde Breitnau
355 Esche Hinterzarten
356 Feldahorn Kützbrunn
357 Robinie Bad Waldsee
358 Weidbuchen Graben
359 Esche Unteröschhöfe
360 Tanne Unterstmatt
361 Zeder Weinheim
362 Doppelbuche Lailekopf
    Wieden
363 Weidbuche Schönenberg
364 Fichte Tennenbronn
365 Weidbuche Utzenfeld
366 Linde Neusass
367 Linde Heuhof Bremelau
368 »Büchli« Harthausen
369 Tanne Grafenhausen
370 Frau Buch Straßberg
371 Mammutbaum Ochsenbach
372 Weide Aldingen
373 Marone Wildtal
374 Lindenlaub Hollenbach
375 Marone Staufen
376 Marone Suggental
377 Esche Hub

378 Esche Schloss Solitude
379 Ahorn Jäckleshof Brigach
380 Schinderwasenbuche
    Suppingen
381 Silberpappel Mauren
382 Lenzeiche Sichertshausen
383 Eiche Schopfheim
384 Esche Oberweckerstell
385 Birne Weiler
386 Gerichtslinde Kirnbach
387 Silberpappel Boll
388 Hängebuche Schloss
    Eichtersheim
389 Marone Fürsteneck
390 Walkstetter Linde Bernstadt
391 Hainbuchen Bodman
392 Ziegelhoflinde Ehingen
393 Linde Wiesenbach
394 Mammutbäume Mainau
395 Zeder Mainau
396 Hildegardlärche Sipplingen
397 Ginkgo Mainau
398 Schlosslinde Alfdorf
399 »Käppelebaum«
    Überauchen
400 Eiche Tannheim
401 Teichlinde Schloss
    Hohenroden
402 Kastanie Weiler
403 Großvatertanne
    Freudenstadt
404 Eiche Emmertshof
405 Silberpappeln Mainau
406 Felsenkirsche Grünwinkel
407 Mammutbaum Simmersfeld
408 Ahorn Bergatreute
409 Marone Karlsruhe
410 Mammutbäume
    Baden-Baden

411 Schwarzkiefer Baden-Baden
412 Kirsche Kieselbronn
413 Quitte Öhningen-Kattenhorn
414 Hutebuche Scharenstetten
415 Tanzlinde Schloss Stetten
416 Maulbeeinsel Mannheim
417 Dicke Linde Hohenbodman
418 Linde Emerfeld
419 Linde Allenspacher Hof
420 Birne Kleinvillar

Mammutbaum in Hofstett   340

Kreis Calw
Alter: 145 Jahre (2009)
Taille: 8,80 m in 2,8 m Höhe (2008)
Umfang: 13,74 m (2008)

Lukas Wieser aus Walenstadt, Schweiz, beschäftigt sich seit 28 Jahren mit Mammutbäu-
men. Wipfeldürre in Trockenzeiten ist für
Sequoiadendron giganteum die größte Gefahr,
sagt er. Stürme wie Lothar & Co. können den
sturmfesten Bäumen dagegen wenig anhaben.
Der Kenner gab den Hinweis auf das mit Ab-
stand dickste Exemplar in Deutschland. Es hat
dank einer Knolle 13,74 m Umfang und 36,8 m
Höhe erreicht. Es stammt aus der ersten Generation dieser Bäume, die 1864 in der Stuttgarter
Wilhelma angezogen wurden.

Standort: Alte Revierförsterei, Forststraße 24.

Schwarznuss auf Schloss Ebnet   341

Stadt Freiburg
Alter: 160–170 Jahre
Taille: 6,40 m (2000)
Umfang: 6,57 m (2004)

Auf Schloss Ebnet war es Tradition, zu den Fami-
liengeburtstagen Bäume zu pflanzen. Diese
Schwarznuss wurde 1847 zum Geburtstag des
Urgroßvaters, Baron Heinrich von Gayling, gesetzt. Sie stammt aus Nordamerika und soll mit
dem Segelschiff über den Ozean gebracht worden sein. Sie oder ein Exemplar im Hampton-
Park, London, soll die dickste Schwarznuss
Europas sein. Ihre Früchte werden von einem
Walnusszüchter am Kaiserstuhl für Veredlungen
verwendet.

Standort: Hinter dem Schloss, auf Privatgrund.

342

Esche bei Boll   342

Kreis Sigmaringen
Alter: 280–350 Jahre
Taille: 6,70 m (1998)
Umfang: 7,05 m (2000)

Auf einer Streuobstwiese am Ortsrand von Boll
türmt die Esche ihre Krone auf. Ihr Standort
liegt 640 m hoch, der Stamm ist so stark wie der
Stamm der Hierahofesche, doch bei ihr setzt die
Krone niedriger an. Scheinbar wurde der Baum
vor langer Zeit geköpft, denn in 5 m Höhe entspringen auf gleicher Ebene alle 5 starken Astarme. Die Krone überspannt 27 m. Der Baum erinnert an die Vorstellungswelt der Germanen, in
der die Riesenesche Yggdrasil mit ihrem Stamm
die Weltenachse bildet.

Standort: 200 m südwestlich des Ortsrands.

Friedhofsulme in Bonfeld   343

Kreis Heilbronn
Alter: 200–250 Jahre
Taille: 5,80 m (2005)
Umfang: 7,00 m (2004)

Die alte Flatterulme am Friedhof in Bonfeld
scheint sich weit in den Süden der Republik ver-
irrt zu haben. Mecklenburg-Vorpommern, Brandenburg und Niedersachsen sind die Heimat der
meisten alten Ulmen. Bei diesem hochgewach-
senen Exemplar, das leider stark von einem Efeu
bedrängt wird, handelt es sich um die dickste
Ulme Baden-Württembergs.
Unweit, im Feld bei Kirchhausen, steht an einer
Kapelle die schön gewachsene Annalinde (Umfang über 7 m).

Standort: Am Friedhof in Bonfeld.

Nuss in Todtnau 344

Kreis Lörrach
Alter: 150–200 Jahre
Taille: 4,15 m (2006)
Umfang: 4,15 m (2006)

Der Baumsachverständige Peter Klug aus Steinen meldete diesen dicken Nussbaum aus seinem Arbeitsgebiet. Wir waren überrascht, die wärmeliebende Baumart in diesem Format mitten im Schwarzwald anzutreffen. Die Äste der Nuss *(Juglans regia)* sind alle gekappt. Neuaustriebe sind an den Schnittstellen entstanden. Wenige solche Nussbäume gibt es heute noch. Die Nussbaumbestände wurden im Ersten Weltkrieg vor allem für die Produktion von edlen Gewehrschäften dezimiert.

Standort: In einem Vorgarten nahe unterhalb des Busbahnhofs.

344

345

Birne bei Bambergen 345

Bodenseekreis
Alter: 140–180 Jahre
Taille: 4,04 m (2002)
Umfang: 4,17 m (2006)

Die Schweizer Wasserbirne ist als Sorte seit mindestens 200 Jahren bekannt. Sie trägt erfrischende, saftige Essbirnen, die aber bevorzugt zu Dörrobst und Most verarbeitet werden. Die alte Sorte gilt als extrem frosthart und ist für hohe Wuchskraft und ergiebige Ernte bekannt. Die Birne bei Bambergen zeigt den typischen Wuchs mit kräftiger hochovaler Krone. Bambergen liegt bodenseenah im Linzgau – ein günstiges Obstanbaugebiet. Direkt am benachbarten Hof steht eine zweite Birne mit 3,82 m Umfang.

Standort: Östlich von Bambergen am Georgenhof.

346

Große Tanne am Sirnitzpass 346

Kreis Breisgau-Hochschwarzwald
Alter: 400–500 Jahre
Taille: 5,43 m (2006)
Umfang: 6,35 m (2001)

1978 machte HOCKENJOS im Auftrag der Landesforstverwaltung eine 2-jährige Bestandsaufnahme alter Bäume Baden-Württembergs. Einen
Höhepunkt bildet die bis dahin unbekannte
Tanne am Sirnitzpass: damals 5,5 m Umfang
(in Brusthöhe), 50 m Höhe und 43,5 m³ Holzmasse. Damit entthronte sie die Große Tanne
von Gersbach. Ihr Standort ist denkbar günstig.
Sie steht mit guter Wasserversorgung direkt am
Klemmbach in etwa 800 m Höhe.

Standort: Nahe der Passstraße, unterhalb des
alten Forsthauses Sirnitz am Klemmbach.

Dicke Tanne bei Gersbach 347

Kreis Lörrach
Alter: 350–450 Jahre
Taille: 5,26 m (2006)
Umfang: 5,78 m (2006)

Die berühmte Große Tanne bei Gersbach ist Vergangenheit. Sie liegt auf dem Waldboden und
verrottet. Die Dicke Tanne ist ihre Nachfolgerin.
Neben dem Baum fließt ein Rinnsal, in dem das
Regenwasser sich den Weg talwärts bahnt. Der
Standort liegt in 970 m Höhe. Weiter östlich stehen weitere bemerkenswerte »Flachslandtan-
nen« im Park der Giganten. Eine Tanne mit Schild
am Rand des Wanderwegs hat 4,94 m Umfang.

Standort: An der Verlängerung der Rauschbach-
straße. Ab Parkplatz Hohe Tannen dem Wanderweg Roter Punkt 1,5 km folgen, Schild linker
Hand.

348

Mammutbaum bei Hirsau 349

Kreis Calw
Alter: 145 Jahre (2009)
Taille: 7,32 m (2008)
Umfang: 9,32 m (2008)

1853 stieß der englische Pflanzensammler und Botaniker William Lobb in der kalifornischen Sierra Nevada auf Mammutbäume: 100 m hohe Giganten mit Stammumfängen von über 30 m und einem Alter von über 2500 Jahren. Das deutsche Forstwesen war interessiert, Samen wurden importiert. 2 Mammutbäume der ersten Stunde, gekeimt 1864 in der Stuttgarter Wilhelma, wachsen heute nahe Hirsau. Die dickere gibt einen Vorgeschmack auf künftigen Riesenwuchs. Im Foto: Bernd Ullrich.

Standort: Landesklinik Nordschwarzwald, 200 m nördlich des Parkplatzes.

Esche am Hierahof 348

Kreis Breisgau-Hochschwarzwald
Alter: 250–350 Jahre
Taille: 6,69 m (2000)
Umfang: 7,01 m (2000)

An einem kleinen Mühlgraben am Hierahof bei Saig, 900 m hoch gelegen, steht die wohl älteste Esche Deutschlands. Ihr Stammsockel ist hohl, und zwar seit einem Feuerwerk zur Hochzeit des einstigen Gutsherrn. Igel oder Marder finden hier Unterschlupf. Die Esche ist über 30 m hoch und wächst zügig. KLEIN maß 1907 nur 4,37 m Umfang, vermutlich in Brusthöhe. Eine weitere Esche an der Zufahrt zum Hierahof ist heute mit 5,05 m Umfang bereits dicker. In ihre Äste ist ein Baumhaus gezimmert.

Standort: Am Hierahof 1,5 km südöstlich von Saig.

349

Kopfweiden bei Illingen   350

Kreis Rastatt
Alter: 150–200 Jahre
Taille: bis 7,00 m (2005)
Umfang: bis 7,00 m (2008)

Die alten Kopfweiden am Illinger Altrhein bilden einen geheimnisvollen Auenwald. Ihr letzter Rückschnitt ist lange her, zu schwere Äste brechen ab. Im 18. Jahrhundert führten die in Baden betriebenen flussbaulichen Maßnahmen am Rhein zu einem steigenden Bedarf an Faschinen (Laubholzbündeln). Die heute noch vorhandenen Kopfweidenwälder zwischen Kehl und Rastatt sind die Überbleibsel der angelegten Nutzwälder. 3 Exemplare am Goldkanal erreichen Umfänge um 7 m.

Standort: Am Goldkanal südwestlich von Illingen.

Esche auf dem Lohrenhof   351

Kreis Breisgau-Hochschwarzwald
Alter: 220–300 Jahre
Taille: 6,47 m (2000)
Umfang: um 6,80 m (2000)

Wie so oft wurde diese Hofesche auf einer Fahrt des Deutschen Baumarchivs gesichtet und erweist sich heute als eine der dicksten Eschen (Fraxinus excelsior) Deutschlands. Die Höhenlage beträgt 900 m und ist damit typisch für die Art. Zahlreiche an den Stamm gelehnte Holzstangen erschwerten beim ersten Besuch die Messung. Der zweite Besuch brachte bessere Messergebnisse.

Standort: In Neustadt in Richtung Vöhrenbach fahren, an der Kapelle links über den Reichenbach, nach 800 m an der Straße Schwärzenbach unmittelbar vor dem Hof.

350

352

Marone Schloss Eberstein   352

Kreis Rastatt
Alter: 220–300 Jahre
Taille: 6,36 m (2004)
Umfang: 6,98 m (2005)

Den Weinbau brachten die Römer ins Land. Und
mit dem Wein kamen auch die Esskastanien,
denn ihr Holz diente als Rankhilfe für die Reben.
Im milden Klima des Rheingrabens können sie
gut gedeihen, wie die Marone im Ebersteiner
Weinberg beweist. Im Herbst bringen Esskastanien reichlich Früchte, die – wie manchmal der
Baum selbst – Maronen genannt werden.
Sammler durchstreifen dann die Maronenhaine
auf der Jagd nach den Früchten. Geröstete Maronen sind eine Delikatesse zur Winterzeit.

Standort: Bei Obertsrot dem Baumkundlichen
Lehrpfad am Schloss 300 m abwärts folgen.

Douglasie in Enzklösterle   353

Kreis Calw
Alter: 130–140 Jahre
Taille: 5,65 m (2000)
Umfang: 5,65 m (2001)

Die Douglasie *(Pseudotsuga menziesii)* im
Kurpark von Enzklösterle, Schwarzwald, hat
eine interessante aufgelockerte Form – ein seltener Anblick bei einem Nadelbaum. Sie wurde
1880 angepflanzt und hat sich seitdem prächtig
entwickelt. Die Krone dehnt sich 33 m hoch
und 20 m breit aus. Das Ursprungsgebiet der
Douglasie liegt in den regenreichen Bergregio-
nen der US-Bundesstaaten Kalifornien und
Washington, wo sie die biomassereichsten
Wälder der Erde bildet. Die oft 100 m hohen
Koniferen stehen dort extrem dicht zusammen.

Standort: Vor der Kirche.

353

Linde in Breitnau   354

Kreis Breisgau-Hochschwarzwald
Alter: 450–600 Jahre
Taille: 8,92 m (2006)
Umfang: 9,79 m (2006)

Breitnau ist das höchstgelegene Dorf im
Schwarzwald: 1020 m über NN. Die alte Dorflinde wird schon bei KLEIN (1908) verzeichnet.
Die Messung, vermutlich 1905, ergab in Brusthöhe über der Verzweigung 8,70 m. Ein Kapel-
lenbau 1148 und der Kirchbau um 1200 dürften
wahrscheinlich nicht mit der Linde in Verbindung stehen. Markant sind die 2 Stämmlinge,
die sich wie bei der Mönchsdegginger Linde,
Bayern, auseinanderneigen.

Standort: Neben der Kirche.

Esche in Hinterzarten   355

Kreis Breisgau-Hochschwarzwald
Alter: 160–200 Jahre
Taille: 4,83 m (2006)
Umfang: 5,03 m (2006)

Die Esche *(Fraxinus excelsior)* beeindruckt
den Besucher des Herchenhofs mit einer weit
ausgespannten, fein gegliederten Krone. Der
Standort des Hofbaumes ist sehr markant.
Er steht direkt an der Hangkante der Rampe,
die zum Dachraum des Bauernhauses hinauf-
führt. Der Dachraum dient beim Schwarzwald-
haus als Heulager und ist typischerweise über
eine Rampe oder einen Steg vom hinter dem
Haus ansteigenden Hang aus befahrbar. Das
Heu kann leicht in die darunter liegenden
Stallungen geworfen werden. In alten Zeiten
diente auch Eschenlaub als nahrhaftes Futter
für das Vieh.

Standort: Am Herchenhof im Windeckweg.

356

Feldahorn bei Kützbrunn   356

Main-Tauber-Kreis
Alter: 180–260 Jahre
Taille: 4,27 m (2006)
Umfang: 4,27 m unter Ästen (2004)

Das Aussehen des alten Feldahorns verrät seine
Vorgeschichte. Er ist ein alter Kopfbaum. Der
Stammkopf ist dick und knollig, zugleich flach
wie eine Flunder. Man kann hinaufsteigen wie in
einen Ausguck.
Immer wieder muss der Baum stark zurückgeschnitten worden sein, um sein Laub zu verfüt-
tern. Handförmig wachsen seine Äste aus der
Verdickungszone hervor.

Standort: Der Frankenstraße nordwestwärts
folgen, am Feldkreuz rechts halten. Nach 500 m
eine T-Kreuzung, dort links. Nach 100 m rechter
Hand.

Robinie in Bad Waldsee   357

Kreis Ravensburg
Alter: 160–240 Jahre
Taille: 5,27 m (2006)
Umfang: 5,27 m (2006)

An der Rückseite der Friedhofskapelle
St. Michael in Bad Waldsee reckt eine Robinie
ihre knorrigen Äste über das Dach.
Baum und Bauwerk gehören zusammen, aber
wie eng? 1628 hat man nebenan einen Pest-
friedhof angelegt. Die Kapelle wurde 1696 als
dazugehörige Gottesackerkapelle erbaut.
Eine Anpflanzung zu diesem Zeitpunkt erscheint
aber zeitlich zu weit entfernt. Bis auf einen tiefer gehenden Riss im Stamm ist die Robinie
noch intakt. Sie dürfte jünger sein.

Standort: An der Kapelle am Friedhof, Friedhof-
straße.

Weidbuchen bei Graben   358

Kreis Lörrach
Alter: 200–300 Jahre
Taille: 6,00 und 5,83 m (2006)
Umfänge: je 6,50 m (2001)

Rund um Wieden im Hochschwarzwald – besonders am Wiedener Eck und am Ochsenboden – stoßen Wanderer auf eine Anzahl uriger Hutebuchen, auch Weidbuchen genannt. KLEIN (1908) hat viele davon fotografiert und beschrieben. Er empfand die Wiedener Landschaft als »Schatzkästlein der wundervollsten Buchengestalten«. Dasselbe trifft gewiss auf das Buchenpaar bei Graben zu, das in herrlicher Schwarzwaldlandschaft in 970 m Höhe steht. Eine Buche ist 1-stämmig, die andere 2-kernig und innen vermorscht.

Standort: Nahe dem Wasserbehälter.

Esche auf den Unteröschhöfen   359

Kreis Ravensburg
Alter: 180–300 Jahre
Taille: 6,00 m (2007)
Umfang: 6,75 m (2007)

Eschen prägen diese Allgäuregion, wie auch die Hofbezeichnung und der 500 m westlich vorbeifließende Eschbach verraten. Ein besonders kapitales Exemplar auf den Unteröschhöfen ist bis vor Kurzem vor jedem öffentlichen Interesse verborgen geblieben. Der 1-stämmige Hofbaum liefert wenig Historie. Er ist einer von vielen seiner Art, nur ungewöhnlich alt. Als Hüter des Hofes spendet er mit seiner ausladenden Krone Schatten und vor allem Schutz vor dem Wind.

Standort: 1 km nordöstlich Urlau an den Unteröschhöfen, auf Privatgrund.

Tanne bei Unterstmatt   360

Kreis Rastatt
Alter: 320–400 Jahre
Taille: 4,85 m (2006)
Umfang: 5,32 m (2007)

Diese Tanne ist ein Vorzeigeexemplar der Art.
Sie ragt kerzengerade über 45 m hoch. Mächtige Wurzelausläufe krallen sich in den steinigen,
moosigen Waldboden. Erfreulich ist, dass man
die Tanne im lichten Wald in ihrer Gesamtheit
von oben bis unten bestaunen kann. Man muss
dazu nur einige Schritte rückwärts gehen. Die
obere Krone wirkt dank gleichmäßiger Beastung
harmonisch und vital.

Standort: Ab Skilift Unterstmatt (B 500) dem
Waldweg östl. folgen, vorbei an Schillerhütte
und einem in Holz gefassten Brunnen. Ein Hinweisschild am Wegesrand weist hinab zur Tanne.

Zeder in Weinheim   361

Rhein-Neckar-Kreis
Alter: 180–290 Jahre
Taille: 5,20 m (1999)
Umfang: 5,59 m (2003)

Die Weinheimer Zeder, angeblich gepflanzt im
Jahr 1720, gilt als älteste ihrer Art im Land. Ihre
Krone mit etagenförmigem Astwerk ragt 23 m in
die Höhe, die Auslage beträgt 27 m. Ihr Umfang
bleibt etwas hinter dem der Bad Homburger
Zeder in Hessen zurück. Noch in der Antike gab
es ausgedehnte Wälder östlich des Mittelmeers
und bis hinauf ins Himalaya-Gebirge. Ägypter,
Phönizier, Assyrer und Israeliten schlugen die
berühmten Libanonzedern zum Bau ihrer Paläs-
te und vor allem ihrer Schiffsflotten.

Standort: Im Schlossgarten Weinheim.

360

Doppelbuche am Lailekopf   362

Kreis Lörrach
Alter: 200–330 Jahre
Taille: 7,38 m (2006)
Umfang: 7,60 m (2006)

Ein Bauer, der entlaufene Jungrinder suchte, wies uns den Weg zur Buche. KLEIN (1908) dokumentierte den Baum im Jahr 1897 im Freistand auf einer Flügelginster-Weide mit 6,80 m Stammumfang. Heute steht sie in einem Wäldchen und ist gerade 80 cm dicker. Ganz in der Nähe, an der Schutzhütte oberhalb von Ungendwieden und 250 m unterhalb der Hütte, stehen 2 weitere Weidbuchen (Umfang: 6,59 und 7,56 m, Taille: 6,57 und 7,42 m).

Standort: 600 m nordwestlich des Wasserbehälters Graben am Waldrand entlang eines Viehzauns 200 m steil abwärts in den Jungwald.

Weidbuche bei Schönenberg   363

Kreis Lörrach
Alter: 200–300 Jahre
Taille: rekonstruiert 6,70 m (2001)
Umfang: rekonstruiert 6,70 m (2001)

Im freien Feld steil oberhalb Schönenberg steht eine Buche, die bereits KLEIN 1908 dokumentierte. Das alte Foto ist mit der Unterschrift »etwas windgepeitschte, trotzige Weidbuche von 4 m 64 Stammumfang« versehen. Der Stamm war damals intakt, die Stammlücke entstand also im letzten Jahrhundert. Rekonstruiert man den aktuellen Stammumfang, indem man sich die Stammlücke noch vollholzig vorstellt, so ergeben sich 6,70 m Umfang.

Standort: Vom Rathaus aus die Belchenstraße 1,6 km in nordwestlicher Richtung bergauf.

362

364

Fichte bei Tennenbronn   364

Kreis Rottweil
Alter: 250–350 Jahre
Taille: 6,03 m (2007)
Umfang: 6,29 m (2007)

Diese ausgesprochen urige, 2-kernige Weidfichte mit deutlichen Alterserscheinungen in der
Krone steht auf der europäischen Hauptwasser-
scheide. Nordsee und Mittelmeer teilen sich das
Regenwasser, das bei der Fichte fällt und zu Tal
fließt. Die klimatischen Bedingungen auf dem
926 m hohen Windkapf sind rau, womit die Fichte (Picea abies) scheinbar gut umgehen kann.
Nur 2 Fichten in Bayern übertreffen ihr Stammformat.

Standort: An der Passstraße Oberreichenbach–
Langenschiltach. 100 m nördlich der Kreuzung
nach Windkapf und Schwarzenbach.

Weidbuche bei Utzenfeld   365

Kreis Lörrach
Alter: 200–320 Jahre
Taille: 6,93 m (2006)
Umfang: 7,13 m (2006)

Die Weidbuche steht am Waldsaum wie ein klot-
ziger Wehrturm. Andere Bäume verblassen wieder in der Erinnerung, dieser Baum nicht. Wie
Ameisen fühlten wir uns, als wir uns dem mächtigen, aus vielen Kernen verschmolzenen
Stamm in 870 m Höhe näherten. Schwabe und
Kratochwil (1987) urteilten: Sie ist die »mächtigste aus nur einem Kuhbusch erwachsene
Weidbuche im Schwarzwald«.

Standort: Nordöstlich von Utzenfeld am E-Werk
den Sandgrubenweg rechts bergauf Richtung
Knöpflesbrunnen gehen, nach 1,5 km links
(westlich) am Waldrand.

365

366

Linde in Neusaß   366

Hohenlohekreis
Alter: 300–420 Jahre
Taille: 8,23 m (2000)
Umfang: 8,38 m (2002)

Die schlichte, 1157 erbaute Wallfahrtskirche in Neusaß gilt als die Urzelle des Klosters Schöntal, einer Tochtergründung des Klosters Maulbronn. Neusaß liegt einsam inmitten großer Wiesen, von mehreren Weihern – den ehemaligen Fischweihern des Klosters – umgeben, auf der Anhöhe von Schöntal. In der Nachbarschaft befinden sich nur das Forsthaus und eine Grotte – und natürlich die schöne Linde, die als fast 1000-jährige gilt. In ihren Stamm gewährt ein ovales Loch Einblick. Die Krone ist vielastig und sehr harmonisch.

Standort: Im Ort Neusaß.

Linde in Heuhof   367

Kreis Reutlingen
Alter: 400–500 Jahre
Taille: 9,70 m (2000)
Umfang: 9,99 m (2007)

1133 ließ Bischof Ulrich von Konstanz die Kapelle Zur heiligen Maria errichten. Lange Zeit wuchs die Linde in ihrer Nachbarschaft, bis das Bauwerk 1837 abbrannte. Wurde die Linde in Mitleidenschaft gezogen? Die Form des Baumes ist merkwürdig. Der Stamm hat einen ovalen Grundriss. Aus dem Wurzelstock wächst ein 3-kerniger Stamm, der bis auf eine winzige Spalte noch vollholzig ist. 3 dicke Äste entstehen daraus. Der Standort liegt 748 m hoch auf der Schwäbischen Alb.

Standort: Auf dem Heuhof östlich Bremelau nahe dem Teich. Bei Haus Nr. 4, auf Privatgrund.

367

368

»Büchli« bei Harthausen   368

Zollernalbkreis
Alter: 150–250 Jahre
Taille: 6,19 m (2007)
Umfang: 6,92 m (2007)

Das Büchli, auch Heustiegbuche genannt, ist eine eindrucksvolle Hutebuche bei Harthausen auf der Scher mit weit herabhängenden Ästen.
Die tiefsten Zweige bekommen Konkurrenz durch aufwachsendes Gebüsch. Der Baum müsste wieder einmal freigeschnitten werden, damit die schöne, 33 m breite Krone voll zur Geltung kommen kann. Der geschlossene, knollige Stamm zeigte in den letzten Jahren ein erstaunliches Wachstum. Noch 1996 betrug ihr Umfang 6,45 m.

Standort: Der Verlängerung der Straße Im Kai 1 km nordwestwärts ins Heutal folgen, dort linkerhand des Weges.

Tanne bei Grafenhausen   369

Kreis Waldshut
Alter: 230–300 Jahre
Taille: 4,86 m (2006)
Umfang: 5,14 m (2006)

Dunkle Tannen gaben dem Schwarzwald einst den Namen. Auch heute gibt es im Schwarzwald noch einige interessante Tannenbestände.
Bei Grafenhausen hat sich eine eindrucksvolle Weißtannengruppe erhalten. 6 große Exemplare, 2 bereits abgestorben, stehen nahe dem Schlüchtsee.
Die stärkste erreicht über 5 m Stammumfang. Am Stumpf einer geworfenen Tanne mit etwa 4 m Umfang zählte Bernd Ullrich 232 Jahrringe.

Standort: Am Schlüchtsee dem Saatschulweg 1 km in den Wald folgen. An der Gabelung rechts (exakt östlich) halten, rechter Hand.

Frau Buch bei Straßberg   370

Zollernalbkreis
Alter: 240–280 Jahre
Taille: 5,70 m (1998)
Umfang: 6,44 m (2000)

Der Stamm der alten Waldbuche *(Fagus sylvatica)* ist voller Wucherungen, Beulen und Gesichter. Frau Buch nennen die Menschen der Alb sie liebevoll. Den stark bemoosten, von Knollen übersäten Stamm ziert ein bescheidenes, mit Blumen geschmücktes Marienbildnis.
Der Stamm der Buche ist nach wenigen Metern abgebrochen. Es sind die unteren Äste, die den Baum heute noch am Leben halten. Ihr Standort liegt fast 800 m hoch. Buchen kommen mit montanen Standorten gut zurecht.

Standort: Dem Weg Sonnenhalde 2 km durch den Wald folgten, linker Hand.

Mammutbaum in Ochsenbach   371

Kreis Ludwigsburg
Alter: 145 Jahre (2009)
Taille: 7,20 m (1998)
Umfang: 9,30 m (2006)

Als die neue Baumart entdeckt wurde, entbrannte Streit über die Namensgebung. Englische Botaniker benannten den riesigen Nadelbaum nach ihrem Nationalhelden *Wellingtonia*. Amerikanische Botaniker waren empört und antworteten mit der Bezeichnung *Washingtonia*. Durchgesetzt hat sich – aufgrund einer Ähnlichkeit mit der Küstensequoie – die Bezeichnung *Sequoiadendron giganteum*. Der Mammutbaum in Ochsenbach wurde 1864 in der Stuttgarter Wilhelma gezogen.

Standort: Auf dem Friedhof.

Weide bei Aldingen   372

Kreis Tuttlingen
Alter: 140–200 Jahre
Taille: 7,98 m (2006)
Umfang: 8,26 m (2006)

Das Wort Weide kommt aus dem Althochdeut-
schen »Wida« (die Biegsame).
Das Holz der Weiden ist nicht, wie bei anderen
Arten, tot, sondern enthält lebende Zellen.
Dadurch bleibt es biegsam. Weiden bilden die
Weicholzauen unseres Landes. Ihre tiefgreifen-
den Wurzeln festigen die Uferzonen der Flüsse
und Ströme. Die Silberweide *(Salix alba)* nahe
Hofen kommt mit dem kleinen Arbach aus, der
weiter unten in die Prim fließt. Sie beweist die
Wuchsfreude ihrer Gattung.

Standort: Am Obstlehrpfad an der B 14, etwa
400 m südöstlich außerhalb von Aldingen.

Marone in Wildtal   373

Kreis Breisgau-Hochschwarzwald
Alter: 240–320 Jahre
Taille: nicht bekannt
Umfang: 7,40 m (2007)

Die alte Marone in Wildtal wächst an einem
steilen Weidhang. Die Messung wurde durch
Dornbüsche erschwert. In ihrem Schatten grasten friedlich einige Kühe. Die Überraschung:
Mit ihrem Umfang von 7,40 m gehört die Marone zu den stärksten 1-stämmigen Exemplaren in
Deutschland. Maronen sind eng mit dem Weinbau verknüpft. Und tatsächlich liegt wenige
hundert Meter nordwestlich der Rebberg. Das
Wildtal steht unter Landschaftsschutz.

Standort: In Wildtal bei Gundelfingen, an einer
Böschung 40 m nördlich der Talstraße, zwischen
Gerihof und Vorderem Rufehof.

Lindenlaube in Hollenbach   374

Hohenlohekreis
Alter: 400–700 Jahre
Taille: 7,53 m (2001)
Umfang: 7,80 m (1988)

Von Anfang an waren die Seitenäste dieser Sommerlinde *(Tilia platyphyllos)* nach Art der Tanzlinden auf ein hölzernes Tragegerüst abgelegt und bildeten eine dichte Lindenlaube. Im Jahr 1747 schreibt der Hollenbacher Amtmann Rosa über den Holzbedarf für das Gerüst, dass »man zu der großen Linden, welche gleichsam der Gemeinde Rathaus ist und alles gemeinde Wesen darunter traktiret wird, wenigstens 30 Stämme nöthig hat.«

Standort: An der Kirche.

Marone in Staufen   375

Kreis Breisgau-Hochschwarzwald
Alter: 240–300 Jahre
Taille: nicht bekannt
Umfang: 8,40 m (2007)

Das Naturdenkmal ist völlig von Efeu überwuchert und steht versteckt an einer Böschung. Dank einer knollenartigen Verdickung am Fuß des Stammes wirkt der Baum noch mächtiger. Die Krone zeigt viele trockene Astspitzen. Es sind Hitzeschäden aus dem Jahrhundertsommer 2003. Der bedrängende Efeu sollte zugunsten des Baumes entfernt werden.

Standort: Der Bötzenstraße ostwärts folgen, 100 m vorm Waldrand 40 m nördlich halten, auf Privatgrund.

374

376

Marone bei Suggental   376

Kreis Emmendingen
Alter: 260–300 Jahre
Taille: 6,30 m (2006)
Umfang: 6,56 m (2006)

Auffällig an der alten Marone sind ein großes
Astloch in gut 2,5 m Höhe und ein markanter
Seitenast, der sich aus derselben Höhe parallel
zum Weg in Richtung Vogelsanghof reckt.
Zur Absicherung ist dieser waagerechte Ast
abgestützt. Ein Schild an der Stütze informiert
darüber, dass das Naturdenkmal von 1670
stammen soll. Der Baum steht in herrlicher Lage
in 360 m Höhe, oberhalb des Gutachtals mit
Blick auf runde Schwarzwaldhügel, ein Platz
zum Verweilen.

Standort: 600 m südlich der Ortschaft, 50 m
oberhalb des Vogelsanghofes, am Waldrand.

Esche in Hub   377

Kreis Ravensburg
Alter: 200–325 Jahre
Taille: 7,50 m (2007)
Umfang: 7,50 m (2007)

Die mächtigste Esche *(Fraxinus excelsior)*
Deutschlands ist noch weitgehend unbekannt.
Sie wurde bei der Befragung aller Unteren
Naturschutzbehörden Deutschlands durch das
Deutsche Baumarchiv ermittelt. Trotz des ge-
waltigen Erscheinungsbildes sind die Dimensio-
nen des 1-stämmigen Baumes durch störenden
Efeubewuchs kaum erkennbar.
Der Efeu sollte dringend entfernt werden, um
den Baum zur Geltung zur bringen. Auf Dauer
schadet Efeu alten Bäumen, weil er die natür-
liche Kronenreduktion behindert.

Standort: Hof Hub, 500 m westl. Bietenweiler.

377

Esche
am Schloss Solitude   378

Stadt Stuttgart
Alter: 190–260 Jahre
Taille: 5,64 m (2000)
Umfang: 5,85 m (2001)

Die stattliche Esche *(Fraxinus excelsior)* und das
Jagdschloss Solitude, erbaut 1764–69 im Stil
des späten Rokoko, bilden ein harmonisches
Ensemble. Der Baum könnte zur Zeit des Baus
gesetzt worden sein. Das Schloss steht 496 m
hoch südwestlich von Stuttgart »mit prachtvol-
lem Blick ins Unterland«. Es dient heute als
grandiose Kulisse für politische und gesell-
schaftliche Empfänge. Die Solitudeallee führt
von hier 15 km weit schnurgeradeaus zum
Residenzschloss in Ludwigsburg.

Standort: Schloss Solitude westlich von
Stuttgart.

Ahorn am Jäckleshof   379

Schwarzwald-Baar-Kreis
Alter: 180–220 Jahre
Taille: 5,13 m (2006)
Umfang: 5,36 m (2006)

Dieser Bergahorn wurde in einem Wettbewerb
als schönster Hofbaum Südbadens gekürt und
in der »Badischen Bauern Zeitung« vorgestellt.
Er hat aber noch eine weitere Besonderheit,
denn er ist der stärkste Bergahorn *(Acer pseudoplatanus)* des Schwarzwalds. Sein Standort
liegt 900 m hoch. In der Nähe entspringt einer
der beiden Quellflüsse der Donau, die Brigach.
»Brigach und Breg bringen die Donau zuweg«,
lautet ein beliebter Merkvers in der Schule.

Standort: Am Jäckleshof, Obertal bei Brigach.

380

Schinderwasenbuche bei Suppingen   380

Alb-Donau-Kreis
Alter: 200–300 Jahre
Taille: 7,08 m (2003)
Umfang: 7,16 m (2001)

Die Schinderwasenbuche im Feld bei Suppingen auf der Schwäbischen Alb präsentiert sich im formvollendeten Freistand. Ihr Standort, der Schinderwasen, liegt 749 m hoch. Hier befand sich früher der Tierfriedhof des Dorfes. Das dunkelgrüne Laubdach der Rotbuche türmt sich im Sommer wie eine Quellwolke am Himmel. Im Freistand beschattet die Waldbuche sich selbst.

Standort: In Suppingen dem Ascher Trieb 800 m weit ostwärts folgen.

Silberpappeln in Mauren   381

Kreis Böblingen
Alter: 120–180 Jahre
Taille: 5,40 m und 5,21 m (2008)
Umfang: 6,16 m und 5,96 m (2008)

Schloss Mauren wurde 1943 zerstört, sein Garten verwüstet. 1850 war er weithin bekannt, von Blumenbeeten, Rosen- und Taxushecken und Teichbecken war die Rede. Und von prachtvollen Baumgruppen, die den »blühenden rauschenden Garten« umgaben. Heute gibt es hier ein landwirtschaftliches Gut, die Schlossreste, die Gaststätte »Zum grünen Baum« und 2 beachtliche Silberpappeln, die noch aus der Gartenzeit stammen könnten.

Standort: Am Gut Mauren.

Lenzeiche bei Sichertshausen   382

Main-Tauber-Kreis
Alter: 270 Jahre (2009)
Taille: 6,35 m (2000)
Umfang: 6,50 m (1996)

Diese Stieleiche mit ihrer 30 m breiten, pilzförmigen Krone soll früher ein Centbaum gewesen sein, die Grenzmarkierung eines altfränkischen Gerichtsbezirks. Bis ins 19. Jahrhundert hatten im Hohenlohischen und Taubergrund die Centgaue Bestand. Sie gehört zu den wenigen Eichen, deren Astwerk durch Stangen gestützt wird. Ihr Alter wurde vor einigen Jahren per Bohrspan ermittelt: Heute 270 Jahre.

Standort: An der Straße nach Bartenstein.

Eiche bei Schopfheim   383

Kreis Lörrach
Alter: 300–410 Jahre
Taille: 7,69 m (2006)
Umfang: 8,22 m (2006)

Die südlichste Starkeiche der Republik steht in einem »geschützten Grünbestand« bei Schopfheim. Ihre Krone ist abgebrochen. Die schräge Bruchstelle und die Restäste wirken unharmonisch. Es wird Jahrzehnte brauchen, um die Krone neu zu formieren. Eine vorsichtige Freistellung des eingewachsenen Riesen ist auf Veranlassung von Baumpfleger Peter Klug, dem Entdecker, bereits erfolgt.

Standort: Am Rand des Sengelwäldchens, zwischen Sengelenweg und Hebelstraße.

382

Esche bei Oberweckerstell   384

Kreis Göppingen
Alter: 150–275 Jahre
Taille: 5,10 m (1999)
Umfang: 5,50 m (2006)

Die Krone der charaktervollen Esche ist vom
Wind geformt, ihre Äste sind geschwungen.
Der untere waagerechte Ast lädt erstaunliche
16,5 m weit aus. Die Esche hat es geschafft, sich
im rauen Klima der Schwäbischen Alb zu be-
haupten. Ihr Standort liegt 679 m hoch. Weiter
unten an der Kreuzung steht eine sonderbare
Linde mit fast 7 m Umfang. Ein abgeknickter Ast
ist in fast senkrechter Position wieder am
Stamm festgewachsen.

Standort: Von Schnittlingen aus westlich in
Richtung Oberweckerstell fahren; etwa 300 m
vor der Ortschaft unmittelbar am Wegrand.

Birne in Weiler   385

Rhein-Neckar-Kreis
Alter: 240–275 Jahre
Taille: 4,51 m (2000)
Umfang: 4,55 m (2006)

Am alten Höhenweg von Weiler nach Reihen
steht in den alten Streuobstwiesen die vielleicht
älteste Birne Baden-Württembergs. Ihr Stamm
ist im Innern stark ausgemorscht, der gesamte
Habitus wirkt alt. Tapfer trägt sie eine hübsche
kleine Krone mit feiner Verzweigung. Sie blüht
und fruchtet noch. Birnen sind auch handwerk-
lich interessant: Ihr Holz ist hart, schwer und
formstabil, was an den sogenannten Steinzellen
liegt.

Standort: Über den Hauweg und andere Feldwege zum asphaltierten Höhenweg von Weiler
nach Reihen gehen, an einer Wegekreuzung.

386

Gerichtslinde in Kirnbach   386

Ortenaukreis
Alter: 450–550 Jahre
Taille: 9,49 m (1998)
Umfang: 9,51 m (2001)

Unter der alten Gerichtslinde an der St. Michaelskapelle fanden einst Gerichtstage des freien Reichstales Harmersbach statt. Bauern hatten das Tal 1655 eigenmächtig zum freien Reichstal erklärt und damit eine Art Bauernrepublik geschaffen, die bis 1803 bestand. KLEIN vermaß 1904 den damals schon in 3 schalenförmige Teile zerfallenen Stamm mit 8,65 m Umfang. Sturm oder Blitzschlag sollen die Sommerlinde einst zerrissen haben. Die Kapelle wurde 1515 als einfache Marienkapelle erbaut. Ob die Linde damals gepflanzt wurde?

Standort: Neben der St. Michaelskapelle.

Silberpappel bei Boll   387

Kreis Göppingen
Alter: 150–180 Jahre
Taille: 5,62 m (2005)
Umfang: 6,14 m (2005)

Das heutige Kurhaus, weitläufige Parkanlagen und das Belvédère entstanden in Bad Boll um 1823–25, ebenso eine kleine Trinkanlage, die sich nahe der Stelle befand, wo heute die Silberpappel steht. Vielleicht wurde sie damals angepflanzt. Von hier sieht man über die Albschwelle ins Tal bis hin zur 684 m hoch gelegenen Ruine Hohenstaufen – Stammsitz der Staufer. Eine kürzlich vom Gemeinderat beschlossene Fällung der beliebten Silberpappel wurde dank Bürgerprotesten in letzter Sekunde verhindert. Nur Äste wurden entfernt.

Standort: Am Ortsausgang, Gruibinger Straße.

387

Hängebuche am Schloss Eichtersheim   388

Rhein-Neckar-Kreis
Alter: 130–150 Jahre
Taille: 3,70 m (2001)
Umfang: 4,01 m (2008)

Vor dem Wasserschloss Eichtersheim fällt sofort die kuriose Hängebuche *(Fagus sylvatica* f. *pendula)* ins Auge, deren Krone 1 Hauptzipfel und 2 Nebenzipfel trägt. Tief herabhängende Zweige haben sich an 2 Stellen wiederbewurzelt und 2 neue Bäumchen gebildet. Aus der Luft betrachtet, sieht man die oberen Astbögen ganz typisch aus dem belaubten Kronendach herausragen. Stamm- und Astverlauf der alten Hängebuche wirken monströs und gedrungen – für Kinder ein aufregender Kletterspielplatz.

Standort: Südlich vor dem Schloss.

Marone auf Fürsteneck   389

Ortenaukreis
Alter: 240–270 Jahre
Taille: 6,30 m (1999)
Umfang: 6,63 m (2000)

»Schwarzwald und Reben – genießen und leben«, so lautet das Motto der Weinstadt Oberkirch im Renchtal. An der Westflanke des Schwarzwaldes zum breiten, warmen Rheintal hin gibt es eine starke Weinbautradition. Esskastanien kommen im milden Südwesten Deutschlands verwildert vor. Es waren die Römer, die sie ins Land brachten. An einer Böschung auf der Burgruine Fürsteneck steht eine dicke Marone, deren Wurzeln unter einer Erdaufschüttung verborgen sind.

Standort: Burgruine Fürsteneck bei Oberkirch, Gehöft Am Eckenberg, auf Privatgrund.

388

390

Walkstetter Linde bei Bernstadt   390

Alb-Donau-Kreis
Alter: 300–475 Jahre
Taille: 7,03 m (2001)
Umfang: 7,12 m (2001)

Im Feld bei Bernstadt trifft man auf eine wundersame Baumgestalt: die auf hölzernen Pfosten abgelegte Walkstetter Linde. Ihre untersten Äste senken sich zunächst »gramvoll« nach unten, um sich dann mit einem Ruck schwungvoll aufwärts zu wenden. »Der zerfurchte, faltige und beulige Stamm vermittelt zusammen mit den sich weit ausdehnenden Ästen den Eindruck eines erstarrten Polypen«, so Fröhlich (1995).

Standort: Im Feld westlich von Bernstadt, 200 m südlich der Straße nach Westerstetten.

Hainbuchen in Bodman   391

Kreis Konstanz
Alter: 180–220 Jahre
Taille: bis 5,40 m (2007)
Umfang: bis 5,63 m (2007)

Die Ruine Altbodman gab einst dem Bodensee den Namen. Das Neue Schloss wurde 1831/32 erbaut. Ein Park im englischen Stil umgibt es. Hier beeindrucken zwei Hainbuchen. Eine 1-stämmige, etwas steif gewachsene erreicht 4,25 m Umfang (Taille 4,20 m), eine mehrkernige erstaunliche 5,63 m Umfang. Sie stehen beide im »oberen Park«. Hier und im »unteren Park« gibt es auch 2 Lebensbäume. Der obere ist schlicht und 1-stämmig, besitzt dennoch 4,64 m Umfang. Der untere ist 2-stämmig mit 5,96 m Umfang.

Standort: Im Park des neuen Schlosses.

Ziegelhoflinde bei Ehingen   392

Alb-Donau-Kreis
Alter: 350–550 Jahre
Taille: 9,31 m (2001)
Umfang: 9,53 m (2008)

Als FEUCHT 1909 die Schwäbische Alb bereiste,
weckte die Ziegelhoflinde seine volle Bewunde-
rung. Gleich 2 Fotos der bildschönen Hoflinde
sind im »Schwäbischen Baumbuch« (1911) ge-
druckt. In den letzten 20 Jahren erlebte der Baum
eine schwere Krise. Die Belaubung ging dahin,
auf kränkelnden Ästen saßen Misteln wie Todes-
boten. 2008 dann die Überraschung: Eine neue,
filigrane Krone hat sich gebildet. Ganz in der Nähe: der Reiterhof Jungviehweide mit 2 dicken Py-
ramidenpappeln, eine davon mit 5,75 m Umfang.

Standort: Ziegelhof 4 km nordwestl. Ehingen.

392

Linde in Wiesenbach   393

Kreis Schwäbisch Hall
Alter: 400–600 Jahre
Taille: 9,66 m (2001)
Umfang: 9,65 m (1996)

Die Linde in Wiesenbach ist eine dendrologische
Kostbarkeit des Hohenloher Landes. Lange soll
sie eine Hoflinde gewesen sein. Doch der Hof, zu
dem sie gehörte, wurde während des Dreißigjährigen Krieges (1618–1648) verlassen. Im Jahr
1350 wurde die uralte Linde angeblich sogar in
den Hohenloher Lehensbüchern erwähnt, aber
das ist nur ein Gerücht. Trotz ihres hohen Alters
und dem durch Blitzschlag 2-geteilten Stamm ist
ihre Gesamtstatur ausgesprochen harmonisch.
Die Krone sieht aus wie die einer jungen Linde.

Standort: An der Ortsdurchfahrt nach Schmal-
felden.

393

394

Mammutbäume auf der Mainau   394

Kreis Konstanz
Alter: 145 Jahre (2009)
Taille: bis 8,12 m (2006)
Umfang: bis 9,55 m (2006)

Das Arboretum der Insel Mainau ist ein Erlebnis: Zedern, Küstenrotholz, Scheinzypressen, Riesenlebensbäume, Japanische Zierkirschen und die riesigen Mammutbäume. Ein Gigant erreicht 9,55 m Umfang und gut 50 m Höhe. In seiner Nähe steht ein weiterer mit 8,02 m Umfang. Das Foto zeigt den kuriosen Zitzenmammutbaum (7,90 m Umfang, Taille 7,19 m). Die Bäume bildeten 1864 den Grundstock des Arboretums, das Großherzog Friedrich I. anlegen ließ.

Standort: Östlich der Terrasse de Grand Duc Frederic.

Zedern auf der Mainau   395

Kreis Konstanz
Alter: 150–170 Jahre
Taille: bis 5,32 m (2006)
Umfang: bis 5,47 m (2006)

Die edle Zeder gehört zu jedem gelungenen Arboretum dazu. Auf der Mainau gibt es viele von ihnen. Eine Libanonzeder ist die schönste vor Ort, mit breiter, geschwungener Krone. Sie erreicht 5,47 m Umfang (5,32 m Taille). Die anderen starken Zedern kommen aus dem Atlasgebirge. Sie wurden um 1864 gesetzt. Die Zeder am Gärtnerturm hat 5,13 m Umfang (5,00 m Taille). Südwestlich steht an der Wegecke eine weitere von 5,42 m Umfang (5,24 m Taille, siehe Foto) und auf der Wiese eine 2-kernige mit 5,36 m (5,13 m).

Standort: Auf den Wiesen westlich des Gärtnerturms.

395

Hildegardlärche bei Sipplingen   396

Bodenseekreis
Alter: 240–300 Jahre
Taille: 4,75 m (2001)
Umfang: 5,17 m (2006)

Ein Schild an der Lärche besagt: »Diese etwa
300 Jahre alte Lärche wurde der Sage nach zur
Erinnerung an die mildtätige Gräfin Hildegard
gepflanzt, die ihren Waldbesitz den Bürgern der
umliegenden Ortschaften und dem Spital Über-
lingen gestiftet haben soll.« 44 m Höhe und
eine Holzmasse von 25 Festmetern werden
angegeben. Sie ist die stärkste Lärche (Larix
decidua) unseres Landes.

Standort: 50 m nördlich der Gabelung Halden-
hof/Sipplingerberg westlich waldeinwärts
halten, nach 500 m beschildert.

Ginkgo auf der Mainau   397

Kreis Konstanz
Alter: 150 Jahre (2009)
Taille: 4,53 m (2006)
Umfang: 4,60 m (2006)

Auf der Insel Mainau wächst ein auffälliger
Ginkgo, gepflanzt 1872. Das milde Bodensee-
klima und die Pflege, die nur einem Parkbaum
widerfährt, haben ihn groß werden lassen. Die
vermutlich ältesten Ginkgos Deutschlands in
Rödelheim bei Frankfurt (Hessen) und Harbke
(Sachsen-Anhalt) sind beide 1 m dünner. Noch
viele andere interessante Exoten gibt es auf der
Insel zu sehen. Die 1958 in Form einer Allee an-
gepflanzten Urweltmammutbäume sind gerade
ein halbes Jahrhundert alt, doch schon so stark
wie 250-jährige Eichen: gut 6 m Umfang.

Standort: Bei der Kirche.

396

Schlosslinde in Alfdorf   398

Rems-Murr-Kreis
Alter: 400–500 Jahre
Taille: 11,00 m (1998)
Umfang: 11,00 m (1996)

1836 heißt es in den »Forstlichen Mitteilungen«
über die alte Sommerlinde: »Nach den von uns
angestellten Messungen hat sie 110 Fuß [32 m]
Höhe und bei 4 Fuß über der Erde 21 Fuß [6 m]
Umfang; ihre schönste Zierde besteht aber darin, daß sich der Schaft oberhalb des untersten
Astkranzes wieder ganz gerade und frei erhebt
und daß erst weiter oben die eigentliche Krone
beginnt«. 1885 vernichtete ein Blitz die obere
Krone, nur der Astkranz verblieb. 1908 wurde
eine junge Linde in der Mitte des alten Baums
gepflanzt.

Standort: Am Unteren Schloss, auf Privatgrund.

»Käppelebaum« bei Überauchen   399

Schwarzwald-Baar-Kreis
Alter: 240–280 Jahre
Taille: 4,70 m (2006)
Umfang: 4,80 m (2006)

Die Besonderheit dieser Fichte, des so genannten Käppelebaums, ist die leichte Kandelaberform. Im unteren Stammbereich gehen einige
Äste bogenförmig ab. Einige davon wurden leider bereits abgesägt. Was verbirgt sich hinter
dem Namen? Er bezieht sich auf die kleine Kapelle, die sich in südöstlicher Richtung 200 m
entfernt befindet. Sie wurde vor etwa 100 Jahren
gebaut. Die alte Weidfichte war sicherlich bereits
da, als die Kapelle und später noch der Sportplatz entstanden. Sie steht auf 720 m Höhe.

Standort: Beim Sportplatz in der Steigstraße.

398

Eiche in Tannheim   400

Schwarzwald-Baar-Kreis
Alter: 480–600 Jahre
Taille: 7,48 m (2001)
Umfang: 7,86 m (2001)

Stieleichen lieben gute Böden und mildes Tief-
landklima. Diese alte Eiche wächst jedoch außergewöhnlich hoch: im Schwarzwald 740 m
über Meereshöhe. Ihr Stamm wirkt knorrig und
gestaucht, was auf ein beträchtliches Alter hin-
weist. Kürzlich wurde ein Astloch mit einer
exakt zugeschnittenen Schablone abgedichtet.
Wasser darf auf keinen Fall einsickern, sonst
herrscht im Hohlraum hohe Luftfeuchtigkeit und
Schadpilze können überhandnehmen.

Standort: 20 m östlich der Stankertstraße.

Teichlinde
bei Schloss Hohenroden   401

Ostalbkreis
Alter: 180–200 Jahre
Taille: 9,37 m (2005)
Umfang: 9,80 m (2007)

An einem kleinen Teich unterhalb von Schloss
Hohenroden steht eine dicke Linde. Sie ist jünger, als ihr Stamm nahelegt. An den vertikalen
Stammfurchen erkennt man, dass der Stamm
vielkernig ist. Es könnte sich um eine alte »Büschelpflanzung« handeln, bei der mehrere junge
Pflanzen gemeinsam in eine Pflanzgrube gesetzt wurden. Der erwünschte Effekt: besonders
rasches Wachstum und der baldige Einruck eines einzigen, großen und alten Baumes. Bei der
12-Apostel-Linde in Gehrden (Nordrhein-Westfalen) ist eine solche Büschelpflanzung belegt.

Standort: Rechts der Straße Lauter–Essingen,
am Fischteich unterhalb des Schlossguts.

Kastanie in Weiler   402

Kreis Heilbronn
Alter: 250–450 Jahre
Taille: 6,36 m (2001)
Umfang: 6,82 m (2001)

Im 17. Jahrhundert begann der Siegeszug der blühfreudigen Kastanie durch die europäischen Parks, Gärten und Alleen. Eine berühmte Kastanie steht im Schlosspark zu Weiler. FEUCHT und SPEIDEL beschreiben sie 1911: »Auf einem Hügel erhebt sich der riesige Stamm, von einer Holzbank im Viereck umgeben. In 3 m Höhe ist der Stamm schon ganz aufgelöst, … sodass eine Krone von wunderbar gleichmäßiger Halbkugelform entsteht.« 1861 besaß die Kastanie einen Umfang von 4,87 m, 1911 waren es 5,40 m, und im Jahr 2001 vermaßen wir sie mit inzwischen 6,82 m Umfang – Indizien für hohes Alter.

Standort: Im Park von Schloss Weiler, auf Privatgrund.

Großvatertanne bei Freudenstadt   403

Kreis Freudenstadt
Alter: 340–450 Jahre
Taille: 5,04 m (2001)
Umfang: 5,60 m (2005)

Im gut 800 m hohen Quellgebiet der Lauter im Schwarzwald steht die bekannte Großvatertanne (Abies alba). 2 weitere, etwas dünnere Tannen befinden sich in unmittelbarer Nähe, wobei eine mit 4,89 m Umfang bereits bemerkenswert ist. Der Schwarzwald verdankt seinen Namen der dunklen Benadelung der Tannen und ihrem starken Schattenwurf.

Standort: Der Straße Freudenstadt–Schömberg 3 km folgen, ein Schild links weist den Weg.

Eiche vom Emmertshof   404

Hohenlohekreis
Alter: 360–500 Jahre
Taille: 7,24 m (2007)
Umfang: 10,75 m (1988)

Diese Stieleiche *(Quercus robur)* sieht aus wie
der Stiefel eines Riesen. Bei einer Kronenhöhe
von unter 20 m durchmessen ihre starken, horizontal ausgestreckten Äste eine Distanz von
fast 35 m. Früher stand die Eiche an einem alten
Fischerhof, der dem Straßenbau weichen musste. Im Januar 2007 wütete Kyrill, die oberste
Kronenetage und einige dünne Äste brachen ab.
Der Wipfel wurde mit einer Metallsicherung stabilisiert. Die Eiche wirkt nun noch breiter und
mächtiger als vorher.

Standort: Am Emmertshof nördlich der Ausfahrt
Neuenstein an der A6.

Silberpappeln auf der Mainau   405

Kreis Konstanz
Alter: 120–150 Jahre
Taille: nicht bekannt
Umfang: bis 6,12 m (2007)

Die eindrucksvolle Pappelgruppe erreicht ein-
heitlich Höhen von mindestens 35 m. Eine
Silberpappel steht direkt an der Inselstraße,
die anderen drei mehr in Richtung Uferzone.
Ein alter zerfallender Zaun befindet sich am
stärksten Exemplar. Es erreicht 6,12 m Umfang,
die übrigen 5,65 m, 5,50 m und nochmals
5,50 m. Es wäre schön, wenn die markante
Pappelgruppe in das Gartenreich der Mainau
mit eingegliedert werden könnte.

Standort: Dem Landsteg zur Insel folgen,
unmittelbar links (nördlich) der Inselstraße.

404

406

Felsenkirche in Grünwinkel   406

Stadt Karlsruhe
Alter: 100–110 Jahre
Taille: 2,89 m (2005)
Umfang: 2,95 m (2005)

1913 wurde die Kirche in Grünwinkel abgetragen und an einem malerischen Platz oberhalb der Albschleife wiedererrichtet. Als Schmuckbaum pflanzte man eine Zierkirsche. Die Steinweichsel *(Prunus mahaleb)* oder Felsenkirsche trägt im Frühling weiße duftende Blütentrauben. Als lichtliebende Art gedeiht sie auch auf steinigen und trockenen Böden. Ihr Holz riecht angenehm nach Waldmeister (Kumarin) und wurde früher für Pfeifenholme und Schnitzwerk verwendet.

Standort: In Verlängerung der Appenmühl-straße am erhöhten Ufer der Alb.

Mammutbaum in Simmersfeld   407

Kreis Calw
Alter: 150 Jahre (2009)
Taille: 7,34 m (2002)
Umfang: 8,72 m (2005)

Von der Öffentlichkeit unbemerkt, soll John Bidwill 1841 im Calveras-Wald Riesenmammutbäume entdeckt und sie staunend »Vater des Waldes« genannt haben. Erst der Pflanzensammler William Lobb, der in Übersee Pflanzen zur Verschönerung der britischen Inseln suchte, erregte mit demselben Fund öffentliches Interesse. Im Königreich Württemberg gab es 1865 die ersten Auspflanzungen ins Freiland. Der vom Blitz gezeichnete Mammutbaum in Simmersfeld soll schon 1859 gepflanzt worden sein.

Standort: Auf dem Friedhof im Ort.

Ahorn bei Bergatreute   408

Kreis Ravensburg
Alter: 140–220 Jahre
Taille: 4,03 m (1999)
Umfang: 4,63 m (2000)

Auf einer Anhöhe erhebt sich weithin sichtbar
die strahlenförmige Krone dieses schönen Berg-
ahorns *(Acer pseudoplatanus)*. Er ist ein echter
Blickfang am Straßenrand, vor allem im Herbst,
wenn sein Laub sich gelb färbt. Sein Standort ist
optimal, mit über 600 m bereits montan. Am
Fuß des Baumes befindet sich ein stilisiertes
Metallkreuz, das Jesus Christus bei seinem Tod
für die Menschen darstellt.

Standort: Der Roßberger Straße 1,5 km nordostwärts folgen.

Marone in Karlsruhe   409

Stadt Karlsruhe
Alter: 240–290 Jahre
Taille: 9,36 m (2007)
Umfang: 9,20 m (1992)

Im Schlosspark Karlsruhe sind viele seltene
Bäume zu bewundern. Eine urige Marone mit
einem Stammumfang von über 9 m fällt sofort
ins Auge. Ihr gewaltiger Stamm gabelt sich tief.
Eine Achse ist in geringer Höhe gekappt worden. An Teilen des Stammes löst sich großflä-
chig Rinde ab. Die Marone stammt sicher aus
der Entstehungszeit des Gartens (1731–1746).
Sie wurzelt am Ufer des kleinen Sees, der nach
1787 im Zuge der Umgestaltung in einen Englischen Landschaftsgarten angelegt wurde.
Wieder einmal zeigt sich, dass 2-stämmige Bäume rasch an Umfang zunehmen.

Standort: Im Schlosspark von Karlsruhe, am
Teich.

410

Mammutbäume in Baden-Baden   410

Stadt Baden-Baden
Alter: 145 Jahre (2009)
Taille: bis 6,67 m (2008)
Umfang: bis 8,01 m (2008)

Die Stourdza-Kapelle wurde im Zeitraum 1864–1866 erbaut. Der Sohn der rumänischen Fürstenfamilie, die seit 1849 in Baden-Baden lebte, war 1863 in Paris ermordet worden. Es war die Zeit, als Mammutbäume im benachbarten Königreich Württemberg in Mode kamen. Von dort dürften die 3 Pflanzen stammen, die heute den Bau eindrucksvoll umstehen. Das dickste Exemplar hat oberhalb einer Knolle einen Stammumfang von 8,01 m. Die beiden anderen (ein Baum ist umzäunt) erreichen solitär 7,92 m und gut 8 m.

Standort: An der Stourdza-Kapelle.

Schwarzkiefer in Baden-Baden   411

Stadt Baden-Baden
Alter: 150–170 Jahre
Taille: 5,19 m (2008)
Umfang: 5,81 m (2007)

Landauf und landab haben wir keine kräftigere Schwarzkiefer *(Pinus nigra)* entdeckt als die im Baden-Badener Kurpark, der Mitte des 19. Jahrhunderts durch die Spielbankbetreiber angelegt wurde. Ihr Stamm setzt sich aus 2 oder 3 Kernen eng zusammen. Die Gesamterscheinung ist eindrucksvoll und die Mehrkernigkeit für Kiefern gar nicht ungewöhnlich. Schwarzkiefern stammen aus Südeuropa, wo sie 45 m hoch wachsen können. Sie gelten als sehr langlebig. Ihre Nadeln sind noch länger als die der Föhre.

Standort: Östlich unterhalb der Stourdza-Kapelle.

411

412

Kirsche bei Kieselbronn   412

Enzkreis
Alter: 150 Jahre
Taille: 3,65 m (2008)
Umfang: 3,70 m (2003)

Der römische Feldherr Lucullus brachte die Süß-
kirsche 74 v. Chr. vom eroberten Kerasos in
Kleinasien nach Rom. Aus »Kerasos« entstand
später das Wort Kirsche. Diese schöne Kirsche
(Prunus avium) bei Kieselbronn entdeckten wir
auf einer Überlandfahrt, eigentlich unterwegs
zu anderen Baumzielen. Sie scheint sehr wüch-
sig und recht jung. Wahrscheinlich ist es eine
Knorpelkirsche, die festes, fleischiges und gut
transportfähiges Obst liefert.

Standort: An der Straße Richtung Pforzheim,
1 km südwestlich von Kieselbronn.

Quitte in Kattenhorn   413

Kreis: Konstanz
Alter: 120–150 Jahre
Taille: 2,50 m* (2007)
Umfang: 2,50 m* (2007)

Im Garten eines 700 Jahre alten Fachwerkhauses
wurzelt die wohl älteste Quitte *(Cydonia oblon-
ga)* unseres Landes. Ihr Stamm ist gespalten
und wurde kürzlich erst mit Kunststoffbändern
gegen ein weiteres Aufbrechen gesichert. Auch
die Äste der Quitte tragen im Herbst schwer an
der Last der Früchte, denn noch immer wachsen
am Baum reichlich Quitten von besonderer Güte
und Größe. Nach alten Rezepturen kann man daraus Marmelade, Gelee oder auch Mus mit fein-
herbem Geschmack herstellen.

Standort: In Öhningen-Kattenhorn, Schloss-
ackerweg 3.

Hutebuche
bei Scharenstetten   414

Alb-Donau-Kreis
Alter: 180–220 Jahre
Taille: 8,10 m (2008)
Umfang: 8,10 m (2008)

Im Jahr 2006 befragte das Deutsche Baumarchiv die 440 Landkreise und kreisfreien Städten Deutschlands nach besonders herausragenden Bäumen. Für den Alb-Donau-Kreis wurden einige alte Hutebuchen genannt. Die alte Hutebuche bei Scharenstetten erwies sich als die wichtigste Mitteilung. Sie ist mehrkernig, verwachsen und doch in der Gesamterscheinung harmonisch – der klassische Hutebuchentypus also, wie wir ihn uns wünschen.

Standort: 600 m östlich von Scharenstetten, an der Grillhütte südlich der Straße nach Luizhausen.

Tanzlinde
bei Schloss Stetten   415

Hohenlohekreis
Alter: 300–600 Jahre
Taille: 7,67 m (2001)
Umfang: 7,76 m (2007)

Im Schutz von Schloss Stetten hat eine fast in Vergessenheit geratene geleitete Linde bis in unsere Tage überdauert. Bereits im »Schwäbischen Baumbuch« von 1911 wird sie in einem Nebensatz erwähnt. Heute stellt sie ein ausgesprochen seltenes und wertvolles Naturdenkmal oder – je nach Betrachtungsweise – Kulturdenkmal des Hohenlohekreises dar. Das Grundstück, auf dem die betagte Linde steht, gehört zum Anwesen von Ellida Freifrau zu Stetten.

Standort: Vor Schloss Stetten, oberhalb Kocherstetten, auf Privatgrund.

414

Maulbeerinsel in Mannheim   416

Stadt Mannheim
Alter: 240–250 Jahre
Taille: nicht bekannt
Umfang: bis 5,60 m (2008)

Auf einer kleinen Insel im Neckar, der Maulbeerinsel, stehen 29 weiße Maulbeerbäume (Morus alba) unter Schutz. Sie sind heute gut 250 Jahre alt. Ihre Stämme haben Spalten, sind knollig und dick. Es handelt sich um Relikte aus der Zeit Carl Theodors, Kurfürst der Pfalz. Auf sein Geheiß wurden sie um 1770 für die Seidenraupenzucht angepflanzt. 5 Exemplare haben mehr als 4 m Umfang: 4,10 m, 4,28 m, 4,40 m, 4,70 m und 5,60 m.

Standort: Auf der Maulbeerinsel im Neckar.

416

Dicke Linde zu Hohenbodman   417

Bodenseekreis
Alter: 450–600 Jahre
Taille: 9,87 m (1998)
Umfang: 10,15 m (1988)

»Die stärkste Linde Badens und zugleich Badens stärkster Baum überhaupt ist die große Sommerlinde am Eingange des Dorfes Hohenbodman«, schreibt KLEIN 1908. Ihr Stamm war hohl mit einem Spalt auf der Nordseite. Ihr Umfang betrug 9,40 m, die Krone ging 26 m hoch. Die Stammspalte hat sich inzwischen geschlossen, ein neuer ist durch starke Morschung auf der Südwestseite entstanden. Der Umfang ist auf unter 10 m geschrumpft. Durch Kanalisationsarbeiten in den 1980er-Jahren sollen große Wurzeln gekappt worden sein. Die Krone präsentiert sich heute kugelförmig und niedriger.

Standort: Westlicher Ortseingang, Lindenstr.

417

418

Linde in Emerfeld   418

Kreis Biberach
Alter: 450–550 Jahre
Taille: 8,95 m (2006)
Umfang: 9,50 m (2000)

Die 2-geteilte Linde in Emerfeld tauchte bisher in der Literatur nicht auf.
Auf Anfrage bei der unteren Naturschutzbehörde erfuhr Bernd Ullrich von diesem wichtigen Baum Baden-Württembergs. Die Linde wächst an einer Böschung etwas unterhalb der Kirche, und ein Zusammenhang zwischen Bauwerk und Baum ist auf jeden Fall zu vermuten. Der erste Kirchenbau liegt allerdings rund 850 Jahre zurück. So alt kann die Linde noch nicht sein. Wir schätzen sie auf rund 500 Jahre.

Standort: Vor der Kirche von Emerfeld, südöstlich der Ortschaft.

Linde am Allenspacher Hof   419

Kreis Tuttlingen
Alter: 450–550 Jahre
Taille: 8,88 m (2006)
Umfang: 8,91 m (2006)

Sie gilt als ältester und stärkster Baum des Landkreises. Der Hof liegt 900 m hoch auf dem Großen Heuberg. Wieder einmal zeigt sich, dass Linden auch im rauen, montanen Klima gedeihen und alt werden können. Es heißt, dass die Sommerlinde um das Jahr 1450 gepflanzt wurde. Charakteristisch ist ein waagerechter Ast, dessen Oberseite schalenförmig ausgehöhlt ist. Er wurde zum Schutz vor Feuchtigkeit mit Metallblechen überdacht. Eine Stütze hält den Ast in seiner Position.

Standort: Am Allenspacher Hof, zwischen Böttingen und Königsheim.

Birne bei Kleinvillars   420

Enzkreis
Alter: 150–200 Jahre
Taille: 5,37 m (2008)
Umfang: 5,40 m (2008)

Die Borke der dicken Birne erinnert an die einer
Robinie. Am 2-kernigen Stamm erkennt man in
2,5 m Höhe 2 alte Pfropfungen. Ein Sockel ist
entstanden, weil die Unterlage schneller wuchs
als die Edelreiser. Birnen sind kulturbegleitende
Bäume. Schon in der Antike waren etliche durch
Züchtung entstandene Sorten bekannt. Als das
»goldene Jahrhundert« der Kulturbirne *(Pyrus
communis)* gilt die Zeit von 1750 bis 1850. Eine
nie gekannte Anzahl von Sorten entstand damals in Europa.

Standort: 500 m südlich des Ortes, am Waldrand 200 m westlich der Bahnlinie.

Bayern

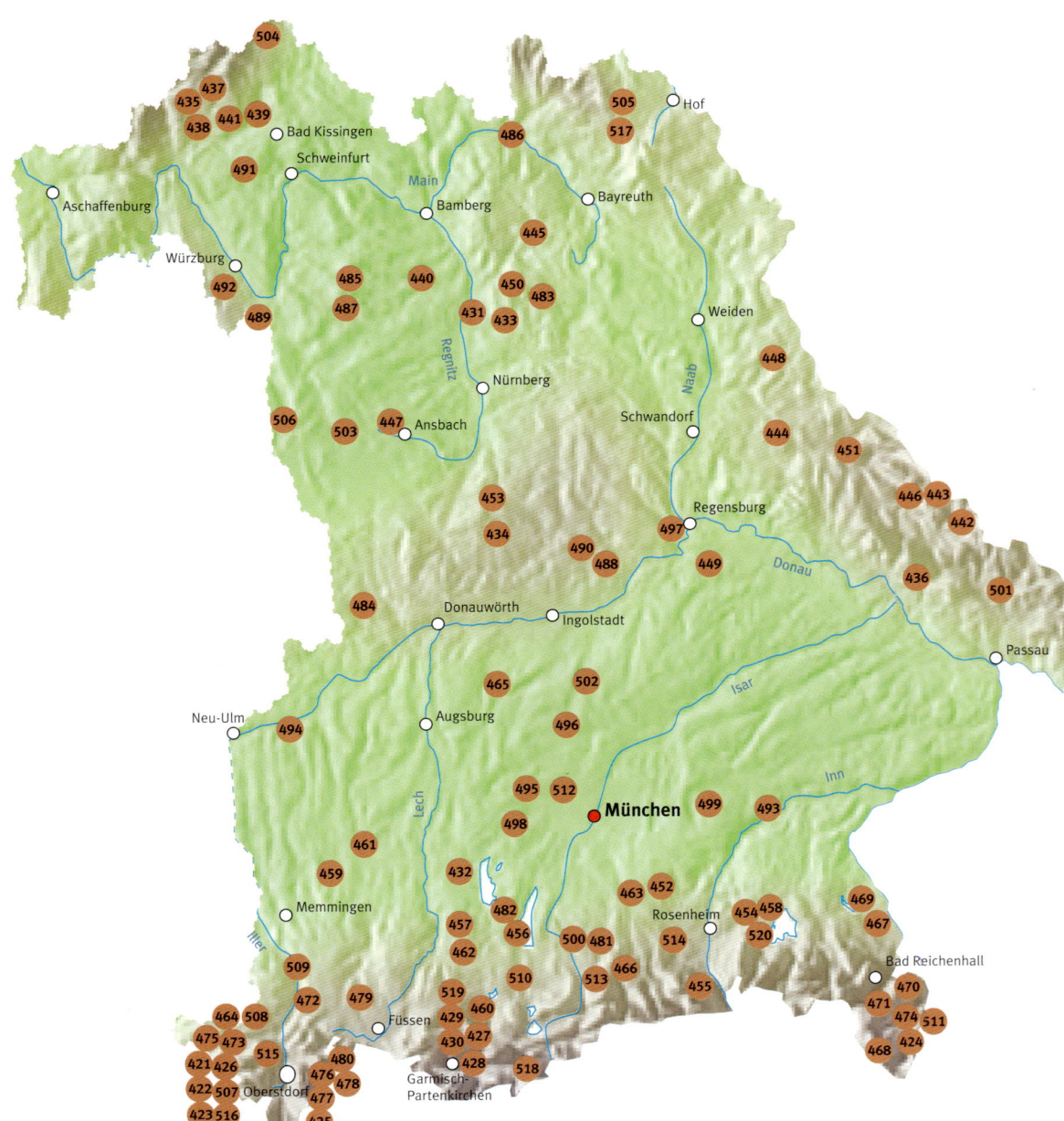

421 Dicke Tanne Steibis
422 Trogahorn Steibis
423 Ureibe Steibis
424 Tanne Kaunersteig
425 Eibe Balderschwang
426 Ulme Steibis
427 Wacholder Elmau-Gries
428 Großer Ahorn Wamberg
429 Ahorne Ammergebirge
430 Kitzlochtanne Garmisch-Partenkirchen
431 Tanzlinde Effeltrich
432 Marienlinde Schwifting
433 Kunigundenlinde Kasberg
434 Hoflinde Stadelhofen
435 Königseiche Bad Brückenau
436 Linde Euschertsfurth
437 Riesenbuche Oberbach
438 Urbuche Mitgenfeld
439 Dreifaltigkeiteiche Aschach
440 Vollandseiche Steppach
441 Michaelseiche Albertshausen
442 Ahorn Oberfrauenau
443 Tanne Bayerisch Eisenstein
444 Grottenhallinde Fronau
445 Weißdorn Wohnsgehaig
446 Linde Hof Frath
447 Eiche Petersdorf
448 Fassbuche Schwand
449 St. Wolfgangseiche Schloss Haus
450 Linde Leutzdorf
451 Wolframslinde Ried
452 Hoflinde Feldkirchen
453 Linde Alfershausen
454 Buche Hofham
455 Kandelaberfichte Bayrischzell
456 Eiche Bernried
457 Tassilolinde Wessobrunn

458 Große Linde Frauenchiemsee
459 Hainbuche Erisried
460 Ahorn Unterammergau
461 Thuja Schloss Mattsies
462 Marienlinde Linden
463 Linde Grub
464 Linde Steinlishof
465 Eiche Gollingkreuth
466 Große Tanne Scharling
467 Birne St. Georgen
468 Arve Steinernes Meer
469 Birne Oberteisendorf
470 Seedaxe Maria Gern
471 Große Linde Ramsau
472 Nuss Niedersonthofen
473 Paradiestanne Berg
474 Tradeahorn Ramsau
475 Ahorn Berg
476 Fichte Hinterstein
477 Ahorne im »Paradies«
478 Tanne Erzstieg
479 Esche Bachtel
480 Klippeneibe Balderschwang
481 Riedellinde Grundern
482 Linde Schloss Pähl
483 Tanzlinde Wichsenstein
484 Gerichtslinde Mönchsdeggingen
485 Kaisereiche Füttersee
486 Eiche Schloss Nagel
487 Elsbeere Herpersdorf
488 Große Eiche Ottersdorf
489 Kunigundenlinde Burgerroth
490 Bavariabuche Pondorf
491 Birne Schwemmelsbach
492 Eiche Egenburgerhof
493 Linde Kraiburg
494 Linde Leipheim
495 Schlosseiche Eisolzried
496 Hohllinde Obermarbach

497 Linde Kloster Prüfening
498 Edignalinde Puch
499 St. Stephanslinde Klaus
500 Linde Wackersberg
501 Nuss Waldkirchen
502 Linde Geisenhausen
503 Kreuzeiche Hürbel
504 Hutebuche Rother Kuppe
505 Ahorn Konradsreuth
506 Linde Burgstall
507 Eibe Schindelberg
508 Kugeltanne Maierhöfen
509 Gissibelhoflinde Kempten
510 Fichte Riegsee
511 Antenberglinde Obersalzberg
512 Silberpappel Lauterbach
513 Tanne Fleck
514 St. Marinuslinde Wilparting
515 Fichte am Himmeleck
516 Ahorn Steibis
517 Apfel Meierhof
518 Birne Mittenwald
519 Ahorn Wildsteig
520 Esche Herrenchiemsee

Dicke Tanne bei Steibis   421

Kreis Oberallgäu
Alter: 300–500 Jahre
Taille: 6,34 m (2008)
Umfang: 6,44 m (2007)

Das Bergdorf Steibis am Fuß des Hochgrat im Allgäu ist mit herrlichen alten Nadelbäumen gesegnet. Nicht nur die Ureibe steht hier, sondern auch eine der mächtigsten Tannen *(Abies alba)* unseres Landes. Nach normaler Umfangmessung ergibt sich Platz 3 unter den Tannenriesen, nach Taillenmessung sogar Platz 1. Hoch aufragend und bis in den unteren Stammbereich beastet, wurzelt die alte Tanne in fast 1200 m Höhe im Freistand.

Standort: Am Wanderweg von der unteren Melkalpe zur Oberstiegalpe.

Trogahorn bei Steibis   422

Kreis Oberallgäu
Alter: 200–300 Jahre
Taille: nicht bekannt
Umfang: 5,35 m (2007)

Auf der Wanderung zum »Hohlen Baum«, einem unter den Einheimischen weithin bekannten alten Bergahorn (Nr. 516), kam Uwe Kühn auch an diesem schön gewachsenen Exemplar vorüber. Der massive Stamm mit dem extrem verstärkten Stammfuß trägt eine ausladende Kugelkrone mit strahlenförmigen Ästen – ein grandioser Anblick vor der atemberaubenden Bergkulisse. Im Schatten der Krone wurde ein großer Trog als Viehtränke aufgestellt.

Standort: 300 m nordwestlich der Unteren Lauchalpe.

422

423

Ureibe bei Steibis   423

Kreis Oberallgäu
Alter: 600–800 Jahre
Taille: 4,92 m (2001)
Umfang: 4,92 m (2001)

Oberhalb der Unteren Lauchalpe, in 1100 m
Höhe, hebt eine verwitterte Eibe *(Taxus baccata)* ihre sparrigen Zweige in den Wind. Ihr
Stamm ist seit Langem hohl. Im Juli 2000 wurde
ihre Existenz im Magazin »Der Eibenfreund« bekannt gegeben. Die Autoren, Hubert Rößner
und Hermann Rüth, erlebten den Baum »rot vor
Früchten« – eine weibliche Eibe also. Wie alt
mag sie sein? Als die in 1400 m Höhe fußende
Eibe vom Bärgündletal geworfen wurde, zählte
man wurzelnah 563 Jahrringe. Ihr Umfang betrug nur 3,5 m.

Standort: Oberhalb der Unteren Lauchalpe.

Tanne am Kaunersteig   424

Kreis Berchtesgadener Land
Alter: 400–550 Jahre
Taille: nicht bekannt
Umfang: 5,56 m (2004)

Wo die Luft dünner und die Wanderer seltener
werden, fanden wir diese einsame Tanne im
Bergwald. Als Weihnachtsbaum wird sie nicht
mehr taugen, wohl aber als Beispiel für würdi-
ges Alter. Die Holztreppen des Kaunersteigs
führen auf abenteuerlichem Weg hinauf zum
Baum. Die Strapaze lohnt sich. Sie wird mit herrlichen Ausblicken auf den Königssee und dem
botanischen Zielpunkt der Wanderung in 975 m
Höhe belohnt.

Standort: Bei Sallet am Königssee dem Kaunersteig nach Norden und Nordosten in Richtung
Gotzenalm 1 Stunde folgen. Am Weg.

Eibe bei Balderschwang   425

Kreis Oberallgäu
Alter: 600–1000 Jahre
Taille: 2,40 und 2,00 m (2000)
Umfang: 7,00 m (2007)

Jahrelang rätselten Besucher, ob die 2-teilige
Eibe wirklich 1 Baum ist. Eine Genanalyse bestä-
tigte das nun zweifelsfrei. Vielleicht wurde die
unterständige Eibe bei der Waldrodung gefällt.
Aus dem alten Baumstumpf könnten sich wieder 2 neue Austriebe etabliert haben. Diese
Eibe *(Taxus baccata)* des Oberallgäus besitzt
den Nimbus einer »Tausendjährigen«. Der
Standort, allein auf einer Almwiese in 1150 m
Höhe, ist ausgesucht schön. Eiben sind zwei-
häusig. Diese Eibe ist nach neuesten Informationen männlich.

Standort: 1 km nordöstlich von Balderschwang.

425

426

Ulme bei Steibis   426

Kreis Oberallgäu
Alter: 300–400 Jahre
Taille: 6,23 m (2008)
Umfang: 6,23 m (2008)

Die Bergulme *(Ulmus glabra)*, auch Weißrüster
genannt, bevorzugt feucht-kühles Klima in
Höhenlagen bis zu 1300 m. Typisch sind die vor
dem Laubaustrieb erscheinenden Blüten und
die nur wenige Tage keimfähigen Samen.
Das vorgestellte Exemplar steht in über 1100 m
Höhe. Von hier aus kann man 200 m oberhalb
die Dicke Tanne und 500 m weiter unten die
Ureibe sehen – eine abwechslungsreiche Baum-
wanderung der Superlative.

Standort: Vor der Station Hochgratbahn zur Unteren Lauchalpe, dann zum Melkhaus, ab dort
200 m südwestlich Richtung Obere Stiegalpe.

Wacholder im Elmauer Gries   427

Kreis Garmisch-Partenkirchen
Alter: 200–400 Jahre
Taille: 1,34 m (2007)
Umfang: 1,34 m (2007)

Der Name Wacholder *(Juniperus communis)* kommt vom althochdeutschen »Wehhalter« und heißt immergrüner Baum. Die »Beeren« sind ein beliebtes Gewürz und Heilmittel. Botanisch ist die Frucht eigentlich ein Beerenzapfen, weshalb Wacholder zu den Zypressengewächsen zählen. Sie sind typisch für die Triftweiden der Schwäbischen Alb und der Lüneburger Heide. Nur einige wenige wachsen baumförmig wie dieses seltene Exemplar im Elmauer Gries.

Standort: Straße Ettal–Linderhof, ab der Brücke 400 südlich entlang des Elmaubachs.

427

Großer Ahorn bei Wamberg   428

Kreis Garmisch-Partenkirchen
Alter: 350–600 Jahre
Taille: 6,70 m (2006)
Umfang: 9,00 m (2001)

Im Bergwald des Werdenfelser Landes recherchierte Bernd Ullrich seinen vielleicht größten Fund: den mächtigsten Bergahorn Deutschlands. Er macht seinem Gebirgsnamer alle Ehre und wurzelt in 1100 m Höhe. Sein Stamm strebt in einem Neigungswinkel von 10° schräg aufwärts. Eine kleine, knorrige Krone bildet den bescheidenen und doch gelungenen Abschluss. Vielleicht ist der Ahorn in einem lichten Wald aufgewachsen und entsprechend älter einzuschätzen. Im Foto: Walter Kühn, Vater der Brüder Kühn.

Standort: Ab Elmauer Alm 1 km westwärts entlang des Neuen Waldwegs, am Wegrand.

428

Ahorne im Ammergebirge   429

Kreis Garmisch-Partenkirchen
Alter: 250–400 Jahre
Taille: bis 6,32 m (2006)
Umfang: bis 6,32 m (2006)

Geführt von Bergsteiger Josef Steiger aus Germering erforschten wir in 1400 m Höhe den naturbelassenen Ahornbestand im Naturschutzgebiet Ammergebirge.
Den Höhepunkt bildet der sogenannte Steinesammlerahorn mit 6,29 m Umfang. In seinem Stamm haben sich herabgestürzte Felsbrocken angesammelt. Der »Marode Ahorn« erreicht 5,08 m, der »Spaltahorn« 6,22 m, ein 3-kerniger Ahornriese sogar 6,32 m Umfang.

Standort: Westlich von Schloss Linderhof führt das Sägertal zum Bäckenalmsattel. Auf Höhe der verfallenen Alm, südlich des Sägertalbaches.

Kitzlochtanne bei Hammersbach   430

Kreis Garmisch-Partenkirchen
Alter: 350–450 Jahre
Taille: 4,87 m (2006)
Umfang: 5,19 m (2006)

Am Kitzloch, in der Nähe des Wanderweges von Hammersbach zur Höllentalklamm, steht in dem tief eingeschnittenen Bachlauf des Hammersbaches diese betagte Tanne. Der Standort ist rau und feucht, er liegt etwa 900 m hoch. Auf den benachbarten Ahornbäumen hängen Flechten, die aussehen wie Baumbärte. Ein besonderer Ort inmitten der voralpinen Wildnis. der eine Wanderung wert ist!

Standort: Dem Fußweg zur Höllentalklamm aufwärts folgen. Am Mast mit der Nummer 29 links hangabwärts, direkt am Hammersbach.

Tanzlinde zu Effeltrich   431

Kreis Forchheim
Alter: 400–700 Jahre
Taille: 7,57 m (2007)
Umfang: 7,77 m (2000)

Hinter dem Namen Effeltrich verbirgt sich die
Bedeutung »apfelreich«. Die senkrechten Jung-
triebe der Tanzlinde wurden zur Gewinnung von
Bast für Apfelbaumveredlungen verwendet.
Im 19. Jahrhundert fanden unter der Linde ro-
mantische »Mondscheinnächte« mit Musik und
Gesang statt. Die flache Krone ruht auf einem
ringförmigen Balkengerüst mit 24 Stützen. Zur
besseren Regenwasserversorgung hat man
rundum ein Lückenpflaster gelegt. Wurzeln der
Linde wurden einst in einem 40 m entfernten
Misthaufen entdeckt.

Standort: Am Dorfplatz bei der Wehrkirche.

Marienlinde bei Schwifting   432

Kreis Landsberg am Lech
Alter: 300–420 Jahre
Taille: 8,46 m (2001)
Umfang: 8,77 m (2003)

An der alten Marienlinde wurde eine Statue der
Mutter Jesu aufgestellt. Sie ist eine von vielen
Marienlinden, die es in Bayern und anderswo
gibt. 2005 wurde sie bei einem Sommersturm
auf einer Stammseite entwurzelt und stürzte
um. Starke Äste stoppten den Fall. Der Stamm
ist nun über 45° geneigt. Wurzeln und Leitbah-
nen blieben einseitig intakt. Die Linde grünte
weiter und entwickelt sich nun zum Lindenku-
riosum. Obgleich die Naturschutzbehörde den
Schutz entzogen hat, möchten die Schwiftinger
Bürger sie erhalten.

Standort: 1 km westlich der Landsberger Straße.

431

433

Kunigundenlinde zu Kasberg   433

Kreis Forchheim
Alter: 600–800 Jahre
Rest: 4,60 m (2000)
Umfang: noch 8 m (2000), 11,20 m (1987)

Der Sage nach soll die heilige Kunigunde (um 980–1033) die Linde gepflanzt haben. Der Auerbacher Landrichter hielt im 13. Jahrhundert »zu Kasberg bei der noch stehenden Linde … Schrannengericht«. Ist unsere Linde gemeint? STÜTZER (1902) weiß, dass 1850 »noch zwei große Linden neben unserer Linde« standen. In einem Forstblatt von 1764 wird eine »obere« und eine »untere« Linde erwähnt, erstere »völlig hohl und zweimal ausgebrannt« mit 45 Schuh (13,7 m) Umfang. Letztere mit 8,5 m.

Standort: Am westlichen Ortsrand.

Hoflinde in Stadelhofen   434

Kreis Eichstätt
Alter: 350–500 Jahre
Taille: 9,65 m (2001)
Umfang: 9,80 m (2003)

Die Sommerlinde ist ein wahrer Koloss. Ihre Kronenäste sind vor Jahren ausgebrochen. Es war keine Gefahr für die Linde, sie hat sich bereits gut regeneriert. In den tonnenförmigen Stamm hatte man früher ein kleines Loch geschlagen, um hineinklettern zu können. Der Baum war der beliebte Spielplatz der Dorfkinder. Inzwischen hat sich das Loch wieder geschlossen. Der Baum war bisher weitgehend unbekannt und erschien auf unsere Empfehlung erstmals bei BRUNNER (2007) – ein schöner Baum der Altmühlregion.

Standort: Innerorts vor einem Hof.

434

435

Königseiche in Bad Brückenau   435

Kreis Bad Kissingen
Alter: 360–420 Jahre
Taille: 6,68 m (2000)
Umfang: 7,00 m (2001)

Bereits in frühen Jahren stand dieser Baum unter Schutz. König Ludwig I. (1818–1862) liebte die Stieleiche und saß oft in ihrem Schatten. Ihr Wuchs war majestätisch. Wenn die alten Quellen stimmen, war ihre Krone 45 m breit. Der längste, fast 22 m lange Ast brach schließlich unter seinem Eigengewicht und riss einen tiefen Spalt in den Stamm. Bei 5,33 m Stammumfang um das Jahr 1900 (STÜTZER) beträgt das Alter heute maximal 420 Jahre. Diese Eiche wächst langsam.

Standort: Kurpark des Staatsbades Brückenau.

Linde in Euschertsfurth   436

Kreis Deggendorf
Alter: 300–430 Jahre
Taille: 8,56 m (2006)
Umfang: 8,56 m (2006)

Es gibt in Deutschland zahllose Gastwirtschaften »Zur Linde«. Jene in Euschertsfurth ist die älteste Taverne im Landkreis Deggendorf und verdient ihren Namen. An der Ortsdurchfahrt liegt auf der einen Seite die 780 Jahre alte Gastwirtschaft. Auf der anderen Straßenseite steht die alte Linde, die neben dem unterirdischen Bierkeller wurzelt. Ihre prächtige Krone hat fast 30 m Durchmesser. Im oberpfälzischen Mitterauerbach gibt es ein Gasthaus »Zur alten Linde«. Diese Linde hat aber nur knapp 8 m Umfang.

Standort: An der Ortsdurchfahrt.

Riesenbuche bei Oberbach   437

Kreis Bad Kissingen
Alter: 200–340 Jahre
Taille: 6,60 m (2001)
Umfang: 6,85 m (2001)

Im Mittelalter nannte man die Region zwischen Rhön und Vogelsberg Buchonia – Land der Buchen. Unberührte Buchenwälder weit und breit. Diese Buche ist jedoch ein Solitär, der als Hutebaum in der Nähe der Menschen aufwuchs. Unterhalb befindet sich der Bauernhof Ziegelhütte. 6 m weit »fließen« die knorrigen Wurzeln der Buche über die Erdoberfläche. 5 bugförmige Äste bildeten früher den unteren Astkranz. Der Starkast, der sich 2001 noch hoch über dem Kopf von Stefan Kühn erstreckte, brach im Frühling 2002 mitsamt seinem Laub zu Boden.

Standort: Vom Ziegelhof südlich Oberbach dem Kiesweg 300 m südwärts folgen.

Urbuche bei Mitgenfeld   438

Kreis Bad Kissingen
Alter: 200–300 Jahre
Taille: 6,63 m (2001)
Umfang: 7,08 m (2002)

Die Urbuche steht am Waldrand, am Fuß der Drei Pilsterköpfe. Ihr Stamm besteht aus 2 Fragmenten, die weiter oben noch miteinander verbunden sind – eine kuriose Buchengestalt. Im Herbst 2008 brannte es an der Innenseite eines Stammteils, zum Glück nur oberflächlich. Der Fotograf Jürgen Hüfner hat diese und andere markante Buchen der Region um Bad Kissingen erstmalig auf einer Internetseite vorgestellt (www.baumveteranen.de).

Standort: Am Waldrand oberhalb des Dorfes.

Dreifaltigkeitseiche bei Aschach   439

Kreis Bad Kissingen
Alter: 300–400 Jahre
Taille: 7,40 m (2008)
Umfang: 7,51 m (2008)

Rainer Lippert aus Untererthal, der alte Bäume
seines Kreises seit 1988 dokumentiert, führte
uns zur Eiche. Ihr Name rührt von einem geschnitzten Schild in 3 m Höhe, auf dem Gott als
Vater, Sohn und Heiliger Geist dargestellt wird.
Eine Gedichttafel an der vom Blitz gezeichneten
Stieleiche besagt: »Seit vielen 100 Jahren schon
blickst Du aufs Frankenland. Du hast viel Freud
und Leid gesehn am schönen Saalestrand. Nun
schmück Dich Eiche dieses Bild. Es sei zum
Schutze Dir der Schild.«

Standort: Premicher Straße 1 km in Verlängerung.

Vollandseiche in Steppach   440

Kreis Bamberg
Alter: 300–500 Jahre
Taille: 7,25 m (2008)
Umfang: 7,46 m (2008)

Um Bier, Kartoffeln und Rüben kühl zu lagern,
schlug man in Steppach vor Jahrhunderten
Felsenkeller in den Sandstein.
Am Rendelberg gibt es über 20 Stück davon.
Die Eiche steht auf einem großen Bierkeller mit
Nebenräumen. In einem ist die Jahreszahl 1717
eingemeißelt. Ihre Wurzeln haben sich weit ins
dahinterliegende Grundstück ausgedehnt, zur
Straße ist kein Erdboden vorhanden. Der Name
der Stieleiche geht auf A. Volland zurück, der
um 1843 Keller- und Gartenmauer längs der
Straße erbauen ließ.

Standort: In der Hohl in Richtung Stolzenroth.

Michaelseiche bei Albertshausen 441

Kreis Bad Kissingen
Alter: 350–600 Jahre
Taille: 6,97 m (2001)
Umfang: 7,96 m (2008)

Der katholische Ökonomierat Carl Steinbach aus Kissingen ließ die Figur des Erzengels Michael 1933 an der Eiche anbringen. »St. Michael / Dein Panier / sei allzeit Deutschlands / Schutz und Zier«, lautet die Inschrift. Gegen 1810 wurde der Wald im Umkreis der Eiche gerodet. Äcker wurden angelegt. Die damals schon starke Eiche blieb als Feldhüter stehen und trug bald ein Marienbild, das der Legende nach vom Stamm umschlossen wurde. Damals hieß sie Bildeiche.

Standort: Der Umgehung 1 km ostwärts folgen.

Ahorn bei Oberfrauenau 442

Kreis Regen
Alter: 200–300 Jahre
Taille: 5,80 m (2006)
Umfang: 6,07 m (2006)

Bergahorne finden wir, so wie der Name aussagt, überwiegend in unseren Gebirgsregionen. Auch im Bayerischen Wald gibt es ein beachtliches Exemplar. Es steht solitär auf einer Bergwiese. Grund und Boden gehören dem Freiherrn Stephan von Poschinger, der im nahe gelegenen Frauenau bereits in 14. Generation eine Glasmanufaktur betreibt. 1568 übernahm ein Vorfahre das verfallene Glashüttengut Zadlershütte.

Standort: Ab der Gastwirtschaft in Oberfrauenau dem Wiesenweg 250 m südostwärts folgen, dann 100 südlich, vorm Waldrand.

441

443

Tannen bei Bayerisch Eisenstein   443

Kreis Regen
Alter: 500–700 Jahre
Taille: 5,91 m (2007)
Umfang: 6,71 m (2006)

Der Hans-Watzlik-Hain, ein 710 m hoch im Bayerischen Wald gelegener Tannen-Buchen-Urwald, ist die schönste Ansammlung alter Weißtannen in Deutschland. Allein 8 Tannen erreichen Umfänge von 5 m und mehr. STÜTZER berichtet 1901 von einer gefällten Tanne, die bei 1,70 m Durchmesser ungefähr 400 Jahrringe aufwies. Schon damals war die 50 m hohe Große Waldhaustanne die Hauptattraktion. Ihr Durchmesser betrug vor 100 Jahren 1,90 m (fast 6 m in Brusthöhe).

Standort: 1 km westlich vom Zwieselerwaldhaus.

Grottenthallinde bei Fronau   444

Kreis Schwandorf
Alter: 300–500 Jahre
Taille: 9,10 m (1998)
Umfang: 10,08 m (2001)

Am Rand eines Gehöftes bei Fronau, zwischen Oberpfälzer und Bayerischem Wald, steht die Grottenthallinde. Ihre dichte, fast jugendlich wirkende Krone beschattet ein Gehege, in dem eine Herde Muffelwild gehalten wird. Die unteren Blätter und Zweige scheinen regelmäßig von den Tieren abgezupft zu werden, sodass die Unterseite der tief reichenden Krone schnurgerade waagerecht verläuft. Nur der tonnenförmige Stamm verrät das hohe Alter.

Standort: 200 m westlich der Landstraße von Neukirchen-Balbini nach Fronau, am Gehöft.

Weißdorn in Wohnsgehaig   445

Kreis Bayreuth
Alter: 200–240 Jahre
Taille: 1,98 m (2007)
Umfang: 2,22 m (2004)

Der Stamm dieses alten Weißdorns *(Crataegus spec.)* wirkt, als seien hölzerne Taue miteinander verdrillt worden.
4 knorrige Äste entwinden sich dem Stamm über Kopfhöhe. Vielleicht ist dieser urige Eigenbrötler der letzte Überrest einer Weißdornhecke, die den Bauernhof schützend umgab. Die Dornen hielten Tiere fern, weshalb der Weißdorn auch Hagedorn genannt wird. Wir vermuten, dass dieses Exemplar der älteste Weißdorn im Land ist.

Standort: An einem Bauernhof im Ort, oberhalb der Bushaltestelle.

Linde am Hof Frath   446

Kreis Regen
Alter: 400–550 Jahre
Taille: 6,62 m (2005)
Umfang: noch 9,76 m (2000)

Der Stierhüter Frao stand seinem Grafen bei, als dieser auf der Jagd von einem Bären angegriffen wurde. Zum Dank wurde ihm ein Berg als abgabefreies Rodungsland vermacht.
Im 12. Jahrhundert entstand dort der heutige Hof Frath. Die Legende besagt, dass Frao selbst die alte Hoflinde gepflanzt hat. Es stimmt, dass die Linde früher größer war.
Als 1897 der Hof durch einen Orkan völlig zerstört wurde, brach eine Hälfte des Baumes weg. Der Stammrest steht heute noch.

Standort: Rechterhand der Hofeinfahrt von Frath, südlich von Frathau.

Eiche in Petersdorf 447

Kreis Ansbach
Alter: 300–420 Jahre
Taille: 7,58 m (2006)
Umfang: 8,46 m (2006)

Die urige Stieleiche mit dem mächtigen, tonnenförmigen Stamm ist das Wahrzeichen des Dorfes, zudem die zweitstärkste Eiche Frankens.
Der gewaltige Eichbaum überragt den alten
Geräteschuppen. Seine Borke zieht sich grob
gemustert bis in die Krone hinauf. 1927 bekam
Petersdorf seinen elektrischen Strom. Die ältesten Dorfbewohner können sich noch erinnern,
dass zur Einweihung die große Eiche mit Glüh-
birnen illuminiert wurde.

Standort: Am südöstlichen Ortsausgang, am
Geräteschuppen des Hauses Peterdorf Nr. 22,
auf Privatgrund.

Fassbuche bei Schwand 448

Kreis Schwandorf
Alter: 200–240 Jahre
Taille: 7,39 m (2007)
Umfang: 8,28 m (2007)

Dieser Baum ist ein echtes Unikat mit Wiedererkennungswert. Wie ein bauchiges Fass wölbt
sich der Stamm nach außen. Der Umfang ist ful-
minant, auch oberhalb der Wölbung. Schade,
dass die Vitalität bereits durch Pilzbefall stark
eingeschränkt ist – ein Problem, das scheinbar
alle mächtigen Buchen *(Fagus sylvatica)* betrifft,
sei dies die Bavariabuche, die Buche an der
Rother Kuppe oder die Fassbuche. Hoffentlich
bleibt uns die Fassbuche noch einige Jahre erhalten.

Standort: An der Waldkante 300 m nordwestlich
oberhalb Schwand.

St. Wolfgangseiche bei Schloss Haus   449

Kreis Regensburg
Alter: 400–600 Jahre
Taille: 8,60 m (1998)
Umfang: 9,60 m (1991)

Ihr Erkennungszeichen ist der seit Langem abgestützte markante Seitenast. Der Legende nach soll Sankt Wolfgang von diesem Ast herab wortgewaltig gepredigt und Heiden zum Glauben geführt haben. Zu STÜTZERS Zeiten (1905) betrug ihr Umfang 8 m in 1 m über Boden. Ein Astbruch hat an der Südseite in 3 m Höhe ein ovales Loch hinterlassen. 1878 und nochmals 1909 brannte die Eiche, zuletzt ausgerechnet am St. Wolfgangstag.

Standort: Am Weg 200 m östlich von Schloss Haus, südöstlich von Thalmassing.

Linde bei Leutzdorf   450

Kreis Forchheim
Alter: 350–450 Jahre
Taille: 8,50 m (2007)
Umfang: 8,20 m (1987)

Im Winter 1986 drohte die Linde auseinanderzubrechen. Wochenlang hatte sie einen schweren Eisbehang, der die Äste wie mit einer zentimeterdicken Glasschicht überzog. Sie musste danach drastisch eingekürzt werden. Heute wirkt sie wie eine ehemals geleitete Linde (Tanzlinde), was aber nicht zutrifft. Insgesamt 4 Stammschalen legen sich weit nach außen. Ein sonderbarer Baum, den wir Autoren 1987 und 2004 unabhängig voneinander im Vorbeifahren entdeckten.

Standort: An der Straße nach Moggast, 250 m westlich von Leutzdorf.

449

451

Wolframslinde in Ried   451

Kreis Cham
Alter: 600–850 Jahre
Taille: noch 11,04 m in 2,2 m Höhe (2006)
Umfang: noch 12,30 m (2000)

»Kein müder Greis, gebeugt von der Fülle der
Jahre, sondern ein herrlicher, kraftstrotzender
Baum«, so schwärmte STÜTZER 1902 über die
Sommerlinde und notierte 14 m Umfang in
Brusthöhe. Sie steht am Dorfanger, 553 m hoch
im Bayerischen Wald, und trägt den Namen des
Parzifal-Dichters Wolfram von Eschenbach. Die-
ser war um 1200 auf der nahe gelegenen Burg
Haidstein. Der Volksmund spricht gern in run-
den Zahlen und nennt die Linde eine 1000-jähri-
ge. Ein Weber soll einst seinen Webstuhl im
Baum aufgestellt haben.

Standort: Auf dem Dorfanger in Ried.

Hoflinde in Feldkirchen   452

Kreis Rosenheim
Alter: 400–500 Jahre
Taille: nicht bekannt
Umfang: 11,33 m (2007)

Die uralte Hoflinde steht etwas versteckt an der
Hofeinfahrt und beschattet mit ihrer mächtigen
Krone die Scheune. Im Sommer kann sie leicht
übersehen werden, denn die beiden Stämmlinge der Linde sind über und über mit Wasser-
reisern bedeckt. Der Platz rund um die Linde
wird gerne als Kinderspielplatz genutzt. An der
Stammrückseite gibt es große Hohlräume.
Der mächtige Baum war bei der Gemeindever-
waltung noch überhaupt nicht bekannt.

Standort: Auf dem Gehöft Hinterholzer an der
Straße Ast 1.

Linde am Kolbenhof   453

Kreis Roth
Alter: 400–600 Jahre
Taille: 8,67 m (2001)
Umfang: 9,11 m (2001)

Nach alter Überlieferung der ansässigen Bauernfamilie geht die Pflanzung der Linde auf den irischen Missionar Kolumban im 7. Jahrhundert zurück. »Er trug früher zwei mächtige gabelförmige Äste, wovon der eine im Jahre 1880 durch einen gewaltigen Sturm abgesprengt wurde«, heißt es bei STÜTZER 1902. Der zweite Ast wurde später morsch und abgehauen. Der damals 8 m umfangstarke Stumpf regenerierte sich wieder. Im Foto: Kunigunde Borzner vom Kolbenhof.

Standort: 1 km nordwestlich von Alfershausen.

Buche bei Hofham   454

Kreis Rosenheim
Alter: 250–300 Jahre
Taille: 6,18 m (2006)
Umfang: 7,20 m (2003)

Der Stamm der Buche bei Hofham ist gewaltig. Er beginnt bei über 7 m Umfang und verjüngt sich dann schnell. Die starke Abholzigkeit gibt einen Hinweis darauf, wie stark der Baum sich im Erdreich verankern muss. Die Krone ist himmelstürmend, vielleicht 35 m hoch. Die Holzmasse schätzen wir auf über 50 m³. Damit könnte diese Waldbuche *(Fagus sylvatica)* die massereichste Buche unseres Landes sein. Anhand der Wuchsform lässt sich ablesen, dass die Buche nicht solitär, sondern als vorherrschender Baum an der Waldkante groß wurde.

Standort: 300 m südöstlich der letzten Häuser Hofhams, an der Waldecke.

455

Kandelaberfichte bei Bayrischzell   455

Kreis Rosenheim
Alter: 250–400 Jahre
Taille: 4,94 m (2007)
Umfang: 5,06 m (2006)

Sie ist die einzige bekannte Kandelaberfichte ihres Formats. Der Bergsteiger Rudolf Steiger aus Germering meldete den Fund in Sorge, sie könne einer Rodung zum Opfer fallen. Zum Glück ging es nur um Fällungen einzelner kranker Bäume. Der Standort der Fichte *(Picea abies)* liegt 1475 m hoch im Mangfallgebirge. Noch 4 weitere Kandelaberfichten mit über 4 m Umfang stehen in unmittelbarer Nähe. Es sind ehemalige Weidfichten.

Standort: 80 m westlich der Serpentinenstraße zur Lacher Alm, am Fuß des Tagweidkopfes.

Eiche bei Bernried   456

Kreis Weilheim-Schongau
Alter: 300–460 Jahre
Taille: 7,32 m (2006)
Umfang: 8,38 m (2006)

Herr Fürstenberger, Gutsverwalter am Hofgut Bernried, führte uns zur alten Huteeiche. Reichlich Totholz liegt am Boden, der die Trittspuren der Weidekühe zeigt. So muss das viele Jahrhunderte gewesen sein. Die alte Stieleiche hatte Glück: 3-mal hat bereits die jüngere Eiche nebenan den Blitz auf sich gezogen. Der Standort ist schön. Von hier aus geht der Blick über den Starnberger See.

Standort: 1 km nordwestlich von Bernried, links (westlich) der Straße nach Tutzing. Gut sichtbar auf einer Weide 250 m neben dem neuen Hofgut Bernried.

456

457

Linde in Wessobrunn   457

Kreis Weilheim-Schongau
Alter: 450–700 Jahre
Taille: 13,20 m (1999)
Umfang: 13,20 m (1988)

Um die sagenhafte Tassilolinde bei Wessobrunn
rankt sich ein Geflecht aus altbayerischer Geschichte und Legende. Ritter Tassilo, letzter
Spross der Agilofinger, die 590–788 in Bayern
regierten, soll sie gepflanzt haben. Auf der Jagd,
heißt es, hatte der junge Herzog einen Traum, in
dem Engel eine Leiter hinauf und hinunter stie-
gen, um aus einer Quelle zu schöpfen. Als sein
Begleiter Wesso die Quelle fand, ließ er an
»Wessos Brunnen« anno 753 ein Benediktiner-
kloster bauen. 1902 betrug der Umfang der
Linde 11 m (STÜTZER).

Standort: Pfaffenwinkel, Ostseite des Klosters.

Große Linde auf Frauenchiemsee   458

Kreis Rosenheim
Alter: 300–350 Jahre
Taille: 8,77 m (2000)
Umfang: 9,73 m (2003)

Um 1850 standen 7 »Große Linden« auf dem
höchsten Punkt der Insel und dienten »den See-
anwohnern auch bei Nacht und Nebel als Orien-
tierungszeichen« (STÜTZER, 1900). Heute sind
noch 2 alte Linden erhalten. Die größere der
beiden ist mehrkernig und deshalb womöglich
nicht viel älter als die dünnere, 1-stämmige. Bis
1803 stand hier die Kirche St. Martin, die bereits
1393 erwähnt wurde. Noch heute versammeln
sich hier die Teilnehmer der Fronleichnams- und
Palmsonntagsprozession.

Standort: Inselmitte, vor der Kapelle.

Hainbuche bei Erisried   459

Kreis Unterallgäu
Alter: 160–210 Jahre
Taille: 4,02 m (2006)
Umfang: 4,23 m (2007)

Eine Hainbuche *(Carpinus betulus)* von so
prächtigem Wuchs hat Seltenheitswert.
Ihre pilzförmige Krone beherrscht das Feld bei
Erisried. Sie ist ein alter Viehstandsbaum. Früher grasten im Sommer die Kühe in ihrer Nähe
und legten sich zum Wiederkäuen in ihren
Schatten. Wind und Wetter haben dem Baum in
der Ebene bisher nicht geschadet. Unbeein-
druckt und beharrlich entfaltet sich jedes Jahr
aufs Neue das dichte Blätterdach der knorrigen,
fein verästelten Krone.

Standort: Nordwestlich von Erisried, in Verlängerung der Weiherstraße, am Ortsrand.

Ahorn bei Unterammergau   460

Kreis Garmisch-Partenkirchen
Alter: 150–200 Jahre
Taille: nicht bekannt
Umfang: 6,50 m* (2008)

In »Panorama«, dem Magazin des Deutschen
Alpenvereins (DAV), Ausgabe Oktober 2008,
startete das Deutsche Baumarchiv eine Umfrage nach markanten Bäumen im Alpenraum. Die
Überlegung war einfach: Gerade in schwer zu-
gänglichen Regionen ist die Wahrscheinlichkeit
groß, dass alte Bäume erhalten und unbekannt
bleiben. Ein schöner Fund kommt vom Bergwan-
derer Bernd Feldpausch aus Seehausen: ein
Ahorndrilling nahe Unterammergau.

Standort: Ab Enge Laine dem Feldweg 500 m
ostwärts folgen, dann Abzweig 200 m nordostwärts.

459

Lebensbaum auf Schloss Mattsies   461

Kreis Unterallgäu
Alter: 120–180 Jahre
Taille: 3,94 m (2007)
Umfang: 4,42 m (2007)

Dieser Riesenlebensbaum *(Thuja plicata)* bildet
eine enge Gemeinschaft mit dem zugehörigen
Schloss Mattsies. Blickt man aus dem Tal in süd-
licher Richtung gen Alpen, so erhebt sich das
Schloss auf einer flachen Bergnase. Links daran
angeschmiegt ist der Thuja zu sehen, dessen
spitzkegeliger Wipfel 1 m höher ragt als der 25 m
hohe Dachfirst. Besonders im Winter, wenn alles
kahl ist, fällt der Baum auf. Man hält den Thuja
für den ältesten und größten nördlich der Alpen,
was sich aber nicht ganz bestätigen lässt.

Standort: Schloss Mattsies bei Tussendorf.

461

462

Marienlinde in Linden   462

Kreis Weilheim-Schongau
Alter: 350–500 Jahre
Taille: 8,90 m (1999)
Umfang: 9,95 m (1997)

Ob die hohle Linde am Ortseingang vor Linden
dem Ort seinen Namen gab? Es wäre denkbar.
Die Dorfbewohner fühlen sich der alten Sommerlinde *(Tilia platyphyllos)* seit Langem verbunden.
Zur Wiese hin ist in ihren Stamm eine kleine
hölzerne Nische gezimmert, in der eine Marien-
statue steht. Früher hing darüber noch ein hölzernes Christuskreuz. Die Linde ist zu einem
natürlichen Andachtsplatz geworden, der im
Sommer regelmäßig mit frisch geschnittenen
Blumen geschmückt wird.

Standort: Am nördlichen Ortseingang.

463

Linde in Grub   463

Kreis Miesbach
Alter: 300–450 Jahre
Taille: 9,75 m (2006)
Umfang: 9,92 m (2006)

Der Gartenbauingenieur Thomas Janschek hat
in den Landkreisen Miesbach, Rosenheim und
Chiemgau zahlreiche alte Bäume recherchiert
und Anekdoten und Geschichtliches über sie zu-
sammengetragen. In dem Buch »Von Baum zu
Baum durch das Miesbacher Land« beschreibt
er Fahrradtouren für Baumfreunde.
Darin enthalten ist auch die 2-stämmige, 3-fach
ausgebrannte Linde in Grub. Sie ist eine besondere Sehenswürdigkeit, ihr Standort liegt nahe
dem Mangfallknie.

Standort: Auf dem Grundstück Dorfstraße 4a,
auf Privatgrund.

Linde am Steinlishof   464

Kreis Lindau (Bodensee)
Alter: 400–600 Jahre
Taille: 10,27 m (2000)
Umfang: 11,00 m (2001)

Das »Isnyer Wochenblatt« schreibt am 3. Juni
1864: »In dem Winkel, den die Straße vom Spi-
talhof mit dem Weg von Schweinebach auf der
Ludwigshöhe bildet, steht eine uralte Linde.
Ihr Stamm hat einen Umfang von acht bis neun
Metern. Vier dicke, starke Äste führen die mächtige Krone zu über 40 Meter empor.« Die Linde
am Steinlishof, der 1412 erstmalig erwähnt wurde, lebt immer noch. Vor 60 Jahren brach das
Mittelstück des Baumes aus. Aufgrund von
Instabilität wurde der Baum jüngst stark eingekürzt.

Standort: Am Steinlishof südwestlich von Isny.

Eiche bei Gollingkreut   465

Kreis Neuburg-Schrobenhausen
Alter: 360–500 Jahre
Taille: 8,32 m (2002)
Umfang: 9,07 m (2004)

Sie ist eine der mächtigsten Stieleichen Bayerns. Dennoch haben wir sie spät kennengelernt. BAUEREISS verzeichnet sie 1994 in einem Buch über Bayerns Eichen. Die Behörden lieferten spartanische Daten, doch für die Eiche war eine Maßangabe dabei: 7,5 m Umfang. Es heißt, sie könne eine frühere Gerichtsstätte markieren und ein »Hängebaum« gewesen sein. Beim Fototermin sprach Bernd Ullrich mit einem Spaziergänger des Ortes, der sich wunderte, dass die hiesige Eiche so wenig bekannt ist. Sein Enkel auf dem Foto zeigt die Stärke des Baums.

Standort: Der Straße nach Öd 200 m folgen.

465

466

Große Tanne bei Scharling   466

Kreis Miesbach
Alter: 400–500 Jahre
Taille: 5,00 m (2002)
Umfang: 5,17 m (2003)

In FRÖHLICH (1990) wird die Große Tanne noch größer dargestellt, als sie wirklich ist. Es geht das lustige Gerücht, dass sie per Zollstock mit 7,10 m Umfang vermessen wurde. Sie hat aber das typische Format alter Weißtannen. Der Standort liegt mit 1150 m recht hoch. Der Baum war für die forstliche Nutzung zu mächtig. Die Erntemaschinen sind zum Glück nicht auf solche Maße ausgelegt.

Standort: Der Verlängerung des Hirschbergwegs ca. 1,5 km durch den Wald folgen, an der Alm hangparallel der unteren Holzpointstraße nach rechts (Nordosten) ca. 500 m folgen.

Birne bei St. Georgen   467

Kreis Berchtesgadener Land
Alter: 200–275 Jahre
Taille: 5,45 m (2006)
Umfang: 5,50 m (2006)

Die prächtigste Birne des Landes steht nicht – wie zu erwarten – in der milden Bodensee-region, sondern im nördlichen Berchtesgadener Land, das früher den Habsburgern zugeordnet und ins Erzbistum Salzburg integriert war. Die Birnensorte stammt aus dem benachbarten »Mostviertel« im Nordwesten Österreichs, es ist eine Mostbirne mit kleinen Früchten. Die Dimensionen sind dafür umso größer: 19 m Kronendurchmesser und eine ähnliche Kronenhöhe.

Standort: In St. Georgen südöstlich von Teisendorf.

Arve vorm Steinernen Meer   468

Kreis Berchtesgadener Land
Alter: 350–500 Jahre
Taille: nicht bekannt
Umfang: 3,43 m (2001)

Die Arve *(Pinus cembra)*, auch Zirbe oder Zirbelkiefer genannt, ist die Grannenkiefer Europas. Die zähe, lichtliebende Baumart behauptet sich alpin bis in Höhenlagen von 2500 m. Vom Königssee sind es 4 Stunden Aufstieg bis zur Arve. Sie steht auf einer Kalksteinnase, ihr Wurzelwerk klammert sich in 1400 m Höhe an blanken Fels, der Wipfel ist abgestorben. Hier wirken Naturgewalten, Kälte, Sturm und Trockenheit. Am nahen Funtensee sank die Temperatur Weihnachten 2001 auf die deutsche Tiefstmarke: −45,9 °C.

Standort: Wegrand zwischen Saugasse und Kärlinger Haus, 4 h oberhalb von St. Bartholomä.

469

Birne bei Oberteisendorf   469

Kreis Berchtesgadener Land
Alter: 150–200 Jahre
Taille: 3,68 m (2006)
Umfang: 3,95 m (2006)

Das nördliche Berchtesgadener Land gehörte früher den Habsburgern. So wie bei der mächtigen Birne von St. Georgen haben wir es mit einer Sorte aus dem benachbarten »Mostviertel« in Österreich zu tun: einer Mostbirne mit recht kleinen Früchten. Der Anblick des dunkelroten Laubes im Herbst ist atemberaubend. Die Birne steht solitär auf einer Anhöhe, umrahmt von Feldern und Wiesen. Die Harmonie der Baumgestalt, vor allem die ausladende Krone, die breiter ist als hoch, machen die Birne zu einer der schönsten im ganzen Land.

Standort: Am Höhenweg nach Schloßried.

»Seedaxe« bei Maria Gern   470

Kreis Berchtesgadener Land
Alter: 250–400 Jahre
Taille: 4,75 m (2006)
Umfang: 5,02 m (2006)

Hinter dem Wort Seedaxe verbirgt sich ein junges Fichtenbäumchen, das an einem See angepflanzt wurde. Früher hat sich unterhalb der Fichte am Almbach angeblich ein Teich befunden. Heute ist aus der Daxe eine Riesenfichte geworden, die sich am Waldrand in 900 m Höhe mit einer großen, etwa 40 m hoch aufragenden Spitzkrone etabliert hat. Ihr unverletzter, kreisrunder Stamm und ihr guter Kronenzustand sind schön anzuschauen. Fichten *(Picea abies)* dieser Größe sind sehr selten.

Standort: In Hintergern dem Almbachweg bis zum Waldrand folgen. 5 m rechter Hand.

471

Große Linde in der Ramsau   471

Kreis Berchtesgadener Land
Alter: 400–700 Jahre
Taille: 10,26 m (2001)
Umfang: 11,30 m (1988)

Vor herrlichem Alpenpanorama erhebt sich der
Blätterdom der Großen Linde – etwa 30 m hoch
und breit. Vor 100 Jahren waren es sogar 34 m
Höhe und rund 38 m Kronendurchmesser. Ein
unterer Seitenast der Sommerlinde ging laut
STÜTZER (1902) 24 m horizontal über den Boden
und berührte ihn fast. Ihr Stammumfang betrug
in 1 m Höhe »reichlich 10 m«. Ihr Standort liegt
830 m hoch. Sie steht auf einer traditionellen
Trade, wo Fällungen und Aufforstungen nicht
erlaubt waren.

Standort: Am Gasthof »Zur Hindenburglinde«,
oberhalb Ramsau an der B 305.

Nuss in Niedersonthofen   472

Kreis Oberallgäu
Alter: 160–180 Jahre
Taille: 4,79 m (2008)
Umfang: 4,79 m unter Ästen (2008)

Das allgemeine Klima, aber auch Wetterextreme
beeinflussen Bäume. Der Polarwinter 1928/29
ließ Flüsse, Wasserfälle und Seen zufrieren.
Über das Eis des Bodensees konnte man in die
Schweiz gehen. Die Walnuss *(Juglans regia)* in
Niedersonthofen fror vermutlich zurück und
bildete die heutigen 3 Achsen und eine neue,
große Krone aus. Es ist erstaunlich, dass
Deutschlands stärkste Nussbäume in den
Mittelgebirgen gedeihen. Sie stehen im Bayeri-
schen Wald, im Schwarzwald und im Allgäu.
Wir hätten sie im Flachland erwartet.

Standort: Am Letten 12, auf Privatgrund.

Paradiestanne bei Berg   473

Kreis Oberallgäu
Alter: 220–240 Jahre
Taille: 5,84 m (2007)
Umfang: 5,84 m (2007)

Hoch über dem Aussichtspunkt Paradies an der
B 308 wächst ein werdendes Wahrzeichen. Frei
und unbedrängt durch andere Bäume, kann sich
die Tanne mit 2 Hauptachsen frei zur Wettertanne entfalten – ganz im Sinne KLEINS (1908), denn
er verstand darunter einen prächtigen Solitär-
baum, der den Naturelementen trotzt.
Weiter unten an der B 308 befindet sich eine
von Misteln bedeckte 1-stämmige Tanne
(Umfang/Taille: 4,77 m).

Standort: 200 m nördlich der Streusiedlung Berg.

Tradeahorn bei Ramsau   474

Kreis Berchtesgadener Land
Alter: 200–350 Jahre
Taille: 5,15 m (2001)
Umfang: 6,04 m (2001)

Auf einer Almweide beim Kaltbachlehen entdeckten wir einen der schönsten 1-stämmig gewachsenen Bergahorne Deutschlands. Sein
Stammfuß ist breit und kraftvoll. Der Boden ist
von den Hufen der Almkühe gezeichnet. Er steht
auf einer Trade, wo Jahrhunderte lang weder
aufgeforstet noch gerodet werden durfte. Erlaubt war das Sammeln von Laubheu. Vor Ort
traf Bernd Ullrich einen Almbauern, der das tat.
Er rechte das Herbstlaub des Ahorns zusammen
und schulterte ein laubgefülltes Netz von über
2 m Durchmesser.

Standort: Oberhalb der Bushaltestelle Kaltbachlehen an der B 305.

Ahorn bei Berg   475

Kreis Oberallgäu
Alter: 180–230 Jahre
Taille: 5,49 m (2006)
Umfang : 5,50 m (2006)

Dieser Bergahorn *(Acer pseudoplatanus)* steht
für die Art typisch in einer Höhenlage von etwa
800 m. Von einer gemütlichen Ruhebank aus
schweift der Blick über die idyllische Allgäuer
Voralpenlandschaft. Ein Bergahorn also, beim
Dorf Berg, umrahmt von Bergen.
Im Vorbeifahren entdeckten wir zufällig die markante Baumgestalt am Hang oberhalb der Straße. Auch 2 beachtliche Tannen befinden sich
ganz in der Nähe. Sie werden im Porträt Nr. 473
vorgestellt.

Standort: Südwestlich von Oberstaufen, 50 m
oberhalb der B 308 bei Berg.

Fichte im Hintersteiner Tal   476

Kreis Oberallgäu
Alter: 400–500 Jahre
Taille: 6,10 m* (2008)
Umfang: 7,65 m* (2008)

Diese Fichte ist aller Wahrscheinlichkeit nach
die stärkste Deutschlands. Kaum denkbar, noch
Gewaltigeres zu finden. In einem Artikel der
»Allgäuer Zeitung« ist die Fichte mit halb ver-
decktem Stamm zu sehen. Revierförster Hubert
Komma informierte uns weiter. Die Fichte mit
den herrlichen Wurzelflanken wirkt fast wie ein
Urwaldriese. Sie steht etwa 1150 m hoch. Ihr
Umfang am Steilhang ist enorm. Ihr Holzvolu-
men soll 35 Festmeter betragen, vielleicht sogar
noch mehr.

Standort: Am Engeratsgundbach, nordöstlich
vom Engeratsgundhof.

475

477

Ahorne im »Paradies«   477

Kreis Oberallgäu
Alter: 300–500 Jahre
Taille: bis 7,47 m (2007)
Umfang: bis 7,47 m (2007)

Für Ahornfreunde ist dies das Paradies: In herrlicher Almlage, auf grünen Wiesenterrassen
unterhalb der Schwarzenberghütte (1380 m)
wachsen 8 mächtige Ahorne mit über 5 m Umfang sowie viele andere beachtliche Exemplare.
Allgäuer Kühe grasen friedlich in ihrer Nähe und
suchen im Sommer ihren Schatten. Es sind
Huteahorne, die dank des Menschen so alt werden konnten. Das schönste Exemplar, 1-stämmig
gewachsen, strebt zwischen Felsklötzen hervor
und erreicht 6,91 m Umfang (Taille: 6,67 m,
siehe Foto). Das stärkste Exemplar besitzt
7,47 m Umfang und ist 2-kernig.

Standort: An der Schwarzenberghütte im Hintersteiner Tal.

Tanne am Erzstieg   478

Kreis Oberallgäu
Alter: 300–500 Jahre
Taille: 6,40 m (2007)
Umfang: 6,51 m (2007)

Vor Jahren wurde der Tannenveteran durch
Stein- und Staublawinen beschädigt. Benachbarte große Tannen starben ab. Am Stamm sie-
delten sich Pilze an, eine Hälfte des Stammes
vermorschte. Der Standort am Erzstieg mit alpi-
ner Kulisse oberhalb der Hubertuskapelle ist
herrlich. Im Wurzelbereich haben Murmeltiere
ihren Bau.

Standort: Im Hintersteiner Tal südlich der Hubertuskapelle den Erzbach queren und den Ser-
pentinen des Erzstiegs 700 m östlich folgen.

478

479

Esche in Bachtel　479

Kreis Oberallgäu
Alter: 200–300 Jahre
Taille: 6,01 m (2006)
Umfang: 6,34 m (2006)

Eschen kommen in der Voralpenregion häufig
vor. Dieses besonders starke Exemplar ist nicht
– wie üblich – 1-stämmig, sondern besitzt 2 er-
kennbare Kerne. Der Standort ist mit über
800 m über Meereshöhe ausgesprochen montan. Die Esche steht 1 km westlich des Wertach-
tals und wurde bei einer Umfrage der unteren
Naturschutzbehörde als dickste Esche des Kreises Oberallgäu gemeldet.

Standort: Über Mittelberg und Stich zu erreichen, am nordwestlichen Ortsrand von Bachtel,
im Bachtelweg, auf Privatgrund.

Klippeneibe
bei Balderschwang　480

Kreis Oberallgäu
Alter: 400–600 Jahre
Taille: 4,02 m (2007)
Umfang: 4,02 m (2007)

Verborgen in einem Auerhahnschutzgebiet erhebt sich – dramatisch an einer Felsenkante und
hoch über einem Wildbach – diese uralte Eibe.
Sie scheint von Menschenhand unberührt zu
sein und steht an ihrem einsamen Platz wie ein
Urwaldrelikt aus vergangener Zeit. Wie alt sie
ist, kann niemand sagen. Sie liegt 1300 m hoch.
Wer den wunderbaren Baum besuchen möchte,
sollte sich mit einem Ortskundigen in Verbindung setzen, um bei der Suche nicht die seltenen Auerhühner zu stören.

Standort: 1 km westlich der Scheuenalpe.

480

481

Riedellinde bei Grundern   481

Kreis Bad Tölz-Wolfratshausen
Alter: 300–425 Jahre
Taille: 8,91 m (2006)
Umfang: 9,20 m (2006)

Bäume in Kandelaberform sind meist von Menschenhand geformt. Bei der Riedellinde hatte scheinbar die Natur die Hand im Spiel. Der Mitteltrieb muss vor langer Zeit ausgebrochen sein. Erstaunlich, welche hohe Krone die 7 Bogenäste tragen. Um sie fest mit dem Hauptstamm zu verbinden, sind die Übergänge zum Stamm brettartig verstärkt. Linde, Stadel (Heuschuppen) und Vieh bilden ein ländliches Idyll.

Standort: Die Straße südostwärts zum Parkplatz am Steinbach fahren, den Sonntratnweg 400 m nordwärts und 500 m ostwärts zum Waldrand gehen.

Linde auf Schloss Pähl   482

Kreis Weilheim-Schongau
Alter: 400–550 Jahre
Taille: 8,42 m (1999)
Umfang: 8,34 m (2003)

Ein schönes Winterbild der Linde mit Schneeauflage findet sich in STÜTZERS Bildband von 1900. »Sein Umfang beträgt in Kopfhöhe 9 Meter«, heißt es darin. Und: »Aus dem früher hohlen Stamme ließ der Eigenthümer dieses Baumkolosses ... die faule Holzmasse herausnehmen und die Höhlung sorgfältig mit Beton ausmauern.« Diese Sorgfalt war, wie wir heute wissen, falsch. Die Morschung ging weiter und hat den Baum die schlossseitige Stammhälfte gekostet. Dort erinnert nur noch ein dünner Neuaustrieb an die frühere Stammkontur.

Standort: Vor dem Hochschloss Pähl.

483

Tanzlinde in Wichsenstein   483

Kreis Forchheim
Alter: 400–500 Jahre
Taille: 6,10 m (2007)
Umfang: 6,10 m (2007)

Am Fuß eines 588 m hohen Aussichtsfelsens, im
Dörfchen Wichsenstein, findet in jedem Juni das
Tanzlindenfest rund um die angeblich 1000-jäh-
rige Tanzlinde statt. Die Linde *(Tilia platyphyllos)* markiert den alten Ortskern und diente als
beliebter Treffpunkt und Versammlungsort.
Bis in die 1960er-Jahre gab es ein Tanzpodest in
der Krone. Ein Blitzschlag spaltete den Baum,
und die Feierlichkeiten mussten auf den Boden
verlegt werden. Im Jahr 2006 wurde ein neues
Gerüst aus Eichenholz unter den Ästen angebracht.

Standort: Im Ort, Wichsenstein 207.

Gerichtslinde in Mönchsdeggingen   484

Kreis Donau-Ries
Alter: 400–600 Jahre
Taille: 8,60 m (1999)
Umfang: 9,88 m (2003)

Bis 1800 hatte die alte Gerichts- und Tanzlinde
in Mönchsdeggingen am Nördlinger Ries 3
Stämmlinge besessen. Dann brach einer weg.
Fäulnis griff um sich. Eine Betonplombe in der
Höhlung verschlimmerte die Situation. Der frühere Pfarrmesner Wiedemann sparte 6 Jahre
lang von seiner Invalidenrente, um eine Sanierung der Linde zu finanzieren. Niemand sonst
war seinerzeit bereit, Geld dafür auszugeben.
1967 konnte die Sanierung für rund 4000 DM
durchgeführt werden.

Standort: An einer Böschung im Ort.

Kaisereiche bei Füttersee   485

Kreis Kitzingen
Alter: 350–500 Jahre
Taille: 7,49 m (1999)
Umfang: 7,92 m (2001)

Oberhalb Füttersee im Steigerwald erhebt sich
auf einer Wiese am Waldrand weithin sichtbar
die Kaisereiche. Der Baum thront landschafts-
prägend über dem kleinen Ort, sein Name ruft
Erinnerungen an Kaiser Karl den Großen wach.
Auffallend an der Stieleiche ist ihre kraftvolle
Stammbasis. Mächtige Wurzelausläufer verankern den Baum im Boden. Der Schaft ist abhol-
zig und bis in 6 m Höhe astfrei. Von früheren
Seitenästen sind nur die ausgehöhlten Schnitt-
flächen sichtbar. Die Eiche ist ein Baum besonderer Schönheit.

Standort: Am Waldrand oberhalb des Ortes.

Eiche bei Schloss Nagel   486

Kreis Kronach
Alter: 450–600 Jahre
Taille: 9,01 m (2001)
Umfang: 9,53 m (2000)

Das Jagdschloss Nagel, zwischen Frankenwald
und Fränkischer Schweiz gelegen, wurde als
Wasserschloss Anfang des 15. Jahrhunderts
erbaut. Am feuchten Steilhang zwischen
Schloss und Gut Nagel reiben sich nicht nur
Baumfreunde ungläubig die Augen, wenn sie
vor dem monumentalen Stamm der Stieleiche
stehen. Die Borke ragt bis in die Krone brettartig hervor. Der Schlossherr sieht darin ein
Altersmerkmal und glaubt fest an die legendä-
ren 1000 Jahre. Die Krone ist recht klein, der
Baum im Bestand vorherrschend.

Standort: Am Außenzaun von Schloss Nagel.

Große Eiche bei Ottersdorf   488

Kreis Eichstätt
Alter: 320–450 Jahre
Taille: 7,80 m (2000)
Umfang: 7,92 m (2001)

Diese Stieleiche wird im Volksmund auch 1000-jährige Eiche genannt. Sie steht dem Waldrand vorgelagert und neigt sich kraftvoll mit baumstarken Ästen übers Feld. Einige Totäste ragen aus der Krone hervor. Eine Blitzrinne zieht sich vom Stammfuß bis hinauf in die Krone. Der walzenförmige Stamm wurde kürzlich neu vermessen und hat zwischenzeitlich etwa 7,93 m in der Taille und 8,17 m in 1 m über Boden erreicht. Der Standort liegt in 430 m Höhe.

Standort: 400 westlich von Schloss Hexenagger, 250 m nordöstlich vom Hofgut Ottersdorf.

Elsbeere bei Herpersdorf   487

Kreis Neustadt a. d. Aisch–Bad Windsheim
Alter: 120–200 Jahre
Taille: 3,23 m (2007)
Umfang: 3,25 m (2006)

Die schönste Elsbeere *(Sorbus torminalis)* unseres Landes ist ein Überraschungsfund von Bernd Ullrich. Auf der Suche nach geleiteten Linden (Tanzlinden) in Franken rastete er im »Gasthof zur Linde«, wo er sich nach weiterer bemerkenswerten Bäumen erkundigte. Er fand ein Exemplar, das die üblichen Maße in den Schatten stellt. Die seltene Baumart gedeiht gut auf Kalkböden in sonnigen Lagen und erreicht normalerweise weniger als 1,8c m Umfang bei einem Alter von 100 Jahren.

Standort: 500 m östlich der Ortschaft, 300 m östlich oberhalb des Trafohäuschens.

489

Kunigundenlinde bei Burgerroth   489

Kreis Würzburg
Alter: 400–500 Jahre
Taille: 9,60 m (2001)
Umfang: 9,95 m (2001)

Vor der Heidenkirche am Altenberg (erbaut 1230) steht die zerklüftete, 4-teilige Kunigundenlinde. Kunigunde, Gemahlin des späteren Kaisers Heinrich II., soll der Sage nach 3 Schleier vom Bamberger Dom in den Wind geworfen haben. Einer verfing sich im Geäst der Linde, eine Kapelle wurde errichtet. Vor etwa 60 Jahren wurde die Linde in 3 m Höhe gekappt – wohl, um Kronenbruch vorzubeugen. 1978 wiederholte sich die Verschandelung noch einmal.

Standort: An der Heidenkirche südlich von Burgerroth.

Bavariabuche bei Pondorf   490

Kreis Eichstätt
Alter: 200–320 Jahre
Taille: 8,88 m (2000)
Umfang: 9,80 m (2000)

Poster des Magazins »GEO« machten die Rotbuche *(Fagus sylvatica)* mit dem steinpilzförmigen Wuchs deutschlandweit bekannt. »Die West- und Wetterseite der Buche ist flach, gleichsam vom Wind gestutzt. Die Ostflanke hingegen reckt sich weit und behaglich gegen die Felder«, hieß es. Ihre Kronentraufe hatte 84 m Umfang und bedeckte 600 m². Seit 1995 ging es mit der Buche steil bergab. Astbrüche aufgrund des tückischen Brandkrustenpilzes entstellten den Baum. Im Sommer 2006 brach die halbe Krone weg.

Standort: 600 m nordwestlich von Pondorf.

491

Birne bei Schwemmelsbach   491

Kreis Schweinfurt
Alter: 150–180 Jahre
Taille: 4,56 m (2008)
Umfang: 4,62 m (2008)

Die hübsche, von Äckern umrahmte Freistand-
birne ist schon von Weitem sichtbar. Den Land-
wirten sei Dank, dass der Birne ein Stück Acker-
fläche belassen wurde. Heute ist sie Naturdenkmal. Der Baumfreund Rainer Lippert aus
Untererthal kennt den Baum schon seit Längerem und informierte das Deutsche Baumarchiv.
Er entdeckte kürzlich eine zweite Birne im Feld
östlich von Hambach. Sie wurde trotz Naturdenk-
mal-Plakette kurz oberhalb der Verzweigung geköpft. Ihr Stammumfang: 2-kernig 4,64 m.

Standort: Im Feld 800 m nördlich des Ortes.

Eiche in Egenburgerhof   492

Kreis Würzburg
Alter: 400–500 Jahre
Taille: 7,55 m (2007)
Umfang: 7,60 m (2007)

Der Baumsachverständige Peter Klug aus Steinen wies uns auf die alte Eiche hin, die bis dato
noch nicht in der Literatur auftauchte. Sie ist im
Kalender »Baumleben 2008« aus dem Arbus-
Verlag abgebildet. Die fotogene Stieleiche
(Quercus robur) wird als 1000-jährig bezeichnet
und macht tatsächlich einen alten Eindruck.
In 3 m Höhe ist einer von 2 mächtigen Ästen
vor langer Zeit ausgebrochen. Ein uriger Holz-
trichter führt ins hohle Innere des mächtigen
Stammes.

Standort: Am Südrand des Egenburgerhofs in
der Egenburgstraße, auf Privatgrund.

Linde bei Kraiburg   493

Kreis Mühldorf am Inn
Alter: 320–500 Jahre
Taille: 8,00 m (2001)
Umfang: 9,10 m (1994)

Schmale Waldpfade führen von Kraiburg am
Inn hinauf zur alten Linde. Durch den schmal-
stämmigen Wald blickt man gespannt aufwärts.
An der Kante des Steilabfalls tritt sie schließlich
hervor, die wuchtige, geduckte Gestalt der alten
Gerichtslinde.
Früher konnten die Kinder vom Hof Berg durch
einen engen Spalt in den Hohlraum des Stammes schlüpfen. Inzwischen hat sich der Spalt
wieder geschlossen. Zeit des Richtens, Zeit des
Spielens – jedes Ding hat seine Zeit.

Standort: Auf Hof Berg, gut 1 km südöstlich
oberhalb von Kraiburg am Inn.

Linde bei Leipheim   494

Kreis Günzburg
Alter: 300–500 Jahre
Taille: 10,09 m (2003)
Umfang: 10,05 m (1994)

Einen Brand 1979 überstand sie, Orkan Lothar
hinterließ Weihnachten 1999 nur einen Stamm-
riss. Dann hing 2007 nach einem neuen Sturm
ein Ast in den Stahlseilen. Diagnose: Brand-
krustenpilz, Lebenserwartung unter 10 Jahre.
Vor der Fällung intervenierten das Deutsche
Baumarchiv und andere Baumfreunde, denn
Linden sterben nicht so schnell. Die Verantwortlichen schlossen sich an, die Linde wurde nur
eingekürzt. 2017 hofft das Deutsche Baumarchiv, zu einem Umtrunk unter die gesunde Linde
laden zu können.

Standort: Auf der Linden, am Stadtrand.

Hohllinde in Obermarbach   496

Kreis Dachau
Alter: 300–500 Jahre
Taille: 8,20 m (2000)
Umfang: 10,20 m (1994)

In der Hohl am Kirchberg von Obermarbach
wächst eine skurrile Baumgestalt. Am 45°-Steil-
hang des Hohlwegs hat sich die hohle, 1975
ausgebrannte Linde festgeklammert. Der Neigungswinkel des Stammes wäre besorgniserre-
gend, gäbe es nicht hangaufwärts meterdicke
Zugwurzeln, die sich wie starke Drahtseile zum
Boden spannen. Früher reichte der Haupttrieb
über die Hohl hinweg bis in die Nähe der gegen-
überliegenden Kirche – ein großes rundes Loch
klafft an seiner Abbruchstelle im Stamm. Man
kann von Innen herausschauen.

Standort: In der Hohl, Am Kirchberg.

Schlosseiche in Eisolzried   495

Kreis Dachau
Alter: 350–700 Jahre
Taille: 8,59 m (2001)
Umfang: 9,60 m (1994)

Sie ist ein Überbleibsel des »lieblich Aich-
Wäldls«, das 1737 den Schlosspark zierte. Park
und Schloss sind vergangen. In ihrer Glanzzeit
um 1900 hatte der Baum eine volle Krone und
8 m Umfang in Mannshöhe (STÜTZER). Sein
Standort soll karger Geröllboden sein. Daher
schätzte man damals schon ein Alter von
700 Jahren. Vor Jahrzehnten fuhr der Blitz in die
Stieleiche und hinterließ eine breite Narbe. Die
Eiche hat es überlebt, ebenso einen Brandan-
schlag vor wenigen Jahren, bei dem ihr hohler
Stamm mit Benzin angezündet wurde.

Standort: Ortsausgang Richtung Lauterbach.

497

Linden im Kloster Prüfening   497

Stadt Regensburg
Alter: 350–450 Jahre
Taille: 8,36 m und 9,50 m* (2000)
Umfang: 8,90 m und 9,50 m* (2004)

Dort, wo bis 1994 der Benediktiner Emmeram abgeschieden lebte, erinnern 2 uralte Linden an die große Zeit des Klosters vor der Auflösung 1803. Die eine (siehe Bild) wurde einst nach zeitgenössischen Vorstellungen »saniert« und mit Backsteinen zugemauert. Die andere, hinter den Gebäuden, besteht nur noch aus 2 schmalen senkrechten Stammteilen, die wenig von der früheren Baumgestalt erahnen lassen (Umfang etwa 9,50 m). Unter einer der beiden Linden, so ist überliefert, haben früher die Mönche gekegelt.

Standort: Im alten Klostergarten.

Edignalinde in Puch   498

Kreis Fürstenfeldbruck
Alter: 500–700 Jahre
Taille: nicht messbar (1998)
Umfang: nicht messbar (2003)

Der Legende nach lebte die heilige Edigna im hohlen Stamm dieser Linde. Sie soll aus dem Hochadel gestammt haben und wirkte hier im 11. Jahrhundert als christliche Eremitin mit Gebet und praktischer Nächstenliebe für Kranke und Arme. Angeblich »floss bald nach ihrem Tod ein heiliges Öl aus der Linde, das versiegte, als man es aus Gewinnsucht verkaufen wollte.« Ein naturgetreues Gemälde in der »Gartenlaube« zeigt den Baum im Jahr 1883: Ein riesiger Stammsockel von gut 10 m Umfang trägt noch 2 intakte Kronenäste.

Standort: An der Kirche in Puch.

St. Stephanslinde in Klaus   499

Kreis Erding
Alter: 400–550 Jahre
Taille: 10,60 m (2001)
Umfang: 11,00 m (1994)

Im Jahr 1803 wurde die Kirche in Klaus im Zug der napoleonischen Säkularisierung abgerissen. Wenig später verschwanden auch die Grabsteine des angrenzenden Friedhofs. Nur die alte Friedhofslinde blieb stehen. Im 20. Jahrhundert erinnerte man sich an die frühere Nutzung und erbaute die kleine Sankt-Stephans-Kapelle, die dem ersten Märtyrer der Christenheit gewidmet ist. Die Linde ist mächtig und besteht aus 2 Teilen. Botanisch ist es eine Sommerlinde *(Tilia platyphyllos)*.

Standort: An der St.-Stephans-Kapelle in Klaus südlich von St. Wolfgang.

Linde bei Wackersberg   500

Kreis Bad Tölz-Wolfratshausen
Alter: 300–400 Jahre
Taille: 8,67 m (2006)
Umfang: 8,73 m (2006)

Vor 200 Jahren kam der Wanderer Gabriel Seidl nach Wackersberg und stieß auf eine Gruppe mächtiger Linden. Aus Sorge um die Bäume kam er im folgenden Jahr wieder: 5 Stämme lagen frisch geschlagen am Boden. Da schenkte er dem frommen Eigentümer ein Kreuz und ließ es an der größten Linde anbringen. Von seinen 5 Geschwistern erhielt er zum 50. Geburtstag Anteile auf den Kaufpreis der Linden, die er daraufhin erwarb. Eine der Linden gehört heute zu den ganz Großen.

Standort: 400 m nordöstlich von Hub, dem Pfad ab dem Kreuz folgen.

501

Nuss in Waldkirchen   501

Kreis Freyung-Grafenau
Alter: 140–180 Jahre
Taille: 4,57 m (2006)
Umfang: 4,57 m (2006)

Einst stand die wohl älteste Walnuss Deutschlands in einem Garten am Stadtrand. Das heutige Wohnhaus wurde 1899 im Garten erbaut.
Ein Familienfoto von 1930 zeigt den Baum mit
etwa 70 cm Stammdurchmesser. Bis heute trägt
er Früchte. Im Bild die heutige Besitzerin mit der
Ernte des Jahres 2006. Bis 1996 war die Nuss
Naturdenkmal. Dann zog die untere Naturschutzbehörde den Schutz zurück, als sich morsche
Äste mehrten. »Das Papperl war wieder herun-
ten«, so drückte es die Eigentümerin enttäuscht
aus. Was ist von einem Naturdenkmalschutz zu
halten, der sich zurückzieht, wenn ein Baum
Hilfe braucht?

Standort: Am Ertlbrunn 3, auf Privatgrund.

Linde bei Geisenhausen   502

Kreis Pfaffenhofen
Alter: 260–300 Jahre
Taille: 8,55 m (2000)
Umfang: 8,70 m (2004)

Die alte Linde behütet die Kapelle zur schmerz-
haften Mutter Gottes. Die Stangen auf den umliegenden Feldern weisen auf den Hopfenanbau
der Hallertau hin. Im Sommer 1978 brannte
die Linde, das Feuer konnte aber mit einem
Tanklöschfahrzeug der Wolnzacher Feuerwehr
gelöscht werden. Heute zählt die Linde mit über
8,50 m Taillenumfang zu den größten und
schönsten Kapellenlinden des Landes. Sie
wächst rasch: etwa 3,3 cm pro Jahr.

Standort: Am Kapellenweg, im freien Feld.

502

Kreuzeiche bei Hürbel   503

Kreis Ansbach
Alter: 300–430 Jahre
Taille: 5,93 m (2003)
Umfang: 6,70 m (1993)

Am Bocksberg auf der Frankenhöhe steht in 480 m Höhe die Kreuzeiche. Sie markiert die Kreuzung eines alten Handelswegs und besaß vor 100 Jahren aufgrund von 2 Horizontalästen die Gestalt eines Kreuzes. Ihre Krone war damals 39 m breit. In 2 m Höhe hatte sie gut 5 m Umfang, heute sind es 6,50 m. Sie wächst langsam, was am Standort liegen dürfte: Das Wasser fließt ihr davon. Der Sage nach fährt hier in den Adventsnächten der ruhelose Fuhrmann Hans Hoi vorüber, ein Reiter auf »schwarzem Rappen« mit seinem Haupt unterm Arm.

Standort: Höhenweg 500 m südwestl. Hürbel.

Hutebuche an der Rother Kuppe   504

Kreis Rhön-Grabfeld
Alter: 200–240 Jahre
Taille: nicht bekannt
Umfang: 8,10 m (2001)

In dem für Hessen maßgeblichen Bildband »Alte liebenswerte Bäume in Hessen« verewigte FRÖH-LICH 1984 die alte Hutebuche auf einer Doppelseite. Damals stand sie im offenen Feld unterhalb der 711 m hohen Rother Kuppe. Heute wächst sie langsam ein. Im Frühling 2001 knickte ein frisch belaubter Ast hangabwärts, und seit Kyrill ist die Krone halbiert. Eine intakte Hutebuche mit 6,51 m Umfang befindet sich 400 m nordöstlich von Gangolfsberg.
Ein Wanderweg führt direkt an ihr vorbei.

Standort: 400 m südwestlich des Aussichtsturms.

503

Ahorn in Konradsreuth   505

Kreis Hof
Alter: 200–240 Jahre
Taille: 4,82 m (2008)
Umfang: 4,82 m (2008)

Was der Bergahorn im Hamburger Hirschpark
in die Breite auslegt, das entfaltet der Berghorn
im Schlosspark Konradsreuth in die Höhe.
Seine hohe, V-förmige Krone ist im Parkwald
vorherrschend. Wir hatten noch die Freude,
von der früheren Eigentümerin, der hochbetag-
ten Baronin Ebert-Staff von Reitzenstein, per-
sönlich durch den Park geführt zu werden. So
mächtig und trutzig wie die Gewölbepfeiler des
fränkischen Schlosses nebenan ist auch der
Ahornstamm geformt. Er läuft in einen stabilen
Wurzelsockel aus.

Standort: Im Schlosspark, im Sommer meist zugänglich über den Eingang nahe der Ecke Park-
straße/Schlosspark.

Linde in Burgstall   506

Kreis Ansbach
Alter: 350–450 Jahre
Taille: 8,71 m (2006)
Umfang: noch 8,71 m (2006)

Burgstall wurde 1142 erstmalig urkundlich erwähnt. Der Stauferkönig Konrad III. kam damals
nach Rothenburg ob der Tauber und ließ 20 Gü-
ter für seine Soldaten erbauen. Aus den Gütern
wurden Dörfer, nur Burgstall blieb, was es war.
1850 erwarb Friedrich Pabst, Abgeordneter der
Frankfurter Nationalversammlung, Freund Bis-
marcks und Mitbegründer der Deutschen Land-
wirtschaftsgesellschaft, das Gut mitsamt der
Linde.

Standort: Im Gut Burgstall.

507

Eibe bei Schindelberg   507

Kreis Oberallgäu
Alter: 480–600 Jahre
Taille: 4,83 m (2006)
Umfang: 4,83 m (2006)

Die Eibenforscher Hubert Rößner und Hermann
Rüth folgten einer Spur aus dem Jahr 1930 und
entdeckten die vergessene Eibe wieder. Die
weibliche Eibe hat 2 Achsen und steht 950 m
hoch am Rotzgraben. 1930 betrug ihr Stammumfang 4,38 m, die beiden Achsen hatten
2,80 und 2,50 m Umfang. 2006 betrug der
Stammumfang 4,83 m, die beiden Achsen
wiesen 3,38 respektive 2,90 m Umfang auf.
Das Alter könnte rekonstruiert 816, 443 oder
551 Jahre betragen. Eine schädliche Aufstauung
des Grabens wurde kürzlich wieder entfernt.

Standort: 500 m südlich vom Hotel »Starennest«.

Kugeltanne bei Maierhöfen   508

Kreis Lindau (Bodensee)
Alter: 300–425 Jahre
Taille: 6,00 m (2006)
Umfang: 6,03 m (2004)

Lorenz Bögle aus Buchloe sandte uns einen Be-
richt der »Allgäuer Zeitung« vom Herbst 2003.
Es ging um den Wettbewerb der Waldbesitzer,
im »Jahr der Weißtanne« die stärkste Tanne des
Westallgäus zu ermitteln. Ein Einheimischer
kannte die »Kugeltanne«, die vor 40 Jahren im
Freistand die Alpe des Berges »Kugel« zierte.
In 1000 m Höhe, umrahmt von Fichten, hat die
alte Wettertanne überlebt – ein fast erstorbenes
Ungetüm, das den Wettbewerb gewann.

Standort: Am Gipfelkreuz des Bergs Iberger
Kugel, 200 m nordöstlich, hangabwärts.

508

509

Gissibelhoflinde   509

Stadt Kempten
Alter: 450–600 Jahre
Taille: 11,28 m (2006)
Umfang: 11,33 m (2006)

In dem Artikel »Bemerkenswerte Bäume in Kemptens Umgebung« von 1933 lesen wir von einem »prachtvollen Baum« auf dem Mariaberg, der sommers wie winters einen packenden Anblick bot. »Wir haben hier eine Hoflinde vor uns, die den Hof, vor dem sie einst gepflanzt war, überdauert hat. Denn dieser Hof, der den uralten Namen Gissibel führte, ist verschwunden«, heißt es über die Linde, die heute weit U-förmig geöffnet ist. Sie gibt uns ein Altersrätsel auf, denn damals hatte sie angeblich nur 7,20 m Umfang.

Standort: Anhöhe 200 m östlich vom Hof Prestlings, westlich Kempten.

Fichte bei Riegsee   510

Kreis Garmisch-Partenkirchen
Alter: 300–400 Jahre
Taille: nicht bekannt
Umfang : 6,45 m* (2008)

Die Bergsteiger und Buchautoren Bernhard Zäh und Rudolf Steiger meldeten uns den Fund einer riesigen Weidfichte. Sie wäre der neue »Champion Tree« im Land, wäre nicht zeitgleich eine noch größere Fichte entdeckt worden (siehe Porträt Nr. 476). Sie steht auf einer Weide des Hofs Guglhör, wo seltene Nutztierrassen wie das Murnau-Werdenfelser Rind – eine alte Zugochsenrasse – und das alpine Steinschaf gezüchtet werden.

Standort: 1 km östlich von Hof Guglhör (Kontakt: Haupt- und Landesgestüt Schwaiganger, Guglhör 1, Herr Duschl).

Antenberglinde bei Obersalzberg   511

Kreis Berchtesgadener Land
Alter: 350–450 Jahre
Taille: 9,13 m (2006)
Umfang: noch 9,12 m (2004)

Hinter dem Namen Antenberg verbirgt sich eigentlich Entenberg oder Antnbichl, wie der Bay-
er sagt. Wo heute die alte Linde steht, befand
sich einst ein Hof mit Entenweiher – das 1386
erstmalig erwähnte Antenberglehen. 1904 eröff-
nete Dr. Carl Ritter von Linde, der Erfinder des
Kühlschranks, hier ein Hotel. FRÖHLICH beschreibt den Baum 1990: Der »mächtige Gipfel
ist abgebrochen und liegt daneben«. Das Bruch-
stück ist verschwunden. Wie ein dicker Holz-
klotz steht die Linde heute da.

Standort: Die B 319 östlich bergauf fahren. Unterhalb des Kreisverkehrs in einer scharfen
Linkskurve 100 m nach rechts.

511

Silberpappel in Lauterbach   512

Kreis Dachau
Alter: 150–200 Jahre
Taille: 5,70 m (2002)
Umfang: 5,99 m (2001)

Silberpappeln *(Populus alba)* sind an ihren
leuchtend weißen Blattunterseiten zu erkennen.
Sie können über 10 m Stammumfang erreichen.
Der legendäre sogenannte Alberbaum bei Leipheim hatte in 1 m Höhe einen Umfang von 11 m
erreicht, als er mit insgesamt 18-astiger Krone
1891 wegen Morschheit gefällt wurde. Derartige
Dimensionen hat die Lauterbacher Silberpappel
noch lange nicht aufzuweisen, doch zählt sie zu
der Hand voll starker Silberpappeln, die es au-
genblicklich in Deutschland gibt. Ihr Standort
vor einer Kirche ist ungewöhnlich. Hier wäre die
typische Linde, vor allem die Sommerlinde, zu
erwarten gewesen.

Standort: Vor der Kirche.

Tanne bei Fleck   513

Kreis Bad Tölz-Wolfratshausen
Alter: 350–400 Jahre
Taille: 5,00 m (2006)
Umfang: 5,18 m (2006)

Die Tanne – ein Baum, der im Schutz des Waldes
sein hohes Alter erreicht hat – ist im Waldgebiet
nicht leicht zu finden. Der Fuß ist moosbewach-
sen. In 5 m geht ein Ast ab, der wie dünnes
Stangenholz nach oben strebt.

Standort: Südlich von Mühlbach an einem Hof
zwischen Gut Tradln und Gut Holz 600 m südlich
durch Wiesen und 1400 m durch Wald fahren,
an der Südkante einer Lichtung, die links und
rechts des Weges liegt. Im Bestand 80 m rechts
(südlich) unterhalb des Weges.

514

St. Marinuslinde in Wilparting   514

Kreis Miesbach
Alter: 500–700 Jahre
Taille: noch 10,28 (2006)
Umfang: noch 10,25 m (2007)

Wir haben eine Lindenruine vor uns. Ihr löcheriger, fragmentierter Stamm zeigt einen langen Lebens- und Leidensweg: 2 Blitze haben in die Linde eingeschlagen, und sie hat einen Hagelsturm und 3 Brände überlebt. Der letzte Brand wurde von spielenden Kindern gelegt. Am 15. November wird in der Wallfahrtskirche nebenan alljährlich der Todes- und Gedenktag des Wanderbischofs Marinus begangen, der als Einsiedler 40 Jahre lang hier lebte. Er soll der Überlieferung nach von Räubern ermordet und verbrannt worden sein.

Standort: An der Wallfahrtskirche in Wilparting südlich Irschenberg.

Fichte am Himmeleck   515

Kreis Oberallgäu
Alter: 300–400 Jahre
Taille: 4,92 m (2006)
Umfang: 5,20 m (2001)

Die Fichte *(Picea abies)* ist von Skandinavien bis zum Balkan verbreitet. Sie bildet Bestände in über 800 m Höhe und erreicht Wuchshöhen bis 70 m – der höchste Baum Europas. Monokulturen haben den »Brotbaum« der Förster unbeliebt gemacht. Die dicke Fichte am Himmeleck ist der forstlichen Nutzung entwachsen. Sie steht 1450 m hoch. Walter Kühn, Vater der Autoren, entdeckte sie.

Standort: Bei Osterdorf, am Höhengratweg 400 m westlich vom Gipfelkreuz Himmeleck.

515

Ahorn bei Steibis   516

Kreis Oberallgäu
Alter: 250–400 Jahre
Taille: 6,52 m (2006)
Umfang: 6,53 m (2007)

In topografischen Karten der Region um Steibis
sind oberhalb des Naturdenkmals Ureibe noch
2 weitere Baum-Signaturen eingezeichnet.
An der Oberstiegalpe führt in 1172 m über NN
der Saumpfad in Richtung Falkenhütte. Nach
400 m erreicht er den ersten Ahorn, knorrig und
breit am Steilhang. Es ist ein gewaltiger Bur-
sche. Kinder können in seinem hohlen Stamm
mit Leichtigkeit verschwinden. 1 km aufwärts
steht der 2. Bergahorn mit Signatur. Er ist stärker zerfallen und hat 5,28 m Umfang.

Standort: Oberstiegalpe Richtung Falkenhütte.

516

Apfel bei Meierhof   517

Kreis Hof
Alter: 180–320 Jahre
Taille: 5,42 m* (2008)
Umfang: 5,42 m* unter Ästen (2008)

Dieser uralte Apfelbaum (Malus spec.) verdient
größte Beachtung, denn er übertrifft den berühmten Stubbendorfer Apfel in Mecklenburg-
Vorpommern bei Weitem. Anders als jener hatte er Glück im Unglück. Nacheinander brachen
fast alle ausgehöhlten Äste ab, doch der hohle
Stamm blieb als Hoffnungsträger für die Zukunft erhalten. Es wäre jede Bemühung wert,
dieses außergewöhnliche Naturdenkmal zu
bewahren.

Standort: 400 m südlich von Meierhof, am Weg
50 m nordwestlich des einzelnen Bauernhofs.

Birne in Mittenwald   518

Kreis Garmisch-Partenkirchen
Alter: 180–260 Jahre
Taille: 4,40 m* (2008)
Umfang: 5,00 m* (2008)

Bedauerlicherweise haben wir diese Birne noch
nicht selbst besuchen können. Aber ein Papier-
bild, das uns der Eigentümer zusandte, spricht
Bände: Ihr Stamm ist in sich gedreht, von einigen runden Knollen verziert und für Birnenver-
hältnisse sehr urig und dick. Solch ein Obstge-
hölz wünscht man sich auf vielen Grundstücken.
In etwa 5 m Höhe bilden 4 Astarme eine blüh-
freudige Krone. Ihr Standort ist behütet im
Winkel der Hofeinfahrt. Der Journalist Christian
Benter aus Bad Lauterberg im Harz entdeckte
sie für uns.

Standort: An der Klammstraße.

519

Ahorn in Wildsteig   519

Kreis Weilheim-Schongau
Alter: 180–200 Jahre
Taille: 7,50 m (2006)
Umfang: 7,63 m (2006)

Der mächtige Bergahorn (Acer pseudoplatanus)
mit dem Doppelstamm ist jünger als es scheint.
1985 wurde ein 3. Ast aufgrund von Pilzbefall
entfernt. Der Eigentümer, Bürgermeister Josef
Taffertshofer, zählte damals 165 Jahrringe an
der Astscheibe. Das Alter des Hofbaumes ist
also mit über 190 Jahren anzunehmen. Trotz
Bruchrisiko wird der Baum so weit wie möglich
erhalten und gepflegt. Er gehört einfach zum
Hof dazu. Zu seinen besten Zeiten hatte er 38 m
Kronendurchmesser.

Standort: Straubenbach, 2 km südlich von
Wildsteig.

Esche auf Herrenchiemsee   520

Kreis Rosenheim
Alter: 260–360 Jahre
Taille: nicht bekannt
Umfang: 6,55 m* (2008)

Die Schloss- und Gartenverwaltung Herrenchiemsee kann mit vielen markanten Bäumen
der Insel aufwarten. Der mächtigste Baum ist die
Linde beim Augustiner-Chorherrenstift mit fast
8 m Umfang. Doch im Hinblick auf die Art fällt
eine Esche besonders auf: Ihr »Stamm ist im
unteren Bereich hohl und für Kinder der Insel-
besucher ein Anziehungspunkt, da diese in den
Stamm hineinsteigen können.« Auch ein Tulpenbaum (Liriodendron tulpifera) südlich des genannten Stifts überrascht mit 4,96 m Umfang.

Standort: In der Birnenallee.

Literaturverzeichnis

International

MIELCK, EDUARD: Die Riesen der Pflanzenwelt. (136 S. + 16 T.), G.F. Winter's'sche Buchhandlung, Leipzig; 1863

EGGMANN, VERENA & B. STEINER: Baumzeit. Magier, Mythen und Mirakel. (288 S.), Werd-Verlag, Zürich; 1995

KIEDROWSKI, RAINER, J. VILLWOCK & W. RÜHM: Bäume dieser Welt. Unübertroffen im Überleben. (146 S.), Naturbuch Verlag, Augsburg; 1997

LEWINGTON, ANNA & E. PARKER: Alte Bäume. Naturdenkmäler aus aller Welt. (192 S.), Bechtermünz, Augsburg; 2000

WITTMANN, RUDOLF: Die Welt der Bäume. (160 S.), Ulmer, Stuttgart; 2003

PAKENHAM, THOMAS & S. KÜHN: Bäume der Welt. Eine faszinierende Reise zu den außergewöhnlichsten Bäumen. (216 S.), Reader's Digest, München; 2005

PATER, JEROEN: Europas alte Bäume. Ihre Geschichten, ihre Geheimnisse. (192 S.), Kosmos, Stuttgart; 2007

Deutschland

ANONYMUS: Deutschlands merkwürdige Bäume (1–48). Gartenlaube 31 (1883) – 53 (1905)

DIVERSE AUTOREN: Veteranen der Baumwelt. Mitteilungen der Deutschen Dendrologischen Gesellschaft 19 (1910) – 48 (1936)

RENGER-PATZSCH, ALBERT & E. JÜNGER: Bäume. Photographien schöner und merkwürdiger Beispiele aus deutschen Landen. (18 S. + T. 1–65), C.H. Böhringer & Sohn, Ingelheim; 1962

WIEBKING, HEINRICH F.: Umgang mit Bäumen. (346 S.), BLV, München; 1963

GOERSS, HARTWIG: Unsere Baumveteranen. (151 S.), Landbuch Verlag, Hannover; 1981

BAUER, WILFRIED & P. SCHILLE: Grüne Patriarchen. Von den ältesten Bäumen der Bundesrepublik Deutschland. (48 S.), Deutschlandbilder Nr. 3, Stuttgart; 1985

LEMKE, KARL & H. MÜLLER: Naturdenkmale. Bäume, Felsen, Wasserfälle. (DDR-Touristik-Führer, 333 S.), Wolfgang Stapp Verlag, Berlin; 1988

FRÖHLICH, HANS J.: Alte liebenswerte Bäume in Deutschland. (384 S.), Cornelia Ahlering Verlag, Hamburg; 1989

DUHME, FRIEDRICH: Programm zum Erhalt bemerkenswerter Baumgestalten in der Bundesrepublik Deutschland. (99 S. + 6 T.), Allianz-Stiftung zum Schutz der Umwelt, Freising; 1994

FRÖHLICH, HANS J.: Alte liebenswerte Bäume in Deutschland. (512 S., 2., erw. Aufl.), Cornelia Ahlering Verlag, Hamburg; 2000

KÜHN, STEFAN, B. ULLRICH & U. KÜHN: Deutschlands alte Bäume. (160 S.), BLV, München; 2002

POTT, ECKART: Faszination Baum. (200 S.), BLV, München; 2003

SPERBER, GEORG & S. THIERFELDER: Urwälder Deutschlands. (160 S.), BLV, München; 2004

LENZING, ANETTE: Gerichtslinden und Thingplätze in Deutschland. (192 S.), Langewiesche, Königstein i.Ts.; 2004

KÜHN, UWE, S. KÜHN & B. ULLRICH: Bäume, die Geschichten erzählen. Von Tanzlinden und Gerichtseichen, Baumheiligtümern und Gedenkbäumen in Deutschland. (160 S.), BLV, München; 2005

SCHREIER, HELMUT & H.-H. POPPENDIECK: Baumland. Portraits von alten und neuen Bäumen im Norden. Zwölf ungewöhnliche Exkursionen durch Norddeutschland. (240 S.), Murmann Verlag, Hamburg; 2005

BAUEREISS, ERWIN: Heilige Eiche. Die ältesten Bäume Deutschlands. Ein Mythos. (280 S.), Wurzel-Verlag, Lenkersheim; 2006

KÜHN, STEFAN, B. ULLRICH & U. KÜHN: Deutschlands alte Bäume. (192 S., erw. Aufl.), BLV, München; 2007

BRUNNER, MICHEL: Bedeutende Linden. 400 Baumriesen Deutschlands. (328 S.), Haupt Verlag, Bern; 2007

BREDNICH, ROLF WILHELM: Tie und Anger. Historische Dorfplätze in Niedersachsen, Thüringen, Hessen und Franken. (215 S.), Bremer Verlag, Friedland; 2008

Baden-Württemberg

ANONYMUS: Merkwürdige Waldbäume (im Königreich Württemberg). Monatsschrift für das württembergische Forstwesen; 1 (4), 1850; 2 (3,8,10), 1851; 5 (6), 1854; 7 (2, 5, 9, 11), 1856

KLEIN, LUDWIG: Die botanischen Naturdenkmäler des Großherzogtums Baden und ihre Erhaltung. (80 S.), Karlsruhe; 1904

KLEIN, LUDWIG: Bemerkenswerte Bäume im Großherzogtum Baden. (400 S.), Carl Winter's Universitätsbuchhandlung, Heidelberg; 1908

FEUCHT, OTTO & E. SPEIDEL: Schwäbisches Baumbuch. (106 S. + 26 T.), Verlag von Strecker und Schröder, Stuttgart; 1911

HOCKENJOS, WOLF: Begegnungen mit Bäumen. (196 S.), DRW-Verlag Weinbrenner, Stuttgart; 1978

SCHWABE, ANGELIKA & A. KRATOCHWIL: Weidbuchen im Schwarzwald und ihre Entstehung durch Verbiß des Wälderviehs. (120 S.), Veröffentlichungen für Naturschutz und Landschaftspflege, Beiheft 49, Karlsruhe; 1987

FRÖHLICH, HANS J.: Wege zu alten Bäumen. Band 12: Baden-Württemberg. (234 S. + 16 T.), WDV Wirtschaftsdienst, Frankfurt/M.; 1995

WEISMANN, EBERHARD & R. LESER: Naturdenkmale aus dem Landkreis Ravensburg. (56 S. + Karte), Ravensburg; 1991

BLÜMLE, JÜRGEN: Das Baumbuch. Die ältesten und schönsten Bäume aus der Region Tübingen und Reutlingen. (336 S.), Verlag Schwäbisches Tagblatt, Tübingen; 2005

Bayern

STÜTZER, FRIEDRICH: Die größten, ältesten oder sonst merkwürdigen Bäume Bayerns in Wort und Bild. Piloty &
Löhle, München; 1900 (Fasc.1: 1–36 + 12 T.), 1901 (Fasc.2.
37–80 + 12 T.), 1902 (Fasc.3: 81–132 + 10 T.), 1905 (Fasc.4:
133–224 + 11 T.)

RUEß, JOHANN: Die größten, ältesten oder sonst merkwürdigen Bäume Bayerns in Wort und Bild (begründet
von Friedrich Stützer). (48 S. + 12 T.), Verlag von Piloty &
Löhle, München; 1922

MÜLLER, WILHELM: »Wo diese steh'n herrscht Ge-
rechtigkeit«: Malstätten, Gerichts- und Tanzlinden im
östlichen Franken. Archiv für Geschichte von Oberfranken 51: 39–88; 1971

DOLLHOPF, HELMUT & H. LIEDEL: Die Bavaria-Buche.
Der Traum vom Baum. (104 S.), Stürtz-Verlag, Würzburg;
1988

FRÖHLICH, HANS J.: Wege zu alten Bäumen. Band 2: Bayern.
(204 S. + 16 T.), WDV-Wirtschaftsdienst, Frankfurt/M.;
1990

GRABE, HERBERT & H. WEINZIERL: Lindenzeit. Bäume und
Landschaften. (88 S.), Buch- und Kunstverlag Oberpfalz,
Amberg; 1991

KITTEL, MANFRED: Naturdenkmale in Bayern, Band 1: Ober-
bayern, Niederbayern, Schwaben. (157 S.), Landbuch
Verlag, Hannover; 1993

BAUEREIß, ERWIN: Eichen in Bayern. Eine Dokumentation
aller Naturdenkmäler. (108 S.), Bad Windsheim; 1994

SCHINZEL-PENTH, GISELA: Hexeneiche, Schwedenlärchen und
Tassilolinde. Sagen, Geschichten und Legenden um
berühmte Bäume in Altbayern. (176 S.), Ambro Lacus
Buch- und Bildverlag, St. Ottilien; 1999

DOLLHOPF, HELMUT & H. LIEDEL: Bavaria-Buche. Abschied
vom Jahrtausend-Baum. (128 S.), Elmar Hahn Verlag,
Veitshöchheim; 2001

SCHRAMM, GODEHARD & E. WALTER: Sie tragen den Himmel.
Bäume in Oberfranken. Heimatbeilage zum ober-
fränkischen Schulanzeiger 313: 1–56, Bayreuth; 2004

JANSCHECK, THOMAS: Radtouren von Baum zu Baum. Baumgeschichten im Rosenheimer Land und Chiemgau.
(104 S.), Kartographischer Verlag Huber, Kiefersfelden;
2004

DEFFNER, GEORG et al.: Alte Bäume – Zeitzeugen in Bayerns
Wäldern. (32 S.), Bayerische Landesanstalt für Wald und
Forstwirtschaft, Freising; 2004

BAUEREIß, ERWIN: Die Naturdenkmale des Landkreises
Neustadt/Aisch—Bad Windsheim. (68 S.), Lenkersheim;
2004

JANSCHECK, THOMAS: Radtouren und Baumgeschichten von
Baum zu Baum im »Miesbacher Land«. (72 S.), Kartographischer Verlag Huber & Steuerer, Kiefersfelden; 2006

Berlin

GLASER, KATHRIN et al.: Naturdenkmale in Köpenick.
(54 S.), Köpenick; 1995

WEISSPFLUG, HAINER: Berliner Denkmale der Natur. Eine
topographische und geschichtliche Studie. (292 S.),
Luisenstädtischer Bildungsverein, Berlin; 1997

VIETH, HARALD: Bemerkenswerte Bäume in Berlin und
Potsdam. (224 S.), Selbstverlag Harald Vieth, Hamburg;
2004

Brandenburg

KRETSCHMANN, KURT & E. KRETSCHMANN: Beliebte Wander-
ziele. Naturdenkmale im Kreis Bad Freienwalde. (88 S.),
Bad Freienwalde; 1971

FRÖHLICH, HANS J.: Wege zu alten Bäumen. Band 8:
Brandenburg. (224 S. + 16 T.), WDV-Wirtschaftsdienst,
Frankfurt/M.; 1994

RASMUS, CARSTEN & B. KLAEHNE: Wander- und Naturführer.
Alte Bäume in Brandenburg. (80 S.), KlaRas-Verlag,
Berlin; 1998

Hamburg

VIETH, HARALD: Hamburger Bäume. Zeitzeugen der Stadt-
geschichte. (200 S.), Selbstverlag Harald Vieth, Hamburg; 1995

VIETH, HARALD: Hamburger Bäume 2000. Geschichten von
Bäumen und der Hansestadt. (239 S.), Selbstverlag
Harald Vieth, Hamburg; 2000

Hessen

ANONYMUS: Bemerkenswerte Bäume im Großherzogtum
Hessen in Wort und Bild. (84 S. + 34 T.), Verlag von Zed-
ler und Vogel, Darmstadt; 1904

RÖRIG, ADOLF: Forstbotanisches Merkbuch. Nachweis der
beachtenswerten und zu schützenden urwüchsigen
Sträucher, Bäume und Bestände im Königreich Preussen.
III: Hessen-Nassau. (221 S. + 26 T.), Gebrüder Borntträger,
Berlin; 1905

KANNGIESSER, FRIEDRICH: Bemerkenswerte Bäume und
Sträucher in der Umgebung von Marburg. (68 S.), Verlag
von W. Nitschkowski, Gießen; 1909

LÜSTNER, GUSTAV: Naturdenkmäler in Nassau (1–3).
(101 S.), Wiesbaden; 1913/14

FRÖHLICH, KARL: Geleitete und gestufte Linden auf hessischen Dorfplätzen. Hessenland 51 (3): 218–226; 1941

GRAF, ALBERT: Naturdenkmale im Main-Taunus-Kreis.
(28 S.), Förderkreis Denkmalpflege Main-Taunus-Kreis,
Heft 8, Höchst; 1983

WIEGAND, THOMAS: Bäume aus dem Werraland. Eine Foto-
dokumentation. (194 S.), Schriften des Werratalvereins
Witzenhausen Nr. 10, Witzenhausen; 1984

FRÖHLICH, HANS J.: Alte liebenswerte Bäume in Hessen.
(272 S.), Pro Terra Verlag, München; 1984

WITTENBERGER, GEORG: Der Wunderbaum von Harreshausen: Die Schöne Eiche. (79 S.), Landkreis Darmstadt-
Dieburg Schriftenreihe Nr. 1, Dieburg; 1985

SCHNEIDER, CARLO & W. POTRATZ: Bemerkenswerte Bäume in
den Wäldern um Darmstadt. (71 S.), Schlapp-Verlag,
Darmstadt; 1986

BATHON, HORST & G. WITTENBERGER: Die Naturdenkmale des
Kreises Darmstadt Dieburg. (S. 253), Landkreis Darmstadt-Dieburg Schriftenreihe Nr. 3, Dieburg; 1986

MIKOLAJCZYK, PETER & J. KRAMER: Pflanz einen Baum. Bäume im Kreis Groß-Gerau. (87 S.), Kreissparkasse Groß-Gerau; 1988

FRÖHLICH, HANS J.: Wege zu alten Bäumen. Band 1: Hessen. (168 S. + 16 T.), WDV-Wirtschaftsdienst, Frankfurt/M.; 1990

BLESSAMNN, CARL-HEINZ: Alte Bäume und andere Naturdenkmale in Hessen. (74 S.), ADAC Hessen Heimatwettbewerb Nr. 36, Frankfurt/M.; 1991

ANONYMUS (Kreissparkasse Fulda): Bäume im Landkreis Fulda. (128 S.), Verlag Parzeller, Fulda; 1991

KRAUSE, UWE & H. FRIEDEL: Naturdenkmale im Odenwaldkreis. (124 S.), Erbach; 1995

GERMEROTH, RÜDIGER, H. KOENIES & R. KUNZ: Natürliches Kulturgut. Vergangenheit und Zukunft der Naturdenkmale im Landkreis Kassel. (192 S.), Cognito-Verlag, Niedenstein; 2005

Mecklenburg-Vorpommern

WINKELMANN, JOHANNES: Forstbotanisches Merkbuch. Nachweis der beachtenswerten und zu schützenden urwüchsigen Sträucher, Bäume und Bestände im Königreich Preussen. II: Provinz Pommern. (121 S. + 27 T.), Gebrüder Bornträger, Berlin; 1905

BEYER, THEODOR: Die Naturdenkmäler in der Pflanzenwelt Rügens (2. Aufl.). (61 S.), Bergen auf Rügen; 1938

ARNSWALDT, GEORG VON: Mecklenburg, das Land der starken Eichen und Buchen. (88 S. + 23 T.), Schwerin; 1939

ROEPKE, DIETRICH & P. KRÄGENOW: Die Naturdenkmäler der Kreise Waren und Röbel. (44 S. + 32 T. + Karte), (= Veröffentlichungen des Müritz Museums Nr. 15) Waren; 1979

FRÖHLICH, HANS J.: Wege zu alten Bäumen. Band 9: Mecklenburg-Vorpommern. (173 S. + 16 T.), WDV-Wirtschaftsdienst, Frankfurt/M.; 1994

HARTMANN, MIKE: Die Naturdenkmale des Landkreises Demmin. (40 S.), Demmin; 1998

PINKERNELLE, RAIMUND & R. KOCH: Alte und bemerkenswerte Bäume im Land der Kraniche und Seen. (74 S.), Plawe Verlagsgesellschaft, Plau am See; 2003

KNAPP, HANS-DIETER & TH. GRUNDNER: Bäume, Wälder und Alleen in Mecklenburg-Vorpommern (144 S.), Hinstorff-Verlag, Rostock; 2004

Niedersachsen

MEIER, A.: Hannover's merkwürdige Bäume (1–17). Neue Hannoversche Zeitung; 1861–1862

BRANDES, WILHELM: Forstbotanisches Merkbuch. Nachweis der beachtenswerten und zu schützenden urwüchsigen Sträucher, Bäume und Bestände im Königreich Preussen. V: Provinz Hannover. (231 S.), Gebrüder Bornträger, Berlin; 1907

AHLBORN, ROBERT: Baumriesen Südhannovers. Göttinger Blätter für Geschichte und Heimatkunde Südhannovers 1 (3): 1–18, Göttingen; 1935

SCHOENICHEN, WALTHER: Unter den Bäumen einer alten Reichsstadt. Baumbuch der Stadt Goslar. (102 S.), Hannover; 1952

KLINGENBERG, HANS H. & A. SCHULTE STRATHAUS: Der Hasbruch. Alte Eichen erzählen. (72 S.), Verlag Siegfried Rieck, Delmenhorst; 1987

PLOTZ, OLAF: Wo Kobolde wachsen. Alte Bäume erzählen. (78 S.), Edition Katzenvilla, Kellinghusen; 1989

DELFS, JÜRGEN: Bekannte und verborgene Naturdenkmale im Raum Gifhorn-Wolfsburg. (184 S.), Schriftenreihe zur Heimatkunde der Sparkasse Gifhorn-Wolfsburg, Nr.7, Gifhorn; 1991

FRÖHLICH, HANS J.: Wege zu alten Bäumen. Band 5: Niedersachsen. (196 S. + 16 T.), WDV-Wirtschaftsdienst, Frankfurt/M.; 1993

ROHRSSEN, THEO: Naturdenkmale und andere alte Bäume im Stadtgebiet Hannover. (76 S.), Privus, Hannover; 1996

PEUCKER, HARTMUT & W. VELTRUP: Wege zur Natur. Naturdenkmale in Osnabrück: Zehn Touren. (94 S.), Secolo-Verlag, Osnabrück; 1997

KÄTZEL, ANKE & M. BOLLMEIER: Naturschätze im Landkreis Goslar. (182 S.), Mitteilungen des Naturwissenschaftlichen Vereins Goslar Nr. 10, Braunlage; 2007

Nordrhein-Westfalen

RADE, E.: Verzeichnis der hervorragendsten Bäume in Westfalen und Lippe. Jahresbericht des westfälischen Provinzialvereins für Wissenschaft und Kunst. 12: 152–162, Münster; 1883

SCHLIECKMANN, EMIL: Westfalens bemerkenswerte Bäume. (104 S.), Velhagen & Klasing, Bielefeld; 1904

FÖRSTER, HANS: Bäume in Berg und Mark, sowie einigen angrenzenden Landesteilen. (184 S. + 15 T.), Verlag Gebrüder Bornträger, Berlin; 1918

ANONYMUS: Bemerkenswerte Bäume unserer Heimat (Lippe). Jahresbericht des lippischen Bundes für Heimatschutz und Heimatpflege 21: 10–25; 1928

RUNGE, FRITZ: Die Naturdenkmäler, Natur- und Landschaftsschutzgebiete des Kreises Steinfurt. (100 S. + 20 T.), Schriftenreihe des Kreises Steinfurt Nr. 2, Greven; 1982

Amt für Umweltschutz (Hrsg.): Kreis Siegen-Wittgenstein. Naturdenkmale und geschützte Landschaftsbestandteile. (290 S.), Siegen; 1989/90

BEYER, KLAUS: Naturdenkmale im Rhein-Sieg-Kreis. (176 S.), Siegburg; 1991

FRÖHLICH, HANS J.: Wege zu alten Bäumen. Band 4: Nordrhein Westfalen. (212 S.), WDV-Wirtschaftsdienst, Frankfurt/M.; 1992

BECKER, ALFRED: Bäume als Zeitzeugen. Dargestellt an ausgewählten Beispielen im Siegerland. (44 S.), Schriftenreihe der Landesforstverwaltung Nordrhein-Westfalen Nr.3, Düsseldorf; 1996

MARENBERG, GÜNTER: Naturdenkmale im Kreis Aachen. (201 S.), Heimatblätter des Kreises Aachen, Nr.51, Aachen; 1998

AUTOREN-KOLLEKTIV: Bäume als Zeitzeugen. Dargestellt an ausgewählten Beispielen im Forstamt Steinfurt. (32 S.), (= Schriftenreihe der Landesforstverwaltung Nordrhein-Westfalen Nr. 7); 1998

SÄNGER, RALF & M. POGGEL: Grüne Route: Mit dem Fahrrad zu den wunderbaren Wesen im Kreis Unna. (80 S.), Druckverlag Kettler, Bönen; 2000

DALLMANN, GERHARD: Lieblich lind duften die Lindenbäume. »1000-jährige« Linden in Minden-Ravensburg-Lippe. Legenden und Wirklichkeit. (115 S.), Selbstverlag G. Dallmann, Herford; 2001

SÄNGER, RALF: Bäume. Wunderbare Wesen im Kreis Unna (überarb. + erw. Aufl.). (172 S.), Verlag Kettler, Unna; 2003

JENDREJEWSKI, FERDINAND: Baum-Impressionen. Naturdenkmale in Münster. (176 S.), Fotoforum-Verlag, Münster; 2006

OFFENBERG, KLAUS (Red.): Liebesbäume im Ruhrgebiet. (68 S.), Landesforstverwaltung NRW, Arnsberg; 2003

RASCHE, WERNER: Von Bäumen und Denkmälern. Unverzichtbare Kulturgüter im Mühlenkreis Minden-Lübbecke. (160 S.), Verlag für Regionalgeschichte, Bielefeld; 2004

Rheinland-Pfalz

VOIGT, WALTER & F. WIRTGEN: Bericht über die Vorarbeiten zur Herausgabe eines forstbotanischen Merkbuches für die Rheinprovinz. Verhandlungen des Naturhistorischen Vereins der Preussischen Rheinlande, Westfalens und des Regierungsbezirks Osnabrück 62: 65–86, Bonn; 1905

WILDE, JULIUS: Kulturgeschichte der rheinpfälzischen Baumwelt und ihrer Naturdenkmale. (563 S.), Pfälzische Presse Verlag Thieme, Kaiserslautern; 1936

BUSCH, PETER J.: Naturdenkmale. Ein Heimatbuch des Trierer Raumes. (344 S.), Verlag Aurel Bongers, Recklinghausen; 1952

KREISVERWALTUNG BIRKENFELD (Hrsg.): Die Naturdenkmale und geschützten Landschaftsbestandteile im Landkreis Birkenfeld/Nahe. (68 Bl. + 1 Karte) (= Kreisnachrichten Nr. 2), Baumholder; 1981

GEHENDGES, RITA: Naturdenkmale des Landkreises Daun. (322 S.), Daun, 1985

BEST, VOLKER et al.: Geschützte Natur im Westerwald-Kreis. (96 S.), Seral Druck, Ransbach-Baumbach; 1986

JENET, B., F. JOST & W. RECH: Naturdenkmale im Landkreis Kaiserslautern. (147 S. + Karte), Schriftenreihe der Kreisverwaltung Kaiserslautern Nr. 3, Kaiserslautern; 1989

FRÖHLICH, HANS J.: Wege zu alten Bäumen. Band 3: Rheinland-Pfalz / Saarland. (152 S. + 16 T.), WDV-Wirtschaftsdienst, Frankfurt/M.; 1991

BÖHRES, FRANZ: Bäume in Rheinhessen. Verlag der Rheinhessischen Druckwerkstätte, Alzey; 1992

OHLIGER, HORST: Eichen, Buchen, Linden. Naturdenkmale im Westrich. (215 S.), Kusel; 1992

Saarland

KREMP, WALTER: Bemerkenswerte Bäume der Saarlandschaft als Naturdenkmale. Mitteilungen der Deutschen Dendrologischen Gesellschaft 49: 174–178 + 1T.; 1937

KREMP, WALTER: Naturdenkmäler und Landschaftsschutzgebiete im Saarland (+ Nachtrag). (206 S. + 112 S.), Ottweiler; 1952/59

Sachsen

ECKARDT, MAX: Merkwürdige Bäume aus dem Vereinsgebiete (Sächsisch-böhmiche Schweiz) Nr. 1–31. Bergblumen 1 (1886)–7 (1892)

EISENTRAUT, MAX: Merkwürdige, denkwürdige und ehrwürdige Bäume des Vogtlandes. Mitteilungen des Landesvereins sächsischer Heimatschutz 9 (1/3): 36–46; 1920

HERRMANN, REINHOLD & M. NOWAK: Die alten Bäume der Amtshauptmannschaft Döbeln. (46 S.), Landesverein Sächsischer Heimatschutz, Dresden; 1937

FRÖHLICH, HANS J.: Wege zu alten Bäumen. Band 11: Sachsen. (198 S. + 16 T.), WDV-Wirtschaftsdienst, Frankfurt/M.; 1994

WACHE, HEIKE: Naturdenkmale des Kreises Torgau. (27 S.), Landratsamt des Kreises Torgau, Torgau; 1994

SCHAARSCHMIDT, HORST & R. REUSCH: Bäume: Naturdenkmale in Leipzig. (84 S.), Verlag L. Heydick, Beucha; 1996

FRIEDRICH, KLAUS: Baumbuch 2000 (Kreis Döbeln). (180 S.), NABU (Landesverein Sachsen, Kreis Döbeln), Auterwitz; 2000

PFANNKUCHEN, RAINER & H. SEICHE: Naturdenkmale in Dresden. (60 S. + Karte), Dresden; 2002

TRINKS, KAREN (Projektbearb.): Baum-Naturdenkmale in der Region Oberes Elbtal / Osterzgebirge. (137 S.), UBIK-Verlag, Radebeul; 2004

RICHTER, SANDY: Verwurzelt im Landkreis Freiberg. Geschichte und Geschichten um seltene Bäume. (111 S.), Freiberg; 2008

Sachsen-Anhalt

MERTENS, A.: Bemerkenswerte Bäume im Holzkreise des Herzogtums Magdeburg. Mitteilungen des Vereins für Erdkunde zu Halle 28: 53–97; 1904

LANGE, MAX: Deutsche Eichen (Anhalt). (16 S. + 48 T.), Zirkel Architekturverlag, Berlin; 1926

LANGE, MAX: Unsere deutschen Eichen (Anhalt). (319 S.), Verlag Walter Schwabe, Dessau; 1937

RAUSCH, H.: Naturdenkmale des Kreises Ruppin. Ruppiner Heimathefte 7: 5–22 + 97–103 + 8 T.; 1937

GEBHARDT, BRIGITTE (HRSG.): Naturdenkmale im Kreis Eisleben. Teil 1: Baumnaturdenkmale. (36 S.), Eisleben; 1987

FRÖHLICH, HANS J.: Wege zu alten Bäumen. Band 7: Sachsen-Anhalt. (172 S. + 16 T.), WDV-Wirtschaftsdienst, Frankfurt/M.; 1994

Schleswig-Holstein

NIEMANN, AUGUST: Holsteins Eichen und Buchen. Kieler Blätter 1 (3): 377–403; 1815

HEERING, WILHELM: Forstbotanisches Merkbuch. Nachweis der beachtenswerten und zu schützenden urwüchsigen Sträucher, Bäume und Bestände im Königreich Preussen. IV: Provinz Schleswig-Holstein. (120 S. + 26 T.), Gebrüder Bornträger, Berlin; 1906

HEERING, WILHELM: Bäume und Wälder Schleswig-Holsteins. Ein Beitrag zur Natur- und Kulturgeschichte der Provinz. (192 S. + 22 T.), Schmidt & Klaunig, Kiel; 1906 (auch in: Schriften des naturwissenschaftlichen Vereins

Schleswig-Holstein 13 (1): 115–190 + T. 1–8, 1905; 13
(2): 291–404 + T. 9–22, 1906)
Bölckow, Erik, H. Fuhrmann & H. Vollmer: Bäume und
Wälder in Kiel und Umgebung. Schönheit, Bedeutung,
Gefährdung. (191 S.), Walter G. Mühlau Verlag, Kiel; 1992
Fröhlich, Hans J.: Wege zu alten Bäumen. Band 6: Schles-
wig-Holstein, Hamburg, Bremen. WDV-Wirtschaftsdienst,
Frankfurt/M.; 1994
Denker, Walter & R. Stecher: Alte Bäume in Dithmarschen.
(104 S.), Verlag Boyens & Co., Heide; 1997
Heydemann, Fritz: Alte Eichen im Kreis Plön. Ergebnisse
einer Kartierung der ältesten und dicksten Bäume.
Jahrbuch für Heimatkunde im Kreis Plön 29: 40–60; 1999

Thüringen

Schmidt, Louis: Thüringens merkwürdige Bäume. (14 S.),
Stollbergsche Buchdruckerei, Gotha; 1920
Anonymus: Baumgiganten Thüringens. (96 S.), Thüringer
Ministerium für Landwirtschaft und Forsten, Erfurt; 1992
Anonymus: Baumschönheiten im Wartburgkreis. Natur-
schutz im Wartburgkreis 2: 1–56, Eisenach; 1994
Fröhlich, Hans J.: Wege zu alten Bäumen. Band 10:
Thüringen. (220 S. + 16 T.), WDV-Wirtschaftsdienst,
Frankfurt/M.; 1994
Heerda, Ewald: Unsere Bäume. Eine Studie über Bäume
im Eichsfeld. (64 S. + 1 Karte), Cordier Satz + Druck,
Heiligenstadt; 1994

Heinrich, W. et al.: Wertvolle Bäume und Alleen in Thürin-
gen. Landschaftspflege und Naturschutz in Thüringen 31:
1–28, Jena; 1994
Neid, Holger: Interessante Bäume in Mühlhausen und
Umgebung. (64 S.), Mühlhausen; 1994
Höhne, Martina & R. Prescher: Vergesst die alten Bäume
nicht. Naturdenkmale im Landkreis Nordhausen. (106 S.),
Bleicherode; 1996
Conrad, Reinhard et al.: Bäume (in und um Gera). (124 S.),
Veröffentlichungen des Museums für Naturkunde der
Stadt Gera (Naturwissenschaftliche Reihe), Sonder-
heft 25, Gera; 1998
Degenhardt, Uwe & R. Kolbe: Sagenhafte Bäume in Thürin-
gen. (162 S.), Schutzgemeinschaft Deutscher Wald, Lan-
desverband Thüringen, Erfurt; 1999
Schleip, Susann, E. Fritzsch & V. Gorff: Naturdenkmale in
der Stadt Gotha – Bäume –. (62 S.), (= Schriftenreihe
Naturschutz im Landkreis Gotha Nr. 2), Gotha; 2003
Conrad, Uwe & R.+G. Conrad: Starke Bäume (in Thürin-
gen). Kalender auf die Jahre 2002, 2004, 2005, 2007 und
2009 mit je 13 Blättern und umseitigem Text, Gera.
Weise, R. et al: Naturdenkmale im Unstrut-Hainich-Kreis.
(84 S.), Mühlhausen; 2007
Voigt, Wolfram: Die ältesten Bäume des Saale-Holzland-
Kreises und Jenas. (160 S.), Selbstverlag, Thalbürgel;
2007

Stichwortverzeichnis

Kursiv gesetzte Seitenzahlen verweisen auf im Text erwähnte Bäume

Schleswig-Holstein
mit Hamburg
Seite 44–53
Bäume 47–63

Mecklenburg-Vorpommern
Seite 18–43
Bäume 1–46

Niedersachsen mit Bremen
Seite 54–77
Bäume 64–107

Brandenburg mit Berlin
Seite 90–109
Bäume 127–162

Nordrhein-Westfalen
Seite 168–199
Bäume 264–322

Sachsen-Anhalt
Seite 78–89
Bäume 108–126

Sachsen
Seite 110–125
Bäume 163–192

Hessen
Seite 140–167
Bäume 217–263

Thüringen
Seite 126–139
Bäume 193–216

Rheinland-Pfalz mit
Saarland
Seite 200–209
Bäume 323–339

Bayern
Seite 254–305
Bäume 421–520

Baden-Württemberg
Seite 210–253
Bäume 340–420

Über die Autoren

Bernd Ullrich, Jahrgang 1958, lebt in Würm bei Pforzheim (Baden-Württemberg). Er hat Geografie, Geologie und Botanik studiert. Seit 1996 befasst er sich mit alten Bäume. Nach einigen lokalen Dokumentationen in Oberhessen und entlang der Lahn arbeitet er nun bundesweit. Er besitzt eine umfangreiche Privatbibliothek zum Thema alte Bäume. Seine besten Fotografien entstehen »in Moll« – bei bedecktem Himmel, Schnee, Regen und Nebel.

Gemeinsam mit den anderen Autoren bedanke ich mich bei allen, die zum Gelingen dieses Buches beigetragen haben. Meinen besonderen Dank richte ich an: Michel Brunner (Glattbrugg, Schweiz), Hubert Rößner (Niedersonthofen, Allgäu) und Rainer Rausch (Hochdorf-Assenheim, Pfalz).

Stefan Kühn, Jahrgang 1970, ist verheiratet, hat 2 Kinder und lebt mit seiner Familie in Gießen (Oberhessen). Er ist Diplom-Biologe und Publizist. Gemeinsam mit seinem älteren Bruder gründete er 1996 das Deutsche Baumarchiv zur Dokumentation der »schönen, alten und 1000-jährigen Bäume« in Deutschland. Die Suche und Erforschung alter Bäume begann für ihn bereits in der Jugendzeit. Die ersten Baumfahrten fanden im Jahr 1985 statt, die ersten fotografischen Dokumentationen im Jahr 1990. Seine besten Fotografien entstehen »in Dur« – bei sonnigen Verhältnissen und klarer Sicht.

Für wertvolle Beiträge zu diesem Buch danke ich: Herrn Lorenz Bögle (Buchloe), Herrn Christian Benter (Bad Lauterberg), Frau Gabi Paubandt (Mainz-Kastel), Herrn Egon Heller (Wendishain), Herrn Matthias Hoyer (Stadt Hof), Herrn Rudolf Steiger (Germering), Herrn Georg Rompa (Wernigerode), Herrn Heiko Meyer (Ehrenfriedersdorf) und den unteren Naturschutzbehörden Deutschlands. Ich danke meiner Familie für die Geduld während der anstrengenden Entstehungszeit des Buches. Mein größter Dank geht an Gott, der mir in vielen konkreten Einzelschritten des Projekts mit Rat und Tat zur Seite stand. Vielen Dank, Jesus, für Deine Begleitung und Deinen Schutz während all der Jahre auf den langen Fahrstrecken innerhalb Deutschlands. »Der Herr ist meine Stärke und mein Lied!« (Psalm 28)

Uwe Kühn, Jahrgang 1967, ist verheiratet und lebt mit seiner Frau und 2 Kindern in Ettlingen (Baden-Württemberg). Gemeinsam mit seinem jüngeren Bruder gründete er 1996 das Deutsche Baumarchiv zur Dokumentation der »schönen, alten und 1000-jährigen Bäume« in Deutschland. Bereits im Jahr 1985 organisierte er, 18-jährig, die erste Baumfahrt in Hessen und begann zeitgleich mit den ersten Fotodokumentationen. Seine besten Fotografien entstehen, wenn er alleine unterwegs ist.

Mein Dankeschön geht an die Herren Lorenz Bögle (Buchloe), Egon Heller (Wendishain), Matthias Hoyer (Stadt Hof) und Rudolf Steiger (Germering), die uns auf Baumfahrten unterstützt und zu attraktiven Bäume geführt haben.